최신 한국전기설비규정(KEC) 반영

전기기능장

필답형 실기

전기기능장 김영복 지음

Master Craftsman Electricity

BM (주)도서출판 **성안당**

머리말

    전기는 모든 산업의 근간으로 그에 따라 전기기술자들을 필요로 하는 곳이 증가하고 있습니다. 따라서 전기 자격증을 취득하려는 사람도 급증하는 추세입니다.

    이에 실무진의 요구에 부응하고 전기기능장의 새로운 실기시험의 출제기준에 따라 중요한 합격의 변수가 될 수 있는 필답형 시험교재를 다음과 같은 내용에 최대한 중점을 두어 집필하게 되었습니다.

첫째, 출제경향을 완전히 분석하여 그에 맞는 이론과 문제들만을 선별, 최대한 핵심만을 수록함으로써 공부하는 데 쉽게 접근이 가능하도록 하였습니다.

둘째, 최근에 개정된 KEC 규정에 맞는 내용으로 서술하였습니다.

셋째, 출제경향을 완전 분석할 수 있도록 최근의 기출문제를 상세한 해설과 함께 수록하였습니다.

넷째, 출제경향을 완전 분석한 모의고사를 수록하여 실전시험에 대비할 수 있도록 하였습니다.

다섯째, 완벽한 학습을 위해 저자직강 동영상강좌로 이해를 도왔습니다.

    필자는 전기 관련 다수의 교재를 집필하였고 현장에서의 20년이 넘는 강의 경험을 토대로 터득한 노하우를 이 한 권에 담으려고 노력하였습니다. 부족한 점도 많을 것으로 생각되며 그 부분은 앞으로도 계속 수정·보완을 통해 최고의 교재가 될 수 있도록 노력할 것입니다.

    끝으로 이 교재가 출간될 수 있도록 노력해주신 성안당 관계자 분들의 노고에 감사를 드립니다.

저자 씀

01 개 요

전기를 효율적으로 사용하기 위해서는 각종 전기시설의 유지·보수업무도 중요하다. 따라서 전기를 합리적으로 사용하고 전기로 인한 재해를 방지하기 위하여 일정한 자격을 갖춘 사람으로 하여금 전기공작물의 공사, 유지 및 운용에 관한 업무를 수행하도록 하기 위해 자격제도를 제정하였다.

02 수행직무

전기에 관한 최상급 숙련기능을 가지고 산업현장에서 작업관리, 소속기능자의 지도 및 감독, 현장훈련, 경영층과 생산계층을 유기적으로 결합시켜 주는 현장의 중간관리 등의 업무를 수행한다.

03 진로 및 전망

• 발전소, 변전소, 전기공작물시설업체, 건설업체, 한국전력공사 및 일반 사업체나 공장의 전기부서, 가정용 및 산업용 전기생산업체, 부품제조업체 등에 취업하여 전기와 관련된 제반시설의 관리 및 검사를 담당한다.
• 일부는 직업능력개발훈련교사로 진출하기도 한다. 각종 전기기기의 구조를 이해하고 전기기기 및 생산설비를 안전하게 관리 및 검사할 수 있는 전문가의 수요는 계속될 것이며 특히 「전기공사사업법」에 의하면 특급기술자로 채용하게 되어 있고 그 외 「항로표지법」에서도 해상교통의 안전을 도모하고 선박운항의 능률을 향상시키기 위해 사설항로표지를 해상에 설치할 경우에는 자격취득자를 고용하게 되어 있다. 또한 「대기환경보전법」과 「수질환경보전법」에 의해서도 오염물질을 처리하는 방지시설업체에서는 방지시설기술자를 채용하게 되어 있는 등 활동분야가 다양하다.

04 관련 학과

전문계 고등학교, 전문대학 이상의 전기과, 전기제어과, 전기설비과 등 관련 학과

05 시행처

한국산업인력공단(http://www.q-net.or.kr)

06 시험과목

- 필기 : 전기이론, 전기기기, 전력전자, 전기설비설계 및 시공, 송 · 배전, 디지털 공학, 공업경영에 관한 사항
- 실기 : 전기에 관한 실무

07 검정방법

- 필기 : 객관식 4지 택일형 60문제(1시간)
- 실기
  - 복합형 6시간 30분 정도(필답형 : 1시간 30분, 작업형 : 5시간 정도)
  - 배점 구성 : 필답형 50점, 작업형 50점
  - 작업형 과제 구성
    1과제 : PLC 프로그램
    2과제 : 전기공사
    1) 배관 및 기구 배치도
    2) 시퀀스도
    ※ PCB 회로도 및 논리회로 구성(삼로스위치) 과제는 작업형 평가에서 제외
  - 필답형 문제수 : 10문항 내외

시험 가이드

08 합격기준

- 필기 : 100점을 만점으로 하여 60점 이상
- 실기 : 작업형과 필답형 점수를 합산하여 100점 만점에 60점 이상(필답형 과락 점수 없음)

09 출제기준

실기 과목명	주요항목	세부항목	세세항목
전기에 관한 실무	1. 자동제어 시스템	(1) 자동제어시스템 설계 및 유지·관리하기	① PC 기반, PLC 제어기기의 요소들을 이해하고 적합한 기기들을 선정할 수 있다. ② 자동제어시스템의 도면 등을 분석할 수 있다. ③ 시퀀스 및 PLC 제어회로를 구성 및 설치할 수 있다. ④ 제어기기 간의 통신시스템을 구축할 수 있다. ⑤ 제어시스템의 공정을 확인하고 연동제어회로의 각종 신호변화에 따른 정상동작 유무를 판단할 수 있다. ⑥ 논리회로 구성을 이해하고 간략화할 수 있으며, 유접점, 무접점 회로를 상호 변환하여 구성할 수 있다. ⑦ 자동제어시스템을 관련 규정에 따라 유지·보수 계획을 수립하고 계획에 준하여 유지·보수할 수 있다.
	2. 수변전 설비공사	(1) 수변전설비 공사 하기	① 수변전설비에 대한 설계도서 등의 적정성을 검토할 수 있다. ② 수변전설비 설치공사를 설계도면 등에 의하여 시공할 수 있다. ③ 변압기의 규격을 파악하고 결선방식, 냉각방식, 탭 절환의 취부상태 등을 파악할 수 있다.

실기 과목명	주요항목	세부항목	세세항목
전기에 관한 실무	2. 수변전 설비공사	(1) 수변전설비 공사 하기	④ 개폐기 제작도면을 검토하여 규격을 파악하고, 제어회로, 결선상태 등을 확인할 수 있다. ⑤ 수전설비용으로 설치되는 주변압기, 콘서베이터, 방열기, LA, DS, CB, ES, IS, COS, PF 등의 기능과 역할을 이해하고 설치할 수 있다. ⑥ 수변전용 CT, PT, ZCT, GPT 등의 기능과 역할을 이해하고 설치할 수 있다.
		(2) 수변전설비 안전 및 유지관리	① 수변전설비를 안전관리규정에 따라 유지보수 계획을 수립하고 계획에 준하여 유지보수 및 관리할 수 있다. ② 검·교정 기준에 따라 계측장비의 검·교정 계획을 수립하고 계획에 준하여 실시할 수 있다. ③ 계기류의 설치위치 및 연결상태에 따라 동작상태, 오류, 편차, 이상신호 여부 등을 판단할 수 있다. ④ 계측장비 관리 절차서에 따라 계측장비를 관리할 수 있다.
	3. 동력설비 공사	(1) 동력설비 및 제어 반 공사하기	① 전동기가 외부요인으로부터 영향을 받지 않고 유지보수가 용이하게 될 수 있도록 전기 및 기계 설계도 등을 검토할 수 있다. ② 전동기가 과전류로 인하여 문제가 발생하지 않도록 동력제어반에 설치된 차단기 정정, 보호계전기 용량, 케이블 및 전선 규격을 검토하여 시공할 수 있다. ③ 전동기의 기동방식을 검토하여 적합한 방법으로 시공할 수 있다. ④ 동력설비의 작동 및 운전이 용이하기 위하여 운전, 감시, 제어방식 등을 이해하고 적용할 수 있다.

실기 과목명	주요항목	세부항목	세세항목
전기에 관한 실무	3. 동력설비 공사	(2) 전력간선 동력설비 공사하기	① 설계도서를 확인하고 부하 불평형, 전압 불평형, 허용전류, 전압강하 등 기술계산서를 검토할 수 있다. ② 단락, 지락, 과전류 보호를 이해하고 MCCB, ELB, EOCR 등 보호장치를 설치할 수 있다.
		(3) 동력설비 안전 및 유지관리하기	① 동력설비를 안전관리규정에 따라 유지보수계획을 수립하고 계획에 준하여 유지보수할 수 있다.
	4. 전력변환설 비공사	(1) 무정전전원(UPS) 설비공사하기	① 설계도서에 따라 설비를 구매, 시공할 수 있도록 건축물에서 요구하는 무정전전원의 종류, 전력량 및 무정전전원 공급방법, 시스템 구성 등을 검토할 수 있다. ② 무정전전원 운영에 문제가 없도록 무정전전원과 상시전원의 연결방법 등을 검토할 수 있다.
		(2) 전기저장장치 설비 공사하기	① 인버터를 포함한 AC – DC 변환, DC – DC 변환 모듈 등 계통 연계를 위해 사용되는 전기설비의 용량, 전기설비의 사양 등을 확인하여 계통과의 안정적인 운전을 위해 케이블, 보호기기, 차단기 등과의 연계에 문제가 없는지 검토할 수 있다. ② 인버터의 정격용량이 발전기 정격출력이며 인버터의 입력전압범위 내에 발전기 출력전압이 들어가는지 시스템 구성, 설계도서 등을 검토하여 확인할 수 있다. ③ PMS, EMS, PCS 등의 구성을 이해하고 배터리 설치용 가대 등을 설계도서에 준하여 설치할 수 있다.

실기 과목명	주요항목	세부항목	세세항목
전기에 관한 실무	5. 피뢰 및 접 지공사	(1) 피뢰설비 검사 및 공사하기	① 수뇌부는 낙뢰로부터 구조체를 확실하게 보 호하기 위하여 규격에 적합한 피뢰침이나 수 평도체를 사용하여 보호범위 안에 구조체가 포함되도록 견고하게 시공할 수 있다. ② 낙뢰보호구역 경계에 낙뢰환경에 적합한 SPD를 올바른 배선과 유지보수가 용이하도 록 시공할 수 있다.
		(2) 접지설비 검사 및 공사하기	① 법적으로 요구되는 접지저항값을 만족하는 지 확인하기 위하여 올바른 접지저항을 측정 할 수 있다. ② 인하도선이 낙뢰전류를 효율적으로 흘려보 낼 수 있도록 최단거리로 시공되었는지 여부 를 확인할 수 있다. ③ 접지설비 등을 시공할 수 있다. ④ 접지저항을 계산할 수 있다. ⑤ 접지선 굵기를 선정할 수 있다.
	6. 배선·배관 및 기타 전 기공사	(1) 배선·배관 공사 하기	① 내선공사 견적산출 및 자재를 선정할 수 있다. ② 배선 및 배관 등을 설계도면에 의하여 시공할 수 있다.
		(2) 외선 공사하기	① 외선공사 견적산출 및 자재를 선정할 수 있다. ② 배전기기 및 외선공사를 시공할 수 있다. ③ 외선공법을 선정하고 현장관리, 공정관리, 안 전관리, 품질관리계획 등 작업수행에 필요한 시공계획서를 작성할 수 있다. ④ 이도를 측정하고, 긴선공사에 쓰이는 각종 부품들을 규정에 준하여 활용할 수 있다.
		(3) 조명 및 전열 공사 하기	① 조명기구의 설계도면을 이해하고 시설장소 및 용도에 적합하게 설치할 수 있다.

시험 가이드

실기 과목명	주요항목	세부항목	세세항목
전기에 관한 실무	6. 배선 · 배관 및 기타 전 기공사	(3) 조명 및 전열 공사 하기	② 전등의 규격, 점등방식, 사용조건, 조명기구 의 외형, 조명기구의 설치방법 등을 고려하 여 설계도서, 전문시방서 또는 공사시방서 등을 검토하여 적용할 수 있다. ③ 콘센트 및 전열기구를 설계도면에 의하여 시 공할 수 있다.
		(4) 기타 전기설비 공사 하기	① 보호설비, 피난설비, 소화활동설비 등을 이해 하고 시공할 수 있다. ② 설계도면에 표기된 방폭지역, 방폭등급, 위험 물지역을 고려하여 비교 · 검토하여 방폭자 재 등을 선정할 수 있다. ③ 비상콘센트 및 제연설비를 이해하고 설계도 서에 따라 시공할 수 있다. ④ 유도등, 누설동축케이블, 분배기, 증폭기 등 피난설비를 이해하고 검토할 수 있다. ⑤ 신재생발전설비를 설계도서에 준하여 설치 할 수 있다. ⑥ 태양광, 풍력, 연료전지 등 신재생발전설비의 각 부품을 관련 규정에 충족하는지 검토할 수 있다. ⑦ 축전지설비를 설계도서에 따라 구매, 시공할 수 있도록 건축물에서 요구하는 축전지의 종 류, 전력량 및 축전지 공급방법, 시스템 구성 등을 검토할 수 있다. ⑧ 축전지설비를 그 사용 용도에 따라 구분하여 설치하며, 설계도서를 검토하여 용도에 맞게 구성되어 있는지 확인 후 시공할 수 있다.

이 책의 구성

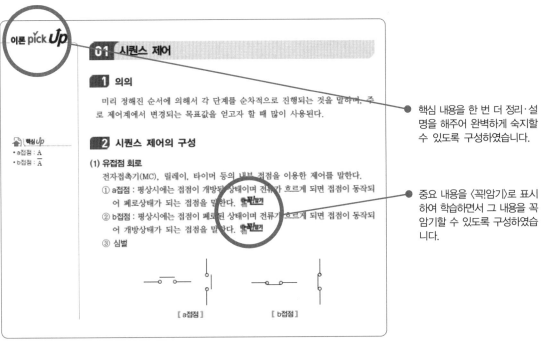

이론 pick Up

01 시퀀스 제어

1 의의

미리 정해진 순서에 의해서 각 단계를 순차적으로 진행되는 것을 말하며, 주로 제어계에서 변경되는 목표값을 얻고자 할 때 많이 사용된다.

2 시퀀스 제어의 구성

(1) 유접점 회로

전자접촉기(MC), 릴레이, 타이머 등의 내부 접점을 이용한 제어를 말한다.
① a접점 : 평상시에는 접점이 개방된 상태이며 전류가 흐르게 되면 접점이 동작되어 폐로상태가 되는 접점을 말한다.
② b접점 : 평상시에는 접점이 폐로된 상태이며 전류가 흐르게 되면 접점이 동작되어 개방상태가 되는 접점을 말한다.
③ 심벌

[a접점]　　　[b접점]

핵심 Up
- a접점 : A
- b접점 : $\overline{A}$

● 핵심 내용을 한 번 더 정리·설명을 해주어 완벽하게 숙지할 수 있도록 구성하였습니다.

● 중요 내용을 〈꼭암기〉로 표시하여 학습하면서 그 내용을 꼭 암기할 수 있도록 구성하였습니다.

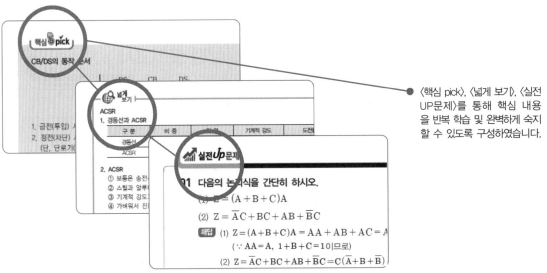

핵심 pick
CB/DS의 동작 순서

넓게 보기
ACSR
1. 경동선과 ACSR
| 구 분 | 비 중 | | 기계적 강도 | 도전 |
1. 급전(투입)
2. 정전(차단)
(단, 단로기)

실전 Up 문제

01 다음의 논리식을 간단히 하시오.
(1) $Z = (A+B+C)A$
(2) $Z = \overline{A}C + BC + AB + \overline{B}C$

[해답] (1) $Z = (A+B+C)A = AA + AB + AC = A$
　　($\because AA = A$, $1+B+C = 1$이므로)
　　(2) $Z = \overline{A}C + BC + AB + \overline{B}C = C(\overline{A}+B+\overline{B})$

● 〈핵심 pick〉, 〈넓게 보기〉, 〈실전 UP문제〉를 통해 핵심 내용을 반복 학습 및 완벽하게 숙지할 수 있도록 구성하였습니다.

이 책의 구성

단원별로 자주 출제되는 문제를 집중 공략할 수 있도록 기출·예상문제를 내용별로 선별하여 수록하였습니다.

출제확률이 높은 문제를 표시하여 그 문제는 집중적으로 학습할 수 있도록 구성하였습니다.

각 문제마다 상세한 모범답안을 수록하여 문제에 대한 이해 및 문제해결능력을 기를 수 있도록 구성하였습니다.

실전시험에 대비할 수 있도록 실전 모의고사와 최근 기출문제를 수록하여 자주 출제되는 문제 및 최근 출제경향을 파악할 수 있도록 구성하였습니다.

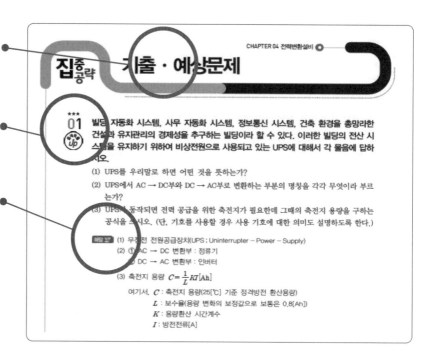

집중공략 기출·예상문제   CHAPTER 04 전력변환설비

★★★ 01 UP 빌딩 자동화 시스템, 사무 자동화 시스템, 정보통신 시스템, 건축 환경을 총망라한 건설과 유지관리의 경제성을 추구하는 빌딩이라 할 수 있다. 이러한 빌딩의 전산 시스템을 유지하기 위하여 비상전원으로 사용되고 있는 UPS에 대해서 각 물음에 답하시오.

(1) UPS를 우리말로 하면 어떤 것을 뜻하는가?

(2) UPS에서 AC → DC부와 DC → AC부로 변환하는 부분의 명칭을 각각 무엇이라 부르는가?

(3) UPS가 동작되면 전력 공급을 위한 축전지가 필요한데 그때의 축전지 용량을 구하는 공식을 쓰시오. (단, 기호를 사용할 경우 사용 기호에 대한 의미도 설명하도록 한다.)

해답 (1) 무정전 전원공급장치(UPS : Uninterrupter – Power – Supply)

(2) ① AC → DC 변환부 : 정류기
② DC → AC 변환부 : 인버터

(3) 축전지 용량 $C = \frac{1}{L}KI$[Ah]

여기서, C : 축전지 용량(25[℃] 기준 정격방전 환산용량)
L : 보수율(용량 변화의 보정값으로 보통은 0.8[Ah])
K : 용량환산 시간계수
I : 방전전류[A]

FINAL 제1회 실전 모의고사

01 지중전선로의 시설에 관한 다음 각 물음에 답하시오.

(1) 지중전선로는 어떤 방식에 의하여 시설하여야 하는지 3가지만 쓰시오.

집중공략 제74회 출제문제

01 피뢰기를 시설하여야 하는 장소 4곳을 서술하시오. (4점)

해답 (1) 발전소·변전소 또는 이에 준하는 장소의 가공전선 인입구 및 인출구

차 례

Contents

CHAPTER 01 자동제어시스템 ··· 17

01 시퀀스 제어 ·· 18
02 PLC(Programmable Logic Controller) ·································· 40
☑ 기출 · 예상문제 ··· 46

CHAPTER 02 수 · 변전설비 ·· 69

01 수 · 변전설비의 개요 ··· 70
02 수 · 변전설비(변압기, 배전반 등)의 최소이격거리 ·············· 71
03 수 · 변전설비의 구성 ··· 71
04 수 · 변전설비의 표준 결선도 ··· 90
☑ 기출 · 예상문제 ··· 95

CHAPTER 03 동력(전력)설비 ··· 115

01 보호계전기 ··· 116
02 차단기(CB ; Circuit Breaker) ··· 118
03 전선의 종류 ··· 120
04 전기설비 ··· 123
☑ 기출 · 예상문제 ··· 127

CHAPTER 04 전력변환설비 ·· 143

01 무정전 전원공급장치(UPS) ··· 144
02 정류회로 ··· 145
03 축전지 ··· 147

Contents

04 조명설비 ·· 150

☑ 기출 · 예상문제 ··· 158

CHAPTER 05 **피뢰기 및 접지공사** ······················· 175

01 피뢰기 ··· 176

02 접지공사 ··· 179

☑ 기출 · 예상문제 ··· 188

CHAPTER 06 **배선공사와 송배전** ·························· 197

01 배선공사 ··· 198

02 송배전 ··· 203

☑ 기출 · 예상문제 ··· 223

CHAPTER 07 **심벌 및 측정** ································· 233

01 심벌 ··· 234

02 전기설비기술기준 및 측정 ··································· 243

☑ 기출 · 예상문제 ··· 262

부록 Ⅰ. 실전 모의고사 문제 및 해답 ····················· 277

부록 Ⅱ. 과년도 출제문제 ································· 333

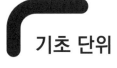

기초 단위

Unit

01 기본단위

양	명 칭	기 호
길이	미터	m
질량	킬로그램	kg
시간	초	s
전류	암페어	A
절대온도	켈빈	K
광도	칸델라	cd
물질의 양	몰	mol

02 보조단위

양	명 칭	기 호
평면각	라디안	rad
입체각	스테라디안	sr

03 유도단위

양	명 칭	기 호	다른 단위와의 관계	
진동수	헤르츠	Hz	s^{-1}	
힘	뉴턴	N	$m \cdot kg \cdot s^{-2}$	
압력	파스칼	Pa	N/m^2	$m^{-1} \cdot kg \cdot s^{-2}$
에너지, 열량	줄	J	$N \cdot m$	$m^2 \cdot kg \cdot s^{-2}$
전력	와트	W	J/s	$m^2 \cdot kg \cdot s^{-3}$
전기량(전하량)	쿨롬	C	$A \cdot s$	$s \cdot A$
전압, 전위	볼트	V	W/A	$m^2 \cdot kg \cdot s^{-3} \cdot A^{-1}$
전기용량	패럿	F	C/V	$m^{-2} \cdot kg^{-1} \cdot s^4 \cdot A^2$
전기저항	옴	Ω	V/A	$m^2 \cdot kg \cdot s^{-3} \cdot A^{-2}$
자기다발	웨버	Wb	$V \cdot s$	$m^2 \cdot kg \cdot s^{-2} \cdot A^{-1}$
자기장	테슬라	T	Wb/m^2	$kg \cdot s^{-2} \cdot A^{-1}$
인덕턴스	헨리	H	Wb/A	$m^2 \cdot kg \cdot s^{-2} \cdot A^{-2}$
빛다발	루멘	lm		$cd \cdot sr$
조도	럭스	lx	lm/m^2	$m^{-2} \cdot sr \cdot cd$
방사능	베크렐	Bq		s^{-1}
흡수선량	그레이	Gy	J/kg	$m^2 \cdot s^{-2}$
선량당량	시버트	Sy	J/kg	$m^2 \cdot s^{-2}$

기초 단위

04 접두사

수	접두사	기 호	수	접두사	기 호
10^{18}	엑사(exa)	E	10^{-1}	데시(deci)	d
10^{15}	페타(peta)	P	10^{-2}	센티(centi)	c
10^{12}	테라(tera)	T	10^{-3}	밀리(milli)	m
10^{9}	기가(giga)	G	10^{-6}	마이크로(micro)	μ
10^{6}	메가(mega)	M	10^{-9}	나노(nano)	n
10^{3}	킬로(kilo)	k	10^{-12}	피코(pico)	p
10^{2}	헥토(hecto)	h	10^{-15}	펨토(femto)	f
10^{1}	데카(deca)	da	10^{-18}	아토(atto)	a

05 단위 환산표

길이와 체적

1 inch = 2.54 cm

1 ft = 0.03048 m

1 m = 39.37 in

1 mi = 1.6093440 km

1 liter = 10^3 cm^3 = 10^{-3} m^3

시 간

1 year = 365.25 day = 3.1558×10^7 s

1 d = 86,400 s

1 h = 3,600 s

질 량

1 kg = 1,000 g

1 kg 무게 = 2.205 lb

1 amu = 1.6605×10^{-27} kg

압 력

1 Pa = 1 N/m^2

1 atm = 1.01325×10^5 Pa

1 lb/in^2 = 6,895 Pa

에너지와 힘

1 cal = 4.184 J

1 kWh = 3.60×10^6 J

1 eV = 1.602×10^{-19} J

1 u = 931.5 MeV

1 hp = 746 W

속 력

1 m/s = 3.60 km/h = 2.24 mi/h

1 km/h = 0.621 mi/h

힘

1 lb = 4.448 N

자동제어시스템

01 시퀀스 제어

02 PLC(Programmable Logic Controller)

출제경향

- ☑ 유접점·무접점의 정확한 개념을 활용한 문제가 출제된다.
- ☑ 기본 논리회로를 응용한 다양한 문제가 출제된다.
- ☑ 시퀀스의 개념을 응용한 문제가 출제된다.

01 자동제어시스템

학습 TIP ● 논리회로 및 PLC의 이해를 통한 개념 파악 및 응용문제들의 접근성

기출 keyword ● 논리회로 구성, 타임차트, 시퀀스 회로, PLC

이론 pick **Up**

01 시퀀스 제어

1 의의

미리 정해진 순서에 의해서 각 단계를 순차적으로 진행되는 것을 말하며, 주로 제어계에서 변경되는 목표값을 얻고자 할 때 많이 사용된다.

2 시퀀스 제어의 구성

핵심 Up
• a접점 : A
• b접점 : $\overline{A}$

(1) 유접점 회로

전자접촉기(MC), 릴레이, 타이머 등의 내부 접점을 이용한 제어를 말한다.

① a접점 : 평상시에는 접점이 개방된 상태이며 전류가 흐르게 되면 접점이 동작되어 폐로상태가 되는 접점을 말한다. 꼭!암기

② b접점 : 평상시에는 접점이 폐로된 상태이며 전류가 흐르게 되면 접점이 동작되어 개방상태가 되는 접점을 말한다. 꼭!암기

③ 심벌

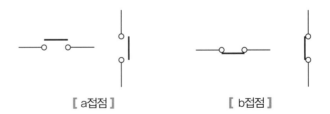

[a접점]　　　　　[b접점]

(2) 일반적인 전자계전기의 종류

① 릴레이(계전기)

㉠ 보통은 8핀 계전기를 말한다.

㉡ 순시동작 순시복귀의 특성을 갖는다.

ⓒ a접점, b접점 단자와 전원단자로 이루어져 있다.

ⓓ 계전기의 내부구조

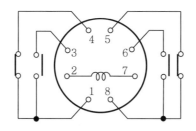

핵심 Up

계전기의 내부 접점
- 전원단자 : 1–8번 pin
- a접점
  – 6–8번 pin
  – 1–3번 pin
- b접점
  – 5–8번 pin
  – 1–4번 pin

② 타이머

ⓐ 일정 시간 후에 동작하는 한시동작 타이머이다.

ⓑ 한시동작 순시복귀 a접점과 한시동작 순시복귀 b접점이 있다.

ⓒ 타이머 접점의 심벌

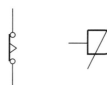

[한시동작 순시복귀 a접점]　　　　[한시동작 순시복귀 b접점]

③ 열동계전기

ⓐ 과부하 상태가 되면 과부하 전류가 흐르므로 바로 동작을 하여 회로를 차단 시키거나 동작을 하여 전지상태를 알려주는 경보회로에 이용된다.

ⓑ 열동계전기는 보통 Thr로 표시되며, 계전기 번호는 49번이다.

ⓒ 열동계전기의 심벌

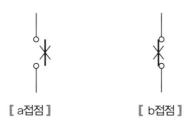

[a접점]　　　　[b접점]

핵심 Up

열동계전기
과부하 상태에서 동작

3 불대수

$A + A = A$　　　$A + 1 = 1$

$A \cdot 1 = A$　　　$A \cdot A = A$

$\overline{A} + A = 1$　　　$\overline{A} \cdot A = 0$

$\overline{A} \cdot 1 = \overline{A}$　　　$\overline{\overline{A}} \cdot 1 = A$

핵심 Up
드모르간 정리
- $\overline{(A+B)} = \overline{A} \cdot \overline{B}$
- $\overline{(A \cdot B)} = \overline{A} + \overline{B}$

4 드모르간 정리 ☞꼭!암기

$$\overline{(A+B)} = \overline{A} \cdot \overline{B}$$
$$\overline{(A \cdot B)} = \overline{A} + \overline{B}$$

5 연산법칙

(1) 교환법칙

① $A+B = B+A$

② $A \cdot B = B \cdot A$

(2) 결합법칙

① $(A \cdot B) \cdot C = A \cdot (B \cdot C)$

② $(A+B)+C = A+(B+C)$

(3) 분배법칙

① $A+(B \cdot C) = (A+B) \cdot (A+C)$

② $A \cdot (B+C) = (A \cdot B)+(A \cdot C)$

(4) 흡수법칙

① $A+AC = A(1+C) = A$

② $A(A+B) = AA+AB = A(1+B) = A$ $(\because AA = A)$

📈 실전 Up 문제

01 다음의 논리식을 간단히 하시오.

(1) $Z = (A+B+C)A$

(2) $Z = \overline{A}C+BC+AB+\overline{B}C$

해답 (1) $Z = (A+B+C)A = AA+AB+AC = A(1+B+C) = A$
　　　($\because AA = A$, $1+B+C = 1$이므로)

(2) $Z = \overline{A}C+BC+AB+\overline{B}C = C(\overline{A}+B+\overline{B})+AB = AB+C$
　　　($\because B+\overline{B} = 1$이므로)

6 카르노 맵

① 보통은 3변수 이상의 논리식을 간소화할 때 이용된다.

② 변하는 문자는 생략한다.

③ 2개, 4개, 8개씩 묶는다.

④ 묶은 개수와 항의 개수가 일치한다.

실전 Up 문제

02 다음 카르노도 표를 보고 논리식과 무접점 논리회로를 작성하시오.

(단, 0 : L(low level), 1 : H(high level)이며, 입력은 A, B, C, 출력은 X이다.)

A \ BC	00	01	11	10
0	0	1	0	1
1	0	1	0	1

(1) 논리식으로 나타낸 후 간략화하시오.

(2) 무접점 논리회로를 그리시오.

해답 (1) 출력 $X = \overline{A}\,\overline{B}\,C + \overline{A}\,B\,\overline{C} + A\,\overline{B}\,C + A\,B\,\overline{C}$

$\qquad\qquad = \overline{B}\,C(\overline{A}+A) + B\,\overline{C}(A+\overline{A}) \quad (\because A+\overline{A}=1)$

$\qquad\qquad = B\,\overline{C} + \overline{B}\,C$

(2)

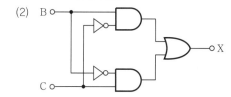

> **핵심 Up**
> 카르노도
> • 변하는 문자는 생략
> • 묶은 개수＝항의 개수

---

7 기본 논리회로

(1) AND 회로

① 논리식 : $X = A \cdot B$ 꼭!암기

② 무접점 회로

$$\text{A, B} \longrightarrow X = \text{A, B} \longrightarrow X$$

③ 유접점 회로

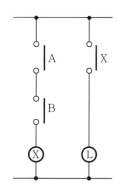

> **핵심 Up**
> AND 회로 논리식
> $X = A \cdot B$

④ 다이오드를 이용한 회로

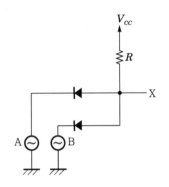

⑤ TR을 이용한 회로

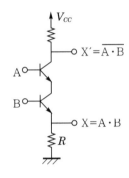

⑥ 진리값

A	B	X
0	0	0
0	1	0
1	0	0
1	1	1

⑦ 타임차트

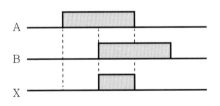

(2) OR 회로 꼭! 암기

① 논리식 : $X = A + B$

② 무접점 회로

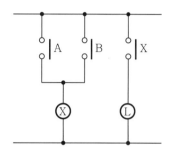

③ 유접점 회로

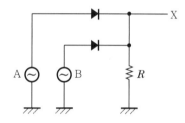

④ 다이오드를 이용한 회로

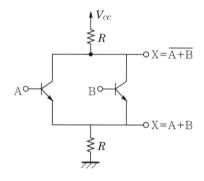

⑤ TR을 이용한 회로

핵심 Up

TR의 병렬 연결 시 먼저
OR 형태가 되며 출력은
반전이 되어 NOR 회로의
출력이 된다.

⑥ 진리값

A	B	X
0	0	0
0	1	1
1	0	1
1	1	1

⑦ 타임차트

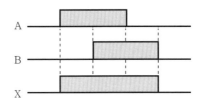

실전 Up 문제

03 보조 릴레이 A, B, C의 계전기로 출력(H레벨)이 생기는 유접점 회로와 무접점 회로를 그리시오. (단, 보조 릴레이의 접점은 모두 a접점만을 사용하도록 한다.)

(1) A와 B를 같이 ON하거나 C를 ON할 때 X_1 출력

① 유접점 회로

② 무접점 회로

(2) A를 ON하고 B 또는 C를 ON할 때 X_2 출력

① 유접점 회로

② 무접점 회로

해답 (1) ① 유접점 회로

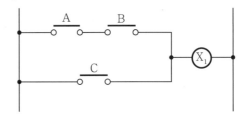

② 무접점 회로

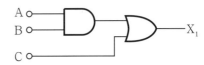

(2) ① 유접점 회로

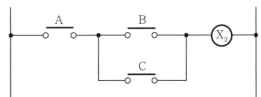

② 무접점 회로

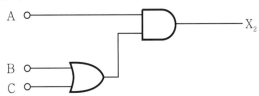

04 다음은 어느 계전기 회로의 논리식이다. 이 논리식을 이용하여 다음 각 물음에 답하시오. (단, 여기에서 A, B, C는 입력이고, X는 출력이다.)

$$X = (A + B) \cdot \overline{C}$$

(1) 이 논리식을 로직을 이용한 시퀀스도(논리회로)로 나타내시오.

(2) 위 논리식을 2입력 NOR-GATE만으로 나타내시오.

(3) 위 논리식을 2입력 NAND-GATE만으로 나타내시오.

핵심 Up
이 문제의 핵심은 드모르간 정리를 알아야 한다.
• $\overline{A+B} = \overline{A} \cdot \overline{B}$
• $\overline{A \cdot B} = \overline{A} + \overline{B}$

해답 (1)

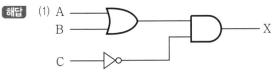

$$X = \overline{\overline{(A+B) \cdot \overline{C}}} = \overline{\overline{(A+B)} + \overline{\overline{C}}} = \overline{\overline{(A+B)} + C}$$

(2)

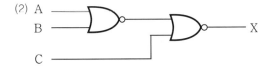

(3)

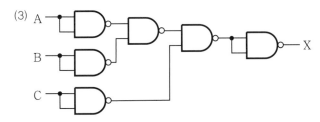

(3) NOT 회로

① 논리식 : $X = \overline{A}$

② 무접점 회로

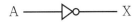

핵심 Up
NOT 회로 논리식
$X = \overline{A}$

③ 유접점 회로

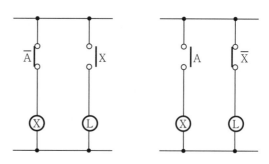

④ 진리값

A	X
0	1
1	0

⑤ 타임차트

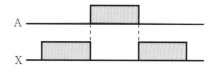

실전 Up 문제

05 다음 유접점 시퀀스를 보고 AND, OR, NOT의 논리회로를 이용하여 무접점 논리회로로 그리시오.

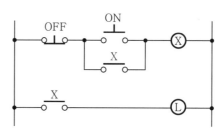

해답

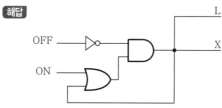

(4) NAND 회로 ☞꼭!암기

① 논리식 : $X = \overline{A \cdot B} = \overline{A} + \overline{B}$

② 무접점 회로

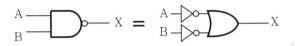

③ 유접점 회로

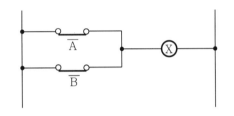

④ 진리값

A	B	X
0	0	1
0	1	1
1	0	1
1	1	0

⑤ 타임차트

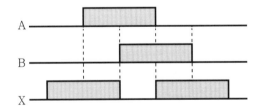

(5) NOR 회로 ☞꼭!암기

① 논리식 : $X = \overline{A + B} = \overline{A} \cdot \overline{B}$

② 무접점 회로

🏠| 핵심 **Up**

NAND 회로 논리식

$X = \overline{A \cdot B}$
$= \overline{A} + \overline{B}$

🏠| 핵심 **Up**

NOR 회로 논리식

$X = \overline{A + B}$
$= \overline{A} \cdot \overline{B}$

③ 유접점 회로

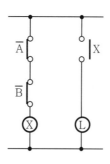
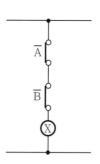

④ 진리값

A	B	X
0	0	1
0	1	0
1	0	0
1	1	0

⑤ 타임차트

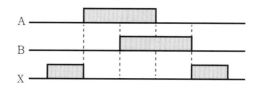

핵심 Up

EX-OR 회로 논리식
$X = \overline{A}B + A\overline{B}$
$= A \oplus B$

(6) EX-OR 회로 🖐꼭!암기

① 논리식 : $X = \overline{A}B + A\overline{B}$

② 무접점 회로

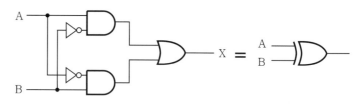

③ 유접점 회로

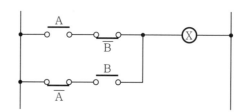

④ 진리값

A	B	X
0	0	0
0	1	1
1	0	1
1	1	0

⑤ 타임차트

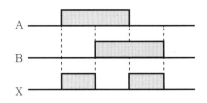

실전 Up문제

06 그림과 같은 유접점 회로를 배타 논리합 회로(exclusive OR gate)라 한다. 이 회로를 이용하여 다음 각 물음에 답하시오.

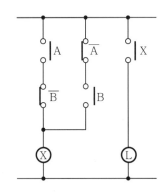

(1) 유접점 회로를 로직 시퀀스 회로로 바꾸어 그리시오.
(2) 논리식을 쓰시오.
(3) 진리표를 작성하시오.
(4) 타임차트를 그리시오.
(5) 진리표를 만족할 수 있는 로직 회로를 간소화하시오.

해답 (1)

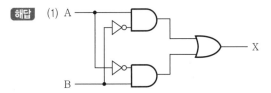

(2) $X = A\overline{B} + \overline{A}B$

(3)

A	B	X
0	0	0
0	1	1
1	0	1
1	1	0

(4)

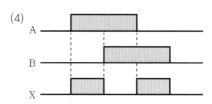

(5)

A
B —[ ]— X

07 그림과 같은 논리회로의 (1) 명칭, (2) 논리식, (3) 진리표를 완성하시오.

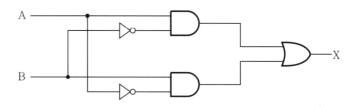

(1) 명칭 :

(2) 논리식 :

(3) 진리표 :

해답 (1) 명칭 : 배타 논리합 회로(EX-OR 회로)

(2) 논리식 : $X = A\overline{B} + \overline{A}B$

(3) 진리표

A	B	X
0	0	0
0	1	1
1	0	1
1	1	0

8 조합 논리회로

(1) 반감산기

① 목적 : 1bit의 2진수 2개를 빼는 연산회로를 말한다.

② 블록선도

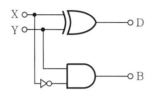

③ 출력식 🔑꼭!암기

㉠ $D = \overline{X}Y + X\overline{Y} = X \oplus Y$ (D : 차이)

㉡ $B = \overline{X}Y$ (B : 빌림)

④ 논리회로

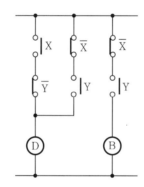

⑤ 유접점 회로도

(2) 반가산기

① 목적 : 1bit의 2진수 2개를 덧셈하는 연산기능이 있는 회로이다.

② 진리표

입 력		출 력	
X	Y	S	C
0	0	0	0
0	1	1	0
1	0	1	0
1	1	0	1

③ 출력식 🔑꼭!암기

㉠ $S = \overline{X}Y + X\overline{Y} = X \oplus Y$

㉡ $C = XY$

핵심 Up
반가산기
합 $S = X \oplus Y$
자리올림 $C = X \cdot Y$

④ 논리회로도

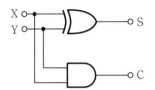

⑤ 유접점 회로도

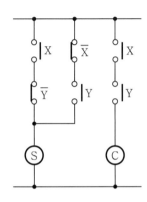

(3) 전가산기

① 정의

　㉠ 전단의 자리올림수를 고려하여 1bit의 2진수 2개를 덧셈하는 회로이다.

　㉡ 반가산기 2개와 OR 회로 1개로 나타낼 수 있다.

② 진리표

X	Y	Z	S	C
0	0	0	0	0
0	0	1	1	0
0	1	0	1	0
0	1	1	0	1
1	0	0	1	0
1	0	1	0	1
1	1	0	0	1
1	1	1	1	1

③ 출력식 꼭!암기

　㉠ $C = XY + YZ + ZX$

　㉡ $S = (X \oplus Y) \oplus Z$

핵심 Up

출력식
$C = XY + YZ + ZX$
$S = (X \oplus Y) \oplus Z$

④ 논리회로도

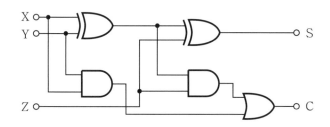

9 제어회로

(1) 자기유지회로

① 푸시버튼스위치를 이용하여 릴레이를 동작시킨 후에 푸시버튼스위치가 차단되어도 계속 릴레이가 동작할 수 있도록 연결되는 접점회로를 자기유지회로라고 한다.

② 회로도

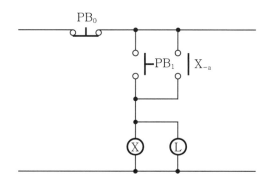

③ 출력 X : $X = \overline{PB_0} \cdot (PB_1 + X_{-a})$ 👆꼭!암기

④ 동작 원리

  ㉠ 푸시버튼스위치(PB_1)를 누르면 계전기 X_1이 여자된다. 그렇지만 PB_1은 손을 놓으면 순시복귀하므로 차단이 된다.

  ㉡ 이때 이것을 방지하기 위해, 즉 X_1을 계속 여자시키기 위해 PB_1과 병렬로 X의 내부 a접점 X_{-a}를 연결하여 PB_1은 차단되지만 X_{-a}를 통해서 전원이 계속 공급되어 X는 계속 여자상태가 되며 램프 L은 점등상태를 유지한다.

  ㉢ 또한 모든 동작을 멈추고 처음 상태를 유지하려면 PB_0를 눌러서 전원을 차단하게 되면 X는 멈추고 처음 상태로 되돌아간다.

용어 Up
자기유지회로
계전기 ⊗를 항상 여자상태로 하기 위해 병렬로 연결된 X_{-a}를 뜻한다.

⑤ 무접점 회로

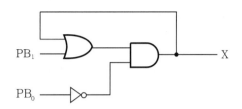

⑥ 타임차트

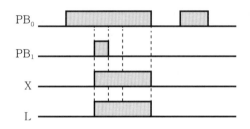

(2) 인터록 회로

① 동시동작 방지회로이며 X_1이 동작하면 X_2는 동작하지 않으며, 반대로 X_2가 동작하면 X_1은 동작하지 않는 회로이다.

② 회로도

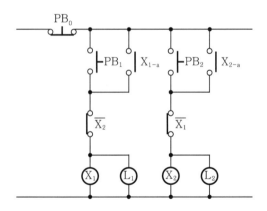

③ 출력식

　㉠ $X_1 = \overline{PB_0} \cdot (PB_1 + X_1)\overline{X_2}$

　㉡ $X_2 = \overline{PB_0} \cdot (PB_2 + X_2)\overline{X_1}$

④ 동작 원리

　㉠ 푸시버튼스위치(PB_1)를 누르면 계전기 X_1이 여자가 된다. 그렇지만 PB_1은 손을 놓으면 순시복귀를 하므로 차단이 된다.

ⓛ 이때 이것을 방지하기 위해, 즉 X_1을 계속 여자시키기 위해 PB_1과 병렬로 X_1의 내부 a접점 X_{1-a}를 연결하여 PB_1은 차단이 되지만 X_{1-a}을 통해서 전원이 계속 공급되어 X_1은 계속 여자상태가 되며 램프 L_1은 점등상태를 유지한다.

ⓒ 동시에 $\overline{X_1}$이 동작하여 차단상태가 되므로 PB_2를 눌러도 X_2는 동작하지 않는다.

ⓔ X_2를 계속 여자시키기 위해 PB_2와 병렬로 X_2의 내부 a접점 X_{2-a}를 병렬 연결하여 PB_2는 차단이 되지만 X_{2-a}을 통해서 전원이 계속 공급되어 X_2는 계속 여자상태가 되며 램프 L_2는 점등상태를 유지한다.

ⓜ 동시에 $\overline{X_2}$가 동작하여 차단상태가 되므로 PB_1을 눌러도 X_2는 동작하지 않는다.

ⓗ 또한 모든 동작을 멈추고 처음 상태를 유지하려면 PB_0를 눌러서 전원을 차단하게 되면 멈추고 처음 상태로 되돌아간다.

⑤ 무접점 회로

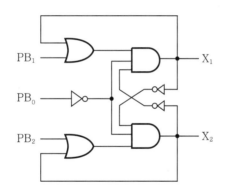

⑥ 타임차트

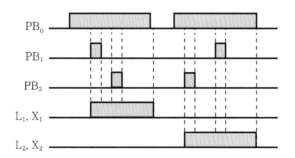

📈 실전 Up문제

08 그림의 회로는 푸시버튼스위치 PB_1, PB_2, PB_3를 ON 조작하여 기계 A, B, C를 운전한다. 이 회로를 타임차트의 요구대로 병렬 우선순위 회로로 고쳐서 그리시오. (단, R_1, R_2, R_3는 계전기이며, 이 계전기의 보조 a접점 또는 보조 b접점을 추가 또는 삭제하여 작성하되 불필요한 접점을 사용하지 않도록 할 것이며, 보조 접점에는 접점의 명칭을 기입하도록 한다.)

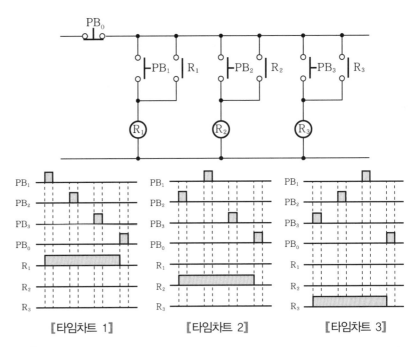

[타임차트 1] [타임차트 2] [타임차트 3]

핵심 Up

타임차트에서 PB_1, PB_2, PB_3 동작 시에 R_1, R_2, R_3가 차례대로 동작한다는 의미가 중요하다.

해답 타임차트 1을 보면 PB_1을 누르면 R_1만 동작을 하며, 타임차트 2를 보면 PB_2를 누르면 R_2만 동작을 하며, 타임차트 3을 보면 PB_3를 누르면 R_3만 동작한다는 것을 알 수 있다. 그러므로 R_1, R_2, R_3는 서로 인터록 관계에 있다는 것을 알 수가 있다.

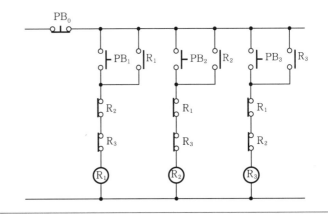

(3) 전동기 정·역운전 회로

① 결선방식

ㄱ 정방향으로 회전하는 전동기를 역방향으로 회전시키기 위해서 주로 이용한다.

ㄴ 3단자 중 2단자의 접속을 바꾸어서 결선한다.

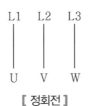

[정회전]

[역회전] 꼭!암기

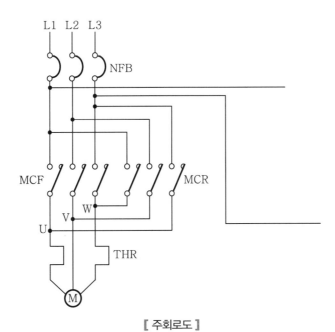

[주회로도]

② 제어 회로도

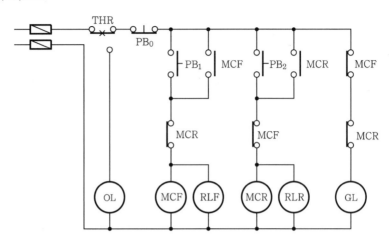

③ 동작 원리

㉠ 전원이 투입되면 GL등이 점등된다.

㉡ PB_1을 누르면 계전기 MCF는 동작을 하며, RLF등이 점등되며 정회전 운전을 하게 된다. 또한 MCF_{-1a}는 자기유지접점으로 동작하며 MCF_{-b}는 인터록 회로로 동작된다.

㉢ 또한 MCF_{-2a}가 동작하여 GL등은 소등이 된다.

㉣ PB_0를 눌러서 정회전 운전을 멈추게 한 후 역회전 운전을 하기 위해서 PB_2를 누른다.

㉤ MCR이 동작을 하면 RLR등이 점등되며 역회전 운전을 하게 된다. 또한 MCR_{-1a}는 자기유지접점으로 동작하며 MCR_{-b}는 인터록 회로로 동작된다.

㉥ 또한 MCR_{-2a}가 동작하여 GL등은 소등이 된다.

④ 타임차트

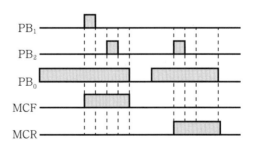

실전 Up 문제

09 다음 그림은 전동기의 정·역운전 회로도의 일부분이다. 동작 설명과 미완성 도면을 이용하여 다음 각 물음에 답하시오.

[동작 설명]

- NFB를 투입하면 ⓖ등이 점등되도록 한다.
- 누름버튼스위치 PB₁(정)을 ON하면 MCF가 여자되며, 이때 ⓖ등은 소등되고 ⓡ등은 점등되도록 하며, 전동기는 정회전을 한다.
- 누름버튼스위치 PB₀를 누르면 전동기는 정지하고 ⓖ등이 다시 점등된다.
- 누름버튼스위치 PB₂(역)를 ON하면 MCR이 여자되며, 이때 ⓖ등은 소등되고 ⓨ등이 점등되도록 하며, 전동기는 역회전을 한다.
- 과부하 시에는 열동계전기 THR이 동작하여 THR의 b접점이 개방되므로 전동기는 정지되고 ⓦ등이 점등되도록 하며 ⓖ등까지 소등되도록 한다.
- MCF나 MCR 중 어느 하나가 여자되면 나머지는 전동기 정지 후 동작시켜야 동작이 가능하다.
- MCF, MCR의 보조 접점으로는 각각 a접점 1개, b접점 2개를 사용한다.

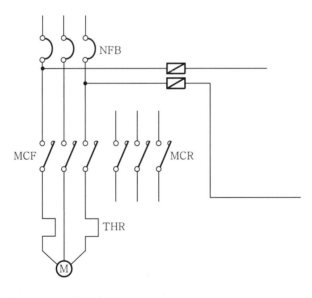

(1) 주회로 부분을 완성하시오.
(2) 보조회로 부분을 완성하시오.

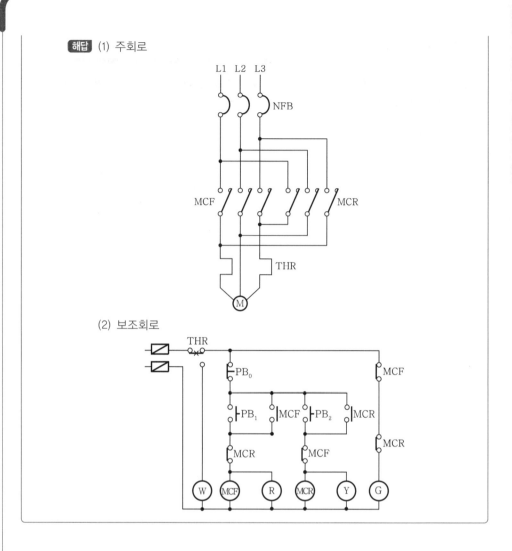

해답 (1) 주회로

(2) 보조회로

02 PLC(Programmable Logic Controller)

1 의의

특정의 프로그램 명령어로 일반적인 입·출력을 제어하는 프로그램을 말한다.

2 명령어 꼭!암기

① 시작
  ㉠ LD(LOAD), STR(START), RD(READ)
  ㉡ b접점 시에는 STR NOT
② 출력 : O(OUT), W(WRITE)

③ 직렬접속

   ㉠ A(AND)

   ㉡ b접점 시에는 AND NOT

   ㉢ 래더 다이어그램

   ㉣ 프로그램

(a)		(b)	
STR	P_1	STR	P_1
AND	P_2	AND NOT	P_2

④ 병렬접속 : O(OR)

   ㉠ b접점 시에는 OR NOT

   ㉡ 래더 다이어그램

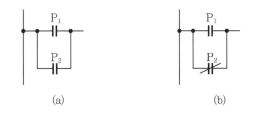

   ㉢ 프로그램

(a)		(b)	
STR	P_1	STR	P_1
OR	P_2	OR NOT	P_2

⑤ 블록접속(직렬)

   ㉠ 래더 다이어그램

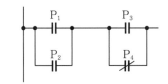

핵심 Up

그룹 명령어
• AND STR
• OR STR

ⓛ 프로그램

STR	P_1
OR	P_2
STR	P_3
OR NOT	P_4
AND STR	−

⑥ 블록접속(병렬)

㉠ 래더 다이어그램

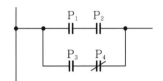

ⓛ 프로그램

STR	P_1
AND	P_2
STR	P_3
AND NOT	P_4
OR STR	−

⑦ 끝 : END

3 PLC의 응용

(1) AND와 AND NOT

① 래더 다이어그램

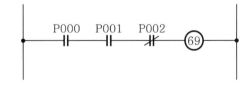

② 프로그램

차 례	명령어	번 지
0	LD(STR)	P000
1	AND	P001
2	AND NOT(ANDN)	P002
3	OUT	69
4	END	

(2) OR과 OR NOT

① 래더 다이어그램

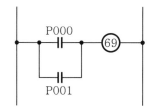

② 프로그램

차 례	명령어	번 지
0	LD(STR)	P000
1	OR	P001
2	OUT	69
3	END	

(3) AND와 OR 회로의 혼합

① 래더 다이어그램

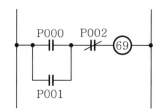

② 프로그램

차 례	명령어	번 지
0	LD(STR)	P000
1	OR	P001
2	AND NOT(ANDN)	P002
3	OUT	69
4	END	

(4) group-명령어(AND STR)

① 래더 다이어그램

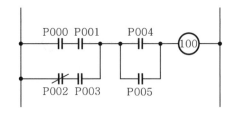

② 프로그램

차 례	명령어	번 지
0	STR	P000
1	AND	P001
2	STR NOT	P002
3	AND	P003
4	OR STR	–
5	STR	P004
6	OR	P005
7	AND STR	–
8	OUT	100
9	END	–

실전 Up 문제

10 PLC 래더 다이어그램이 그림과 같을 때 표에 ①~⑥의 프로그램을 완성하시오.
(단, 회로 시작(STR), 출력(OUT), AND, OR, NOT 등의 명령어를 사용한다.)

(1) 래더 다이어그램

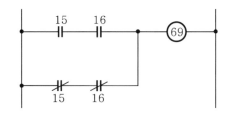

(2) 프로그램

차 례	명 령	번 지
0	①	15
1	AND	16
2	②	③
3	④	16
4	OR STR	−
5	⑤	⑥

해답 ① STR   ② STR NOT
     ③ 15   ④ AND NOT
     ⑤ OUT   ⑥ 69

기출·예상문제

01 그림과 같은 회로의 출력을 입력 변수로 나타내고, AND 회로 1개, OR 회로 2개, NOT 회로 1개를 이용한 등가회로를 그리시오.

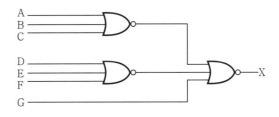

(1) 출력식 X
(2) 등가회로

해답 (1) $X = \overline{\overline{(A+B+C)} + \overline{(D+E+C)} + G}$
$= (A+B+C) \cdot (D+E+F) \cdot \overline{G}$

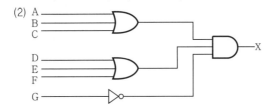

02 다음 논리식에 대한 물음에 답하시오.

$$X = A + B\overline{C}$$

(1) 무접점 시퀀스로 그리시오.
(2) NAND gate로 그리시오.
(3) NOR gate를 최소로 이용하여 그리시오.

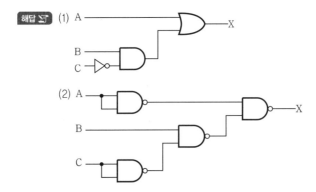

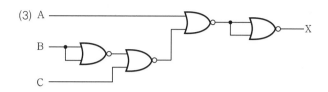

(3) A ⟶ X
B
C

03 그림과 같은 릴레이 시퀀스도를 이용하여 다음 각 물음에 답하시오.

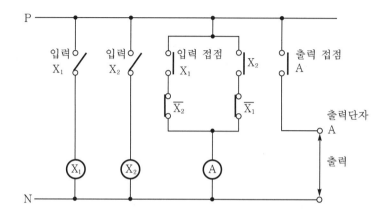

(1) AND, OR, NOT 등의 논리 심벌을 이용하여 주어진 릴레이 시퀀스 회로를 로직 시퀀스 회로로 바꾸어 그리시오.

(2) (1)에서 작성된 회로에 대한 논리식을 쓰시오.

(3) 논리식에 대한 진리표를 완성하시오.

(4) 진리표를 만족할 수 있는 로직 회로(logic circuit)를 간소화하여 그리시오.

(5) 주어진 타임차트를 완성하시오.

해답 (1)

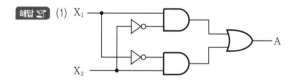

(2) $A = \overline{X_1}X_2 + X_1\overline{X_2}$

(3)

X_1	X_2	A
0	0	0
0	1	1
1	0	1
1	1	0

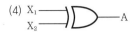

(4) X_1 ─┐
X_2 ─┘)─ A

(5)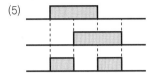

★
04 그림과 같은 무접점 논리회로도를 보고 다음 각 물음에 답하시오.

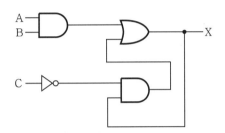

(1) 출력식을 나타내시오.

(2) 주어진 무접점 논리회로를 유접점 회로로 바꾸어 그리시오.

해답 (1) $X = AB + \overline{C}X$

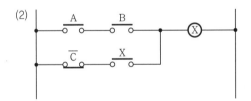

★★
05 다음 논리회로의 진리표와 논리회로에 대한 타임차트를 완성하시오.

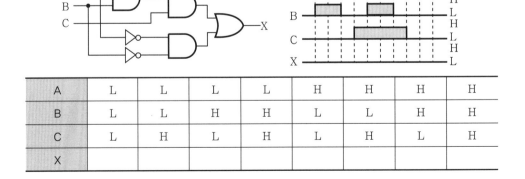

A	L	L	L	L	H	H	H	H
B	L	L	H	H	L	L	H	H
C	L	H	L	H	L	H	L	H
X								

해답 (1) 타임차트

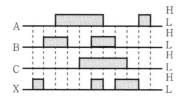

(2) 진리표

A	L	L	L	L	H	H	H	H
B	L	L	H	H	L	L	H	H
C	L	H	L	H	L	H	L	H
X	H	H	L	L	L	L	L	H

06 스위치 S_1, S_2, S_3에 의하여 직접 제어되는 계전기 X, Y, Z가 있다. 전등 L_1, L_2, L_3, L_4가 다음 동작표와 같이 점등된다고 할 때 다음 각 물음에 답하시오.

[동작표]

X	Y	Z	L_1	L_2	L_3	L_4
0	0	0	0	0	0	1
0	0	1	0	0	1	0
0	1	0	0	0	1	0
0	1	1	0	1	0	0
1	0	0	0	0	1	0
1	0	1	0	1	0	0
1	1	0	0	1	0	0
1	1	1	1	0	0	0

[조건]

• 출력 램프 L_1에 대한 논리식 $L_1 = X \cdot Y \cdot Z$

• 출력 램프 L_2에 대한 논리식 $L_2 = \overline{X} \cdot Y \cdot Z + X \cdot \overline{Y} \cdot Z + X \cdot Y \cdot \overline{Z}$
$$= \overline{X} \cdot Y \cdot Z + X \cdot (\overline{Y} \cdot Z + Y \cdot \overline{Z})$$

• 출력 램프 L_3에 대한 논리식 $L_3 = \overline{X} \cdot \overline{Y} \cdot Z + \overline{X} \cdot Y \cdot \overline{Z} + X \cdot \overline{Y} \cdot \overline{Z}$
$$= X \cdot \overline{Y} \cdot \overline{Z} + \overline{X} \cdot (Y \cdot \overline{Z} + \overline{Y} \cdot Z)$$

• 출력 램프 L_4에 대한 논리식 $L_4 = \overline{X} \cdot \overline{Y} \cdot \overline{Z}$

(1) 유접점 회로에 대한 미완성 부분을 최소 접점수로 도면을 완성하시오.

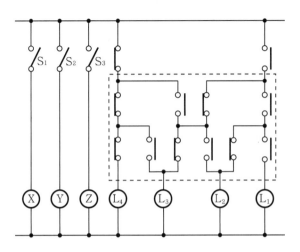

(2) 무접점 회로에 대한 미완성 부분을 완성하고 출력을 표시하시오.

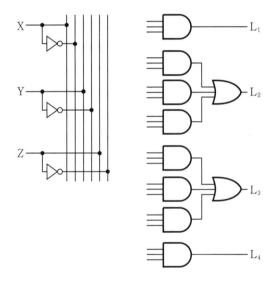

해답 ▷ (1) 도면 완성

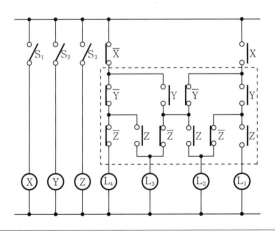

(2) 미완성 부분을 완성

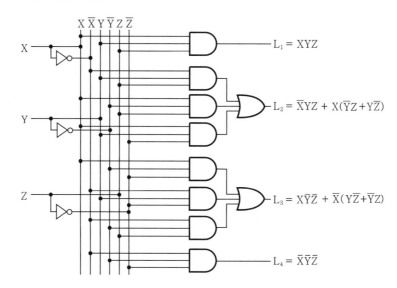

$L_1 = XYZ$

$L_2 = \overline{X}YZ + X(\overline{Y}Z + Y\overline{Z})$

$L_3 = X\overline{Y}\overline{Z} + \overline{X}(Y\overline{Z} + \overline{Y}Z)$

$L_4 = \overline{X}\overline{Y}\overline{Z}$

★★★
07 다음 논리회로에 대한 물음에 답하시오.

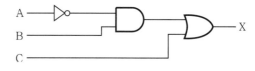

(1) NOR만의 회로를 그리시오.
(2) NAND만의 회로를 그리시오.

해답 (1) NOR만의 회로

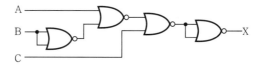

(2) NAND만의 회로

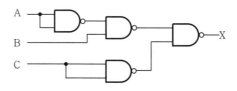

08 다음 유접점 시퀀스를 보고 AND, OR, NOT의 논리회로를 이용하여 무접점 논리회로로 그리시오.

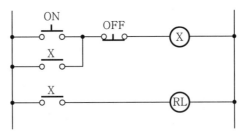

[유접점 회로도]

해답 무접점 회로도

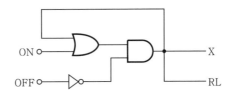

09 다음에 주어진 진리표를 보고 물음에 답하시오.

A	B	C	X
0	0	0	0
0	0	1	0
0	1	0	0
0	1	1	0
1	0	0	1
1	0	1	0
1	1	0	0
1	1	1	1

(1) 출력식을 쓰시오.

(2) 무접점 논리회로를 그리시오.

(3) 유접점 논리회로를 그리시오.

해답 (1) $X = ABC + A\overline{B}\,\overline{C}$

$\qquad = A(BC + \overline{B}\,\overline{C})$

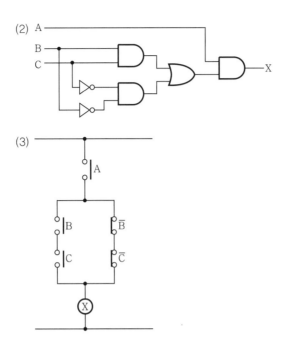

(2) A, B, C → X

(3)

10 다음 주어진 무접점 논리회로의 논리식을 쓰고 유접점 시퀀스 회로를 그리시오.

A, B, C, D → X

해답 ☑ (1) 논리식

$$X = ABC + D$$

(2) 유접점 시퀀스

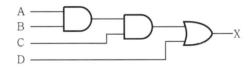

11 그림과 같은 유접점 회로를 (1) 무접점 회로로, 이 논리회로를 (2) NAND만의 회로로 변환하시오.

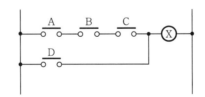

해답 (1) 무접점 논리회로

① 논리식 : $X = AB + CD$

② 회로도

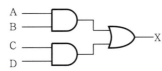

(2) NAND만의 논리회로

① 논리식 : $X = \overline{\overline{AB} \cdot \overline{CD}}$

② 회로도

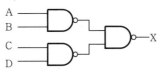

12 ★★ 그림과 같은 유접점 시퀀스 회로를 무접점 논리회로로 변경하여 그리시오.

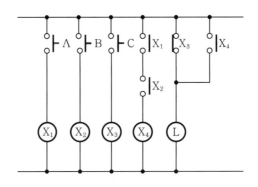

해답 무접점 논리회로

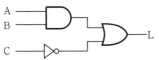

13 ★★★ 그림을 보고 물음에 답하시오.

(1) 그림의 타임차트를 보고 논리식을 쓰시오.

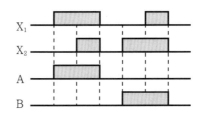

① 논리식 A

② 논리식 B

(2) 무접점 논리회로를 완성하시오.

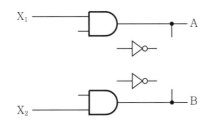

(3) 진리표를 완성하시오.

X₁	X₂	A	B
0	0		
0	1		
1	0		

해답 (1) ① 논리식 A : $A = X_1 \cdot \overline{B}$

② 논리식 B : $B = X_2 \cdot \overline{A}$

(2)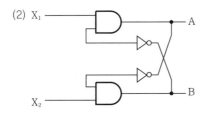

(3)

X₁	X₂	A	B
0	0	0	0
0	1	0	1
1	0	1	0

14 논리식 $Z = (A + B + \overline{C}) \cdot (A \cdot \overline{B} \cdot C + A \cdot B \cdot \overline{C})$를 가장 간단한 식으로 변형하고, 그 식에 따른 논리회로를 구성하시오.

(1) 논리식

(2) 논리회로

해답 (1) $Z = (A + B + \overline{C}) \cdot (A \cdot \overline{B} \cdot C + A \cdot B \cdot \overline{C})$

$= (AA\overline{B}C + AAB\overline{C}) + (AB\overline{B}C + ABB\overline{C}) + (A\overline{B}C\overline{C} + AB\overline{C}\overline{C})$

$= (A\overline{B}C + AB\overline{C})$

$= A(\overline{B}C + B\overline{C})$

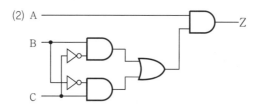

(2) 도면은 전동기 A, B, C 3대를 기동시키는 제어회로이다. 이 회로를 보고 다음 각
★★
15 물음에 답하시오. (단, MA : 전동기 A의 기동 정지 개폐기, MB : 전동기 B의 기동
정지 개폐기, MC : 전동기 C의 기동 정지 개폐기이다.)

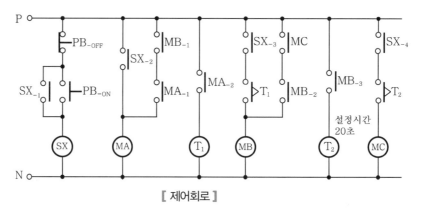

[제어회로]

(1) 전동기를 기동시키기 위하여 PB_{-ON}을 누르면 전동기는 어떻게 기동되는지 그 기동과
정을 상세히 설명하시오.

(2) SX_{-1}의 역할에 대한 접점 명칭은 무엇인가?

(3) 전동기를 정지시키고자 PB_{-OFF}를 눌렀을 때 전동기가 정지되는 순서는?

해답 (1) PB_{-ON}을 누르면

① SX가 여자되어 MA, T_1도 여자된다(A전동기 동작).

② T_1이 동작 후 설정시간 30초가 지나면 MB, T_2가 여자된다(B전동기 동작).

③ T_2가 동작 후 설정시간 20초가 지나면 MC가 여자된다(C전동기 동작).

(2) 자기유지 접점

(3) PB_{-OFF}을 누르면

① SX가 소자되어 MC도 소자되어 C전동기가 정지된다.

② MC가 소자되면 MC_{-a} 접점이 떨어져서 MB가 소자되며 B전동기가 정지된다.

③ MB가 소자되면 MB_{-1}, MA_{-1}가 소자되어 MA가 소자되어 A전동기가 정지된다.

∴ 전동기의 정지 순서는 C → B → A 순으로 정지를 한다.

16 다음 유도전동기의 정회전 및 역회전 운전 단선 결선도를 보고 각 물음에 답하시오. (단, 52F는 정회전용 전자접촉기이고, 52R은 역회전용 전자접촉기이다.)

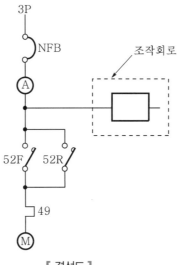

[결선도]

(1) 단선도를 보고 실제 3상 결선도를 그리시오. (단, 점선 내 조작회로는 제외)

(2) 주어진 단선 결선도를 이용하여 정·역회전을 할 수 있도록 조작회로를 그리시오. (단, 누름버튼스위치 OFF용 1개, ON용 2개 및 정회전 표시등 RL, 역회전 표시등 GL, 그리고 과부하 발생 시 표시등 YL이 점등되도록 한다.)

해답 (1)

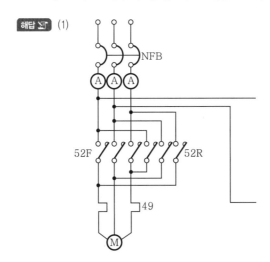

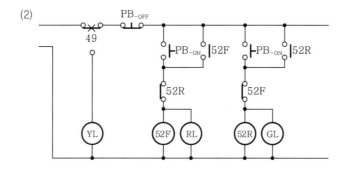

(2)

17 유도전동기 IM을 정·역 운전하기 위한 시퀀스 도면을 그리려고 한다. 주어진 조건을 이용하여 유도전동기의 정·역 운전 시퀀스 회로를 그리시오.

L1 L2 L3

IM

[조건]

• 기구는 누름버튼스위치 PBS ON용 2개, OFF용 1개, 정전용 전자접촉기 MCF 1개, 역전용 전자접촉기 MCR 1개, 열동계전기 THR 1개를 사용한다.
• 최소 접점으로 구성하여야 하며, 접점에는 반드시 접점의 명칭을 쓰도록 한다.
• 과전류가 발생할 경우 열동계전기가 동작하면서 전동기가 정지하고 과부하 표시등 YL 램프가 점등되도록 한다.
• 정회전과 역회전의 방향은 고려하지 않으며 정전 운전 시 표시등 RL 램프가, 역전 운전 시 표시등 GL 램프가 점등되도록 한다.

해답

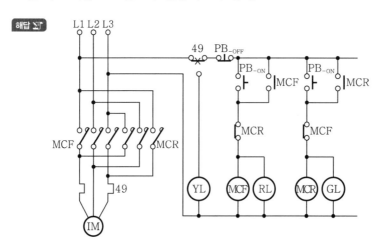

18 ★ 다음 동작사항을 읽고 미완성 시퀀스도를 완성하시오.

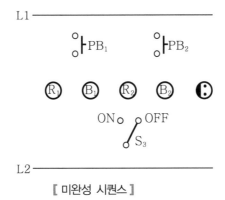

[미완성 시퀀스]

[동작사항]

- 3로 스위치 S_3가 OFF 상태에서 푸시버튼스위치 PB_1을 누르면 버저 B_1이, PB_2를 누르면 버저 B_2가 울린다.
- 3로 스위치 S_3가 ON 상태에서 푸시버튼스위치 PB_1을 누르면 버저 R_1이, PB_2를 누르면 버저 R_2가 점등된다.
- 콘센트에는 항상 전압이 걸린다.

해답 ☑ 답안 작성 시 콘센트 전압을 항상 걸린다는 부분이 빠지면 안 되므로 유의해서 회로도를 작성하여야 한다.

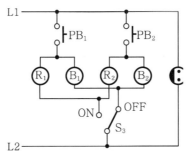

19 ★★ 그림은 유도전동기의 정·역 운전의 미완성 회로도이다. 주어진 조건을 이용하여 주회로 및 보조회로의 미완성 부분을 완성하시오. (단, 전자접촉기의 보조 a, b접점에는 전자접촉기의 기호도 함께 표시하도록 한다.)

[조건]

- NFB를 투입하면 Ⓖ등이 점등되도록 한다.
- 누름버튼스위치 PB_1을 ON하면 MCF가 여자되며, 이때 Ⓖ등은 소등되고 Ⓦ등이 점등되도록 하며, 전동기는 정회전을 한다.
- 누름버튼스위치 PB_0를 누르면 전동기는 정지한다.
- 누름버튼스위치 PB_2를 ON하면 MCR이 여자되며, 이때 Ⓖ등은 소등되고 Ⓨ등이 점등되도록 하며, 전동기는 역회전을 한다.

- 과부하 시에는 열동계전기 THR이 동작하여 THR의 b접점이 개방되므로 전동기는 정지되고, 정지용 램프 ⓖ등이 점등된다.
- MCF나 MCR 중 어느 하나가 여자되면 나머지는 전동기 정지 후 동작시켜야 동작이 가능하다.
- MCF, MCR의 보조 접점으로는 각각 a접점 1개, b접점 2개를 사용한다.

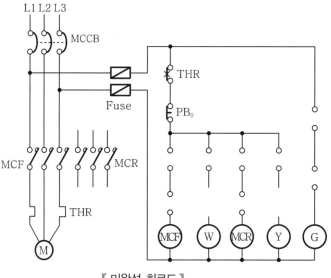

[미완성 회로도]

해답 ☑ (1) 미완성 회로도 작성 시 유의사항은 보조 접점 개수를 반드시 확인하여야 한다.
(2) 정지등 ⓖ등의 접점 표시 시는 b접점으로 표시됨을 기억하여야 한다.
(3) 정·역 운전 회로도의 주회로 결선방식은 (L1-W), (L2-V), (L3-U) 이렇게 결선을 해야 한다.

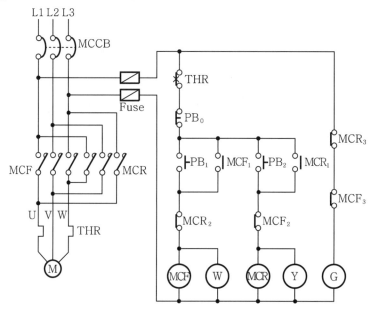

★
20 다음 그림과 같은 유접점 회로에 대한 주어진 미완성 PLC 래더 다이어그램을 완성하고, 표의 빈칸 ①~⑥에 해당하는 프로그램을 완성하시오. 단, 회로 시작 LOAD, 출력 OUT, 직렬 AND, 병렬 OR, b접점 NOT, 그룹 간 묶음 AND LOAD이다. (여기서, X(M000), A(M001), B(M002))

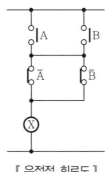

[유접점 회로도]

해답 (1) 래더 다이어그램

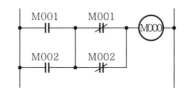

(2) 프로그램

차 례	명령어	번 지
0	LOAD	M001
1	①	M002
2	②	③
3	④	⑤
4	⑥	–
5	OUT	M000

① OR   ② LOAD NOT
③ M001   ④ OR NOT
⑤ M002   ⑥ AND LOAD

★
21 다음 명령어를 참고하여 미완성 PLC 래더 다이어그램을 완성하시오.

[명령어]

스 텝	명령어	번 지
0	LOAD	P000
1	LOAD	P001
2	OR	P010
3	AND LOAD	–
4	AND NOT	P003
5	OUT	P010

해답 ☑ 래더 다이어그램

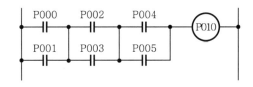

22 다음의 PLC 래더 다이어그램을 주어진 표의 빈칸 "①~⑧"에 명령어를 채워 프로그램을 완성하시오.

[보기]

- 입력 : LOAD
- 직렬 : AND
- 병렬 : OR
- 블록 간 병렬 결합 : OR LOAD
- 블록 간 직렬 결합 : AND LOAD

(1) 래더 다이어그램

(2) 프로그램

스 텝	명령어	번 지
0	LOAD	P000
1	①	P001
2	②	⑥
3	③	⑦
4	AND LOAD	-
5	④	⑧
6	⑤	P005
7	AND LOAD	-
8	OUT	

해답 ☑
① OR   ② LOAD
③ OR   ④ LOAD
⑤ OR   ⑥ P002
⑦ P003   ⑧ P004

★
23 다음 PLC 시퀀스에 대하여 프로그램 번지를 쓰시오. (단, 타이머 설정시간 t는 0.1초 단위이다.)

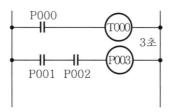

[PLC 시퀀스]

[프로그램]

명 령	번 지
LOAD	P000
TMR	③
DATA	④
①	P001
AND	⑤
②	P003

해답 ☑ 프로그램 작성 시 주의할 사항은 같은 명령어가 여러 개 있으므로 반드시 주어진 명령어를 사용하여야 한다. 예를 들면 시작 명령에 LOAD(LD), START(STR), READ(RD) 이렇게 여러 형태가 주어지므로 반드시 확인하여 주어진 명령을 사용하여야 한다.
① LOAD
② OUT
③ T000
④ 30
⑤ P002

★
24 PLC 프로그램 작성 시 래더도 상·하 사이에는 접점이 그려질 수 없다. 문제의 도면을 바르게 작성하고, 미완성 프로그램을 완성하시오.

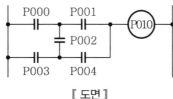

[도면]

(1) 래더 다이어그램을 올바르게 수정하시오.
(2) 수정된 다이어그램을 명령어를 이용하여 프로그램하시오. (단, 명령어는 LOAD, AND, OR, NOT, OR LOAD, OUT을 사용한다.)

스 텝	명령어	번 지
0	LOAD	P000
1	AND	P001
2	①	②
3	AND	P002
4	AND	P004
5	OR LOAD	−
6	③	④
7	AND	P002
8	⑤	⑥
9	OR LOAD	−
10	⑦	⑧
11	AND	P004
12	OR LOAD	−
13	OUT	P010

해답 ☞ (1)

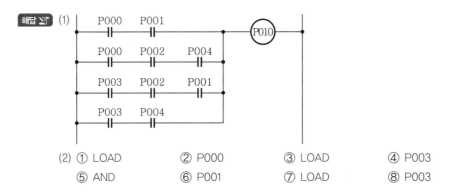

(2) ① LOAD   ② P000   ③ LOAD   ④ P003

   ⑤ AND   ⑥ P001   ⑦ LOAD   ⑧ P003

★★
25 다음의 PLC 프로그램을 보고 래더 다이어그램을 완성하시오.

[프로그램]

차 례	명 령	번 지
0	STR	P000
1	OR NOT	P001
2	STR NOT	P002
3	OR	P003
4	AND STR	−
5	AND	P004
6	OUT	P010

해답 ✍ 래더 다이어그램

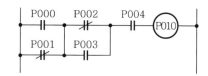

26 다음은 PLC 래더 다이어그램에 의한 프로그램이다. 다음의 명령어를 활용하여 각 스텝에 알맞은 내용으로 프로그램하시오.

[명령어]

- 입력 a접점 : LD
- 입력 b접점 : LDI
- 직렬 a접점 : AND
- 직렬 b접점 : ANI
- 병렬 a접점 : OR
- 병렬 b접점 : ORI
- 블록 간 병렬 접속 : OB
- 블록 간 직렬 접속 : ANB

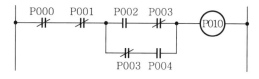

[래더 다이어그램]

[프로그램]

STEP	명령어	번 지
0	LDI	P000
1	①	⑧
2	②	⑨
3	③	⑩
4	④	⑪
5	⑤	⑫
6	⑥	−
7	⑦	−
8	OUT	⑬

프로그램

명령어	번 지
① ANI	⑧ P001
② LD	⑨ P002
③ ANI	⑩ P003
④ LDI	⑪ P003
⑤ AND	⑫ P004
⑥ OB	–
⑦ ANB	–
OUT	⑬ P010

27 그림과 같은 PLC 시퀀스의 프로그램을 표의 차례 1~9에 알맞은 명령어를 각각 쓰시오. (단, 시작(회로) 입력 STR, 출력 OUT, 직렬 AND, 병렬 OR, 부정 NOT, 그룹 직렬 AND STR, 그룹 병렬 OR STR의 명령을 사용한다.)

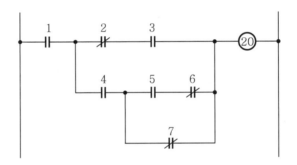

차 례	명 령	번 지	차 례	명 령	번 지
0	STR	1	6		7
1		2	7		–
2		3	8		–
3		4	9		–
4		5	10	OUT	20
5		6			

차 례	명 령	번 지	차 례	명 령	번 지
0	STR	1	6	OR NOT	7
1	STR NOT	2	7	AND STR	–
2	AND	3	8	OR STR	–
3	STR	4	9	AND STR	–
4	STR	5	10	OUT	20
5	AND NOT	6			

[★]
28 다음 반감산기의 진리표와 논리식에 대한 물음에 답하시오.

[논리회로]

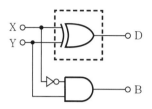

[진리표]

입 력		출 력	
X	Y	D	B
0	0	0	0
0	1	1	1
1	0	1	0
1	1	0	0

(단, D : 차이, B : 빌림)

(1) D와 B의 논리식을 쓰시오.

(2) 점선 안에 논리기호를 논리회로로 그리시오. (단, NOT, AND, OR-gate를 사용하시오.)

(3) 유접점 회로도를 그리시오.

해답 (1) 논리식

$$D = \overline{X}\,Y + X\overline{Y} = X \oplus Y$$
$$B = \overline{X}Y$$

(2) 논리회로

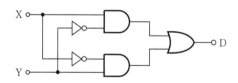

(3) 유접점 회로도

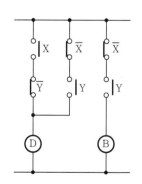

MEMO

수 · 변전설비

01 수 · 변전설비의 개요
02 수 · 변전설비(변압기, 배전반 등)의 최소이격거리
03 수 · 변전설비의 구성
04 수 · 변전설비의 표준 결선도

출제경향

- ✅ 수 · 변전 결선도 종류에 따른 특징에 대한 문제가 출제된다.
- ✅ 수 · 변전 구성에 따른 심벌 및 계기의 특징에 대한 문제가 출제된다.

02 수 · 변전설비

이론 pick Up

01 수 · 변전설비의 개요

수용가가 그 구내에만 전력을 수전하고 변전설비를 설치하여 배전하면서 구외로 전력을 전송하지 않는 설비를 일컬어 수 · 변전설비라고 한다.

*수 · 변전실 선정 시 유의사항을 위치와 구조를 구분하여 암기하세요.

1 수 · 변전실 선정 시 유의사항

(1) 위치 선정 시 유의사항 꼭!암기
  ① 전원 인입이 편리할 것
  ② 먼지 발생이나 습기가 적을 것
  ③ 부하 중심에 가까울 것
  ④ 지반이 튼튼할 것
  ⑤ 침수 등의 재해가 발생할 우려가 없을 것
  ⑥ 축전기실, 발전기실 등과 가급적 인접할 것

(2) 구조 선정 시 유의사항 꼭!암기
  ① 천장의 높이는 기기를 설치하기에 충분한 4[m] 이상으로 할 것
  ② 기기 반입 및 반출 그리고 증설이 용이할 것
  ③ 보수점검이 용이한 구조일 것
  ④ 환기 및 채광이 용이할 것

2 수 · 변전설비 시 검토할 주요 사항

(1) 수 · 변전설비 기본계획 시 검토할 주요 사항
  ① 안전성
  ② 경제성

③ 신뢰성

④ 조작 및 취급이 용이할 것

(2) 수 · 변전설비 기본설계 시 검토할 주요 사항

① 부하설비 용량

② 수전전압

③ 주회로의 결선방식

④ 변전설비의 형식

⑤ 배전방식

3 수 · 변전설비에서 고장전류의 계산 목적

① 차단기의 차단용량을 결정하기 위해

② 전력기기의 정격 및 기계적 강도를 결정하기 위해

③ 보호계전기의 계전방식 및 동작 정정치를 정하기 위해

* 수 · 변전설비에서 고장전류의 계산 목적은 최근에 출제된 내용으로 꼭 이해하세요!

02 수 · 변전설비(변압기, 배전반 등)의 최소이격거리

위치별 기기별	앞면 또는 조작면, 계측면	뒷면 또는 조작면, 계측면	열 상호간 (점검하는 면)	기타의 면
특고압 배전반	1.7	0.8	1.4	–
고압 배전반	1.5	0.6	1.2	–
저압 배전반	1.5	0.6	1.2	–
변압기 등	0.6	0.6	1.2	0.3

03 수 · 변전설비의 구성

1 인입기기

(1) 자동고장구분개폐기(ASS)

① 과부하 또는 고장전류 발생 시 고장구간을 자동 개방하여 계통에 고장의 영향이 파급되는 것을 방지한다.

② 전기사업자 측 공급선로 분기점에 설치한다.

핵심 Up
DS(단로기)
무부하 회로 개폐, 회로의 접속 변경

(2) 계기용 변성기(MOF)

전력 사용량을 계량하기 위해 대전류·고전압을 소전류·저전압으로 변성하기 위해 설치한다.

2 고압 수전반

(1) 차단장치

① 차단기(CB)
  ㉠ 부하전류 개폐 및 고장전류를 차단하기 위해 사용된다.
  ㉡ 정격차단용량 $= \sqrt{3} \times$ 정격전압 $\times$ 정격차단전류 $\times 10^{-6}$[MVA]
② 전력퓨즈(PF)
  ㉠ 장점
    • 차단용량이 크다.
    • 전로의 단락 보호용으로 사용한다.
    • 차단기 및 COS 대용으로 사용한다.
    • 후비보호 특성이 우수하다.
    • 보수가 용이하다.
  ㉡ 단점
    • 재투입이 불가능하다.
    • 과도 전류 시 용단될 수 있다.

(2) 계량장치

① 변류기(CT)
  ㉠ 대전류를 소전류로 변성 시 이용된다.
  ㉡ 점검 시 유의사항은 반드시 2차측을 단락한 다음 점검하여야 한다.
  ㉢ 정격 2차 전류는 5[A]이다.
  ㉣ 변류기 결선(가동, 차동결선)
    • 가동결선

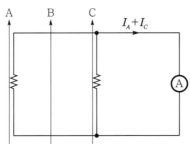

전류계 전류 ⓐ $= I_1 \times \dfrac{1}{\text{CT비}}$

• 차동결선

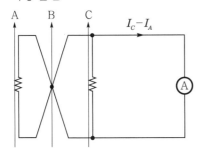

전류계 전류 Ⓐ $= \sqrt{3}\,I_1 \times \dfrac{1}{\text{CT비}}$ 👆꼭!암기

② 계기용 변압기(PT)

㉠ 고전압을 저압으로 변성 시 이용한다.

㉡ 정격 2차 전압은 110[V]이다.

㉢ 점검 시 2차측은 반드시 개방하여야 한다.

㉣ 권수비 a

$$a = \frac{N_1}{N_2} = \frac{E_1}{E_2}$$

여기서, N_1 : 1차 권수

N_2 : 2차 권수

E_1 : 1차 정격전압

E_2 : 2차 정격전압(110[V])

🌐 넓게 보기

1. 비오차 $= \dfrac{\text{공칭 변류비} - \text{실제 변류비}}{\text{실제 변류비}} \times 100[\%]$

2. MOF 배율 = CT비 × PT비

📈 실전 Up 문제

01 22.9[kV-Y] 수전전압과 1,000[kW], 역률 90[%]일 때 설치된 MOF의 CT비, PT비, MOF 배율을 구하시오.

해답 (1) CT비

$P = \sqrt{3}\,VI\cos\theta$[W]에서 전류 I를 구하면 다음과 같다.

$$I = \frac{P}{\sqrt{3}\,V\cos\theta} = \frac{1,000 \times 10^3}{\sqrt{3} \times 22.9 \times 10^3 \times 0.9} \fallingdotseq 28.01[\text{A}]$$

CT 1차측 정격 = 30[A]

∴ CT비 $= \dfrac{30}{5}$ (CT의 2차측 전류는 5[A]로 고정)

핵심 Up
권수비 a

$$a = \frac{N_1}{N_2} = \frac{V_1}{V_2} = \frac{I_2}{I_1}$$
$$= \sqrt{\frac{R_1}{R_2}} = \sqrt{\frac{Z_1}{Z_2}}$$
$$= \sqrt{\frac{L_1}{L_2}}$$

(2) PT비

Y결선회로이므로 전압 $V = \dfrac{22.9 \times 10^3}{\sqrt{3}} ≒ 13,220[V]$

∴ PT비 $= \dfrac{13,220}{110}$ (PT의 2차측 전압은 110[V]로 고정)

(3) MOF 배율

MOF 배율=CT비×PT비 $= \dfrac{30}{5} \times \dfrac{13,220}{110} ≒ 721$

∴ MOF 배율=720

③ 영상 변류기(ZCT)

㉠ 지락사고 시 선로 내 포함된 영상분 전류를 검출하여 계전기에 의한 차단기를 동작시킨다.

㉡ 정격 영상 1차 전류 : 200[mA]

㉢ 정격 영상 2차 전류 : 1.5[mA]

④ 피뢰기(LA)

㉠ 뇌, 회로 개폐 시 발생하는 과전압을 제한한다.

㉡ 전기설비의 절연을 보호한다.

⑤ 컷아웃 스위치(COS) : 변압기의 1차측에 부착하여 과부하로 인한 기기를 보호한다.

⑥ 전압계

⑦ 전류계

⑧ 전력계

⑨ 역률계

3 변압기

(1) 변압기의 종류

① 유입 변압기

② 몰드 변압기

③ 건식 변압기

(2) 절연 종별 최고허용온도 꼭!암기

절연 종별	Y	A	E	B	F	H	C
최고허용온도[°C]	90	105	120	130	155	180	180 초과

(3) 변압기의 구조

① 철심

㉠ 규소 강판과 성층 철심을 한다.

용어 Up

철손(P_i)

철손은 히스테리시스손과 와전류손의 합으로 나타낸다.

- 히스테리시스손을 줄이기 위해 규소 강판을 사용한다.
- 와류 손실을 줄이기 위해 철심을 성층한다.
- ⓒ 철심의 조건
  - 히스테리시스 계수가 작아야 한다.
  - 투자율이 클 것
- ② 권선 : 주로 연동선을 절연하여 사용하며 직권, 형권이 있다.

(4) 변압기의 효율과 손실

① 효율

㉠ 전부하 효율 $\eta = \dfrac{\text{출력}}{\text{출력} + \text{손실}} \times 100\,[\%]$

$= \dfrac{\text{출력}}{\text{출력} + \text{철손} + \text{동손}} \times 100\,[\%]$ 🖐꼭!암기

$= \dfrac{V_{2n}I_{2n}\cos\theta}{V_{2n}I_{2n}\cos\theta + P_i + P_c} \times 100\,[\%]$

㉡ $\dfrac{1}{m}$ 부하 효율 $\eta = \dfrac{\frac{1}{m}V_{2n}I_{2n}\cos\theta}{\frac{1}{m}V_{2n}I_{2n}\cos\theta + P_i + \left(\frac{1}{m}\right)^2 P_c} \times 100\,[\%]$

㉢ 전일 효율

- $\eta_d = \dfrac{H \times \frac{1}{m}V_{2n}I_{2n}\cos\theta}{H \times \frac{1}{m}V_{2n}I_{2n}\cos\theta + 24P_i + \left(\frac{1}{m}\right)^2 P_c} \times 100\,[\%]$

- 전일 효율을 개선하기 위해서는 보통 $P_i < P_c$로 하여야 한다.

㉣ 최대효율조건

- 전부하 시 : $P_i = P_c$

- $\dfrac{1}{m}$ 부하 시 : $P_i = \left(\dfrac{1}{m}\right)^2 P_c$

  $\dfrac{1}{m} = \sqrt{\dfrac{P_i}{P_c}}$ 🖐꼭!암기

② 손실

㉠ 동손(P_c) : 저항에 의한 손실(부하손)

㉡ 철손(P_i) : 무부하손(히스테리시스손+와류손)

- 히스테리시스손 $P_h = \eta f B_m^{1.6-2}$

- 와류손 $P_e = \eta(tfB_mK_f)^2$

  여기서, K_f : 파형률, t : 두께,

  η : 상수, f : 주파수, B_m : 최대자속밀도

🏠 핵심 Up

철손 P_i

철손은 하루 기준으로 24시간 동안 계속 발생된다.

이론 pick Up

핵심 Up

- 철손 P_i
  - 철손 = 히스테리시스손 + 와류손
  - 철손은 24시간 동안 발생
- 일반적인 손실의 의미는 철손 + 동손을 나타낸다.

실전 Up 문제

02 변압기의 1일 부하곡선이 그림과 같은 분포일 때 다음 물음에 답하시오. (단, 변압기의 전부하 동손은 130[W], 철손은 100[W]이다.)

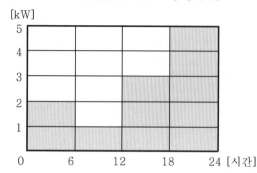

(1) 1일 중의 사용 전력량은 몇 [kWh]인가?

(2) 1일 중의 전손실 전력량은 몇 [kWh]인가?

(3) 1일 중 전일 효율은 몇 [%]인가?

해답 (1) 1일 중의 사용 전력량 W[kWh]

전력량 $W = Pt$이므로

$$W = 2 \times 6 + 1 \times 6 + 3 \times 6 + 5 \times 6 = 66 [\text{kWh}]$$

(2) 1일 중의 전손실

전손실 = 동손 + 철손이므로

① 동손 $P_c = \left(\dfrac{2}{5}\right)^2 \times 6 \times 130 + \left(\dfrac{1}{5}\right)^2 \times 6 \times 130 + \left(\dfrac{3}{5}\right)^2 \times 6 \times 130$

$\qquad + \left(\dfrac{5}{5}\right)^2 \times 6 \times 130 = 1.22 [\text{kWh}]$

② 철손 $P_i = 100 \times 24 = 2.4 [\text{kWh}]$

∴ 전손실 = 1.22 + 2.4 = 3.62[kWh]

(3) 1일 중 전일 효율

전일 효율 $= \dfrac{66}{66 + 3.62} \times 100 ≒ 94.8[\%]$

03 변압기 손실과 효율에 대하여 다음 각 물음에 답하시오.

(1) 변압기의 손실에 대하여 설명하시오.

① 부하손 :

② 무부하손 :

(2) 변압기의 효율을 구하는 공식을 쓰시오.

(3) 최고효율조건을 쓰시오.

해답 (1) 변압기의 손실

① 부하손

㉠ $I^2 r$에 의한 손실을 말한다.

ⓛ 부하의 증감에 따라 변하기 때문에 부하손 또는 가변손이라고도 한다.

ⓒ 동손, 표유 부하손이 있다.

② 무부하손

㉠ 전원이 공급되면 발생하는 손실로써 부하의 변화와는 무관하여 무부하손 또는 고정손이라 한다.

ⓛ 철손(히스테리시스손, 와류손), 기계손(마찰손, 풍손)이 있다.

(2) 변압기의 효율

$$\eta = \frac{출력}{출력 + 손실} \times 100[\%] = \frac{출력}{출력 + 철손 + 동손} \times 100[\%]$$

$$= \frac{V_{2n}I_{2n}\cos\theta}{V_{2n}I_{2n}\cos\theta + P_i + P_c} \times 100[\%]$$

(3) 최고효율조건

① 전부하 시 : $P_i = P_c$

② $\frac{1}{m}$ 부하 시 : $P_i = \left(\frac{1}{m}\right)^2 P_c$에서 $\frac{1}{m} = \sqrt{\frac{P_i}{P_c}}$

(5) 냉각방식

① 유입 자냉식(ONAN)

② 유입 풍냉식(ONAF)

③ 송유 풍냉식(OFAF)

④ 건식 자냉식(AN)

⑤ 건식 풍냉식(AF)

(6) 병렬운전

① 병렬운전 조건 🖐꼭!암기

㉠ 각 변압기의 극성이 같을 것

ⓛ 각 변압기의 권수비가 같을 것

ⓒ 각 변압기의 1, 2차 정격전압이 같을 것

㉣ 각 변압기의 %임피던스가 같을 것

㉤ 각 변압기의 상회전 방향이 같을 것

㉥ 변압기의 내부저항과 리액턴스의 비가 같을 것

② 병렬운전 결선법

병렬운전 가능		병렬운전 불가능	
A변압기	B변압기	A변압기	B변압기
Y–Y	Y–Y	△–Y	Y–Y
Y–△	Y–△	Y–△	△–△

🏠 핵심 *Up*

병렬운전이 가능한 결선 방식을 찾는 법

Y결선이나 △결선의 합을 구해서 짝수 개이면 된다.

예 (Y–Y) – (△–△)
(Y–△) – (△–Y)

병렬운전 가능		병렬운전 불가능	
A변압기	B변압기	A변압기	B변압기
Y-Y	△-△	Y-Y	△-Y
△-△	Y-Y		
△-Y	△-Y		
△-Y	Y-△		

넓게 보기

1. 동기발전기의 병렬운전 조건
   ① 기전력의 크기가 같을 것
   ② 기전력의 위상이 같을 것
   ③ 기전력의 파형이 같을 것
   ④ 상회전 방향이 같을 것
2. 기전력의 크기 · 위상이 다를 때
   ① 기전력의 크기가 다를 때의 현상
      • 무효 순환전류(I_c)가 흐른다.
      • $I_c = \dfrac{E_a - E_b}{2Z_S} = \dfrac{E_0}{2Z_S}$[A]
      여기서, E_0 : 기전력 크기의 차이[V]
   ② 기전력의 위상이 다를 때의 현상
      • 동기화 전류(I_S)가 흐른다.

      $$I_S = \dfrac{2E\sin\dfrac{\delta}{2}}{2Z_S} = \dfrac{E}{Z_S}\sin\dfrac{\delta}{2}[A]$$

      • 수수전력(P)

      $$P = \dfrac{E^2}{2Z_S}\sin\delta[kW]$$

      • 동기화력(P_S)

      $$P_S = \dfrac{dP}{d\delta} = \dfrac{E^2}{2Z_S}\cos\delta$$

핵심 Up

병렬운전에서 서로의 주파수가 다를 때는 난조가 발생하며 심해지면 탈조에 이르게 된다.

③ 부하분담
   ㉠ 분담전류비 : 분담전류는 정격전류에 비례하고, 누설 임피던스에는 반비례한다.

   $$\dfrac{I_b}{I_a} = \dfrac{I_B}{I_A} \times \dfrac{\%Z_a}{\%Z_b}$$ 꼭! 암기

   여기서, I_a, I_b : 분담전류[A]
         I_A, I_B : 정격전류[A]
         $\%Z_a$, $\%Z_b$: 누설 임피던스[%]

ⓒ 분담용량비 : 분담용량은 정격용량에 비례하고, 누설 임피던스에는 반비례한다.

$$\frac{P_b}{P_a} = \frac{P_B}{P_A} \times \frac{\%Z_a}{\%Z_b}$$

여기서, P_a, P_b : 분담용량[VA]

P_A, P_B : 정격용량[VA]

$\%Z_a$, $\%Z_b$: 누설 임피던스[%]

(7) 변압기 결선방식

① △-△ 결선방식

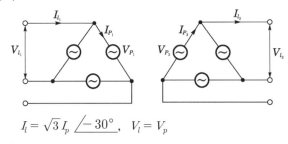

$$I_l = \sqrt{3}\,I_p \;\underline{/-30°}, \quad V_l = V_p$$

🏠 핵심 Up

△결선방식
• 선전압=상전압
• 선전류=$\sqrt{3}$ 상전류

ⓐ 각 변압기의 선전류는 상전류의 $\sqrt{3}$ 배가 된다.

ⓑ 변압기 1대 고장 시 V결선에 의한 지속적인 3상 공급이 가능하다.

ⓒ 중성점 접지를 할 수가 없어서 지락사고 시 고장전류 검출이 어렵다.

ⓓ 통신장애가 발생하지 않는다.

② △-Y 결선방식

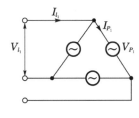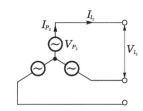

ⓐ 승압용에 이용된다.

ⓑ 1, 2차 사이에 30°의 위상차가 있다.

ⓒ 2차 권선의 선전압은 상전압의 $\sqrt{3}$ 배가 된다.

ⓓ 변압기 1대 고장 시 송전이 불가능하다.

ⓔ 절연에 유리하다.

③ Y-△ 결선방식

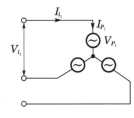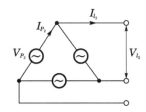

ⓐ 강압용에 이용된다.

ⓑ 1, 2차 사이에 30°의 위상차가 있다.

ⓒ 2차 권선의 선전압은 상전압과 같다.

ⓓ 변압기 1대 고장 시 송전이 불가능하다.

④ Y-Y 결선방식

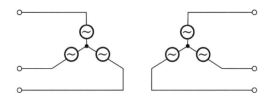

ⓐ 절연에 유리하다.

ⓑ 중성점 접지가 가능하므로 이상전압 방지를 할 수가 있다.

⑤ V-V 결선방식

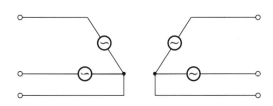

ⓐ 출력 $P = \sqrt{3} P_1$ (여기서, P_1 : 변압기 1대 용량)

ⓑ 변압기 2대로 3상 전력 공급이 가능하다.

ⓒ 변압기 이용률 : 0.866

ⓓ 변압기 출력비 : 0.577

넓게 보기

변압기 상수 변환 꼭!암기

1. 3상에서 6상으로 변환방식

　① △결선방식

　② 포크(FORK) 결선방식

　③ 대각 결선방식

　④ 2중 △결선방식

2. 3상에서 2상으로 변환방식

　① 메이어 결선방식

　② 우드브리지 결선방식

　③ 스코트(T) 결선방식

용어 Up

V결선방식
△결선에서 1상의 고장으로 인해 이용하는 결선방식이다.

핵심 Up

직류기에서의 전압 변동률

$$\varepsilon = \frac{V_0 - V}{V} \times 100 [\%]$$

여기서,
V : 부하 시 정격전압
V_0 : 무부하 시 정격전압

(8) 전압변동률

$$\varepsilon = \frac{V_{20} - V_{2n}}{V_{2n}} \times 100 [\%]$$

$$= p\cos\theta \pm q\sin\theta$$

여기서, V_{2n} : 2차 정격전압

V_{20} : 2차 무부하 시 전압

p : 저항 강하

q : 리액턴스 강하

$+$: 지상 역률

$-$: 진상 역률

(9) 백분율 강하 꼭!암기

① %저항 강하

$$p = \frac{I \cdot r}{V} \times 100 = \frac{P_s}{P_n} \times 100 [\%]$$

② %리액턴스 강하

$$q = \frac{I \cdot X}{V} \times 100 [\%]$$

③ %임피던스 강하

$$\%Z = \frac{I \cdot Z}{V} \times 100 = \frac{I_n}{I_s} \times 100 [\%]$$

(10) 단권 변압기

1, 2차 권선을 분리하지 않고 하나의 권선에서 중간에 탭을 만들어 1, 2차 권선으로 사용한 변압기이며 일반적으로 승압용이다.

① 회로도

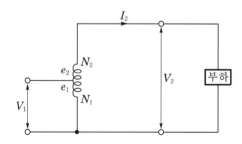

② 권수비 : $a = \dfrac{V_1}{V_2} = \dfrac{N_1}{N_1 + N_2}$

③ 승압전압 : $V_2 = \left(1 + \dfrac{N_2}{N_1}\right) V_1 = \left(1 + \dfrac{1}{a}\right) V_1$

④ 자기용량(승압기 용량) : $W = e_2 I_2 = (V_2 - V_1) I_2$

⑤ 부하용량 : $P = V_2 I_2$

⑥ $\dfrac{자기용량}{부하용량} = \dfrac{V_2 - V_1}{V_2}\left(= \dfrac{e_2}{V_2}\right)$ (변압기 1대일 때)

⑦ $\dfrac{자기용량}{부하용량} = \dfrac{2}{\sqrt{3}}\dfrac{V_2 - V_1}{V_2}\left(= \dfrac{e_2}{V_2}\right)$ (V결선 시)

⑧ 특징

   ㉠ 철량과 동량이 감소한다.

   ㉡ 경제적이다.

   ㉢ 동손이 작아지므로 손실이 적고 효율이 좋다.

   ㉣ 누설자속이 작아지므로 안정도가 향상된다.

   ㉤ 1, 2차 권선을 하나로 사용하므로 절연이 어렵다.

   ㉥ 단락사고 시 큰 전류가 흐른다.

(11) 수전설비 용량(변압기 용량)

① 변압기 용량

   ㉠ $P = \dfrac{합성최대전력 \times 수용률}{역률}[\text{kVA}]$

   ㉡ $P' = \dfrac{합성최대전력 \times 수용률}{역률 \times 부등률}[\text{kVA}]$ (부하가 여러 개일 때)

② 수용률

   ㉠ 임의의 수용가에서 전력 발생 부하가 동시에 사용되는 정도를 나타낸다.

   ㉡ 수용률 $= \dfrac{최대수용전력}{설비용량} \times 100[\%]$

   ㉢ 최대수용전력 = 수용률 × 설비용량

   ㉣ 수용률이 클수록 변압기 용량이 커지므로 경제적으로 불리하다.

③ 부등률 🔖꼭!암기

   ㉠ 최대수용전력의 발생시기나 분산지표를 나타낸다.

   ㉡ 부등률 $= \dfrac{각각의\ 수용가\ 최대수용전력의\ 합}{합성최대수용전력} \geq 1$

   ㉢ 부등률이 클수록 공급설비 이용률이 낮다.

④ 부하율

   $F = \dfrac{평균수용전력}{최대수용전력} \times 100 = \dfrac{사용전력량[\text{kWh}]/기준시간[\text{h}]}{최대수용전력} \times 100[\%]$

⑤ 손실계수 : $H = \dfrac{평균전력손실}{최대전력손실}$

⑥ 손실계수(H)와 부하율(F)의 관계

   ㉠ $1 \geq F \geq H \geq F^2 \geq 0$

   ㉡ $H = \alpha F + (1 - \alpha)F^2$ (여기서, α : 손실정수)

*변압기 용량은 최근에 출제된 내용으로 꼭 이해하세요!

🔖 핵심 Up
부하율과 수용률은 보통 [%]로 표시한다.

📊 실전 **Up** 문제

04 수용가들의 일부하 곡선이 그림과 같을 때 다음 각 물음에 답하시오. (단, 실선
은 A수용가, 점선은 B수용가이다.)

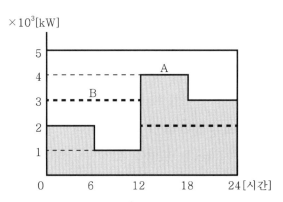

(1) A, B 각 수용가의 수용률은 얼마인가? (단, 설비용량은 수용가 모두
10×10^3[kW]이다.)

(2) A, B 각 수용가의 부하율은 얼마인가?

해답 (1) 수용률

$$K = \frac{최대수용전력}{설비용량} \times 100 [\%]$$

① A수용가 수용률 $= \frac{4 \times 10^3}{10 \times 10^3} \times 100 = 40[\%]$

② B수용가 수용률 $= \frac{3 \times 10^3}{10 \times 10^3} \times 100 = 30[\%]$

(2) 부하율

$$F = \frac{평균수용전력}{최대수용전력} \times 100 = \frac{사용전력량[kWh]/기준시간[h]}{최대수용전력} \times 100 [\%]$$

① A수용가

㉠ 평균수용전력 $= \frac{(2+1+4+3) \times 10^3 \times 6}{24} = 2.5 \times 10^3 [kW]$

㉡ 최대수용전력 $= 4 \times 10^3 [kW]$

∴ 부하율 $F = \frac{2.5 \times 10^3}{4 \times 10^3} \times 100 = 62.5 [\%]$

② B수용가

㉠ 평균수용전력 $= \frac{(3+2) \times 10^3 \times 12}{24} = 2.5 \times 10^3 [kW]$

㉡ 최대수용전력 $= 3 \times 10^3 [kW]$

∴ 부하율 $F = \frac{2.5 \times 10^3}{3 \times 10^3} \times 100 = 83.33 [\%]$

(12) 변압기의 호흡작용

① 발생원인 : 변압기의 절연유가 온도 상승에 따라 팽창을 하게 되면 변압기 내부 공기가 외부로 배출이 되도 온도가 내려가면 그와 반대로 절연유가 수축하여 외부 공기가 내부로 유입되는 현상을 호흡작용이라 한다.

② 호흡작용의 결과

ㄱ 냉각효과 감소

ㄴ 절연내력 감소

ㄷ 산화작용이 발생

③ 방지대책

ㄱ 변압기 주탱크에 콘서베이터를 설치한다.

ㄴ 콘서베이터에 질소가스를 봉입한다.

④ 절연유의 구비조건

ㄱ 점도가 낮을 것

ㄴ 절연내력이 클 것

ㄷ 인화점이 클 것

ㄹ 응고점이 낮을 것

ㅁ 냉각효과가 클 것

ㅂ 고온에서 산화되지 않을 것

넓게 보기

변압기의 내부 보호장치

1. 부흐홀츠계전기
   ① 기계적 보호장치
   ② 수소가스 검출기
2. 압력계전기
   ① 기계적 보호장치
   ② 서든 프레서
3. 비율차동계전기
   ① 전기적 보호장치
   ② 3상에서 사용한다.
4. 유온계
   ① 기계적 보호장치
   ② 온도계전기
5. 유면계 : 기계적 보호장치

핵심 Up

변압기 내부에서 발생하는 유증기 중에 H_2(수소)를 검출하기 위해 부흐홀츠계전기를 설치한다.

4 수·변전설비의 기기 명칭, 약호, 심벌

명 칭	약 호	심벌(단선도)
전류계	A	
전류계용 전환개폐기	AS	
차단기	CB	
케이블 헤드	CH	
컷아웃 스위치	COS	
변류기	CT	
방전 코일	DC	DC / SC
단로기	DS	
지락계전기	GR	GR
피뢰기	LA	
전력 수급용 계기용 변성기	MOF (PCT)	
과전류 계전기	OCR	OCR
유입개폐기	OS	
전력퓨즈	PF	

용어 Up

방전 코일
콘덴서 회로 개로 후 남아 있는 전하를 방전하여 감전사고를 방지하기 위하여 시설한다.

용어 Up

직렬리액터
제5고조파를 제거하여 파
형 개선을 위해 연결하는
리액터로 용량은 이론적
으로는 5[%]이나 주파수
변동 등을 감안하여 실제
로는 6[%]를 사용한다.

명 칭	약 호	심벌(단선도)
계기용 변압기	PT	
진상용 콘덴서	SC	
직렬리액터	SR	
트립 코일	TC	
변압기	Tr	
전압계	V	
전압계용 전환개폐기	VS	
전력량계	WH	
영상변류기	ZCT	

넓게 보기

트립 전류(I_{Tap})

$$I_{Tap} = 최대부하전류 \times \frac{1}{변류비} \times 과부하 비율$$

5 전력퓨즈(PF)

단락전류를 차단하기 위해서 사용한다.
① 장점
    ㉠ 소형이다.
    ㉡ 차단용량이 크다.
    ㉢ 유지보수가 용이하다.
    ㉣ 경량이고, 가격이 싸다.
    ㉤ 정전용량이 작다.

② 단점
　　㉠ 재투입이 불가능하다.
　　㉡ 과도전류 시 용단될 수 있다.
　　㉢ 시한특성이 자유롭지 못하다.
③ 전력퓨즈 구입 시 고려해야 할 주요 사항
　　㉠ 정격전류
　　㉡ 정격전압
　　㉢ 정격차단전류
　　㉣ 정격차단용량
　　㉤ 설치장소
④ 전력퓨즈의 특성(성능) 🖐️꼭!암기
　　㉠ 단시간 허용특성
　　㉡ 용단특성
　　㉢ 차단특성

6 저압 배전반

① 배선차단장치
② 커버나이프 스위치
③ 계량장치

7 전력용 콘덴서(진상용 콘덴서)

(1) 역률 개선 원리
① 보통의 부하는 "L(코일)" 부하이므로 이 부하와 병렬로 "C(콘덴서)"를 연결하여 진상의 전류를 흐르게 함으로써 지상전류를 감소시킴으로써 역률 개선이 가능하다.
② 일반적인 부하는 지상의 무효전력을 나타내므로 이 부하에 병렬로 진상 부하인 역률 개선용 콘덴서를 연결하여 무효전력을 감소시키는 방법이다.
③ 벡터도
　　㉠ C회로의 전압-전류 벡터도

🔺 핵심 Up
콘덴서 C 소자에서의 전류는 전압보다 진상이며 90° 앞서는 특징을 갖는다.

ⓛ L회로의 전압-전류 벡터도

(2) 역률 저하 시 발생 문제점(단점) 꼭!암기

① 전기요금이 증가한다.

② 전력손실이 커진다.

③ 전압강하가 커진다.

④ 변압기 설비용량이 증가한다.

⑤ 변압기 손실이 증가한다.

(3) 콘덴서 용량 꼭!암기

$$Q_c = P(\tan\theta_1 - \tan\theta_2)$$
$$= P\left(\frac{\sin\theta_1}{\cos\theta_1} - \frac{\sin\theta_2}{\cos\theta_2}\right)$$
$$= P\left(\frac{\sqrt{1-\cos^2\theta_1}}{\cos\theta_1} - \frac{\sqrt{1-\cos^2\theta_2}}{\cos\theta_2}\right)$$

(4) 과보상 시 문제점

① 계전기의 오동작

② 전력손실의 증가

③ 고조파에 의한 왜곡의 증가

(5) 개선효과

① 전기요금 감소

② 전압강하 감소

③ 전력손실 감소

④ 설비용량 여유의 증가

핵심 Up

$\cos^2\theta + \sin^2\theta = 1$이므로
$\cos\theta = \sqrt{1-\sin^2\theta}$

* 과보상 시 문제점은 최근 출제내용으로 꼭 이해하세요!

(6) 고조파

① 고조파의 개념

㉠ 기본파의 정수배를 갖는 전압·전류를 말한다.

㉡ 고조파 전류의 크기(I_m)

$$I_m = K_m \times \frac{I_1}{n} [\text{A}]$$

여기서, K_m : 고조파 저감계수

I_1 : 기본파 전류[A]

n : 고조파 차수

② 고조파의 영향

㉠ 공진 발생 : 직·병렬 공진 등에 의해서 변압기의 절연파괴가 발생할 수 있다.

㉡ 기기 등에 영향

- 개폐장치의 고장
- 제어기기의 오동작
- 보호계전기의 오동작 등

㉢ 유도장해 발생 : 중성점 접지방식에서는 제3고조파 성분에 의한 통신선에 유도장해가 발생한다.

③ 고조파 발생원인

㉠ 과도현상에 의해 발생

㉡ 히스테리시스 현상에 의해 발생

㉢ L, C의 공진현상에 의해 발생

㉣ 선로의 코로나 현상에 의해 발생

④ 고조파 발생 억제대책

발생원측	계통측	수용가측
• 리액터 설치 • 변환기의 다펄스화 • 필터 설치 • 콘덴서 설치 • PWM 방식 채용	• 계통의 분리 • 전원의 단락용량 증대 • 필터 설치 • 고조파 부하용 변압기 전용화	• 변환기의 다펄스화 • 리액터 설치 • 필터 설치 • PWM 방식 채용

* 고조파 발생 억제대책은 최근 출제된 내용으로 꼭 이해하세요!

이론 pick Up

04 수·변전설비의 표준 결선도

핵심 Up

- LA용 DS는 생략이 가능하다.
- 22.9[KV-Y] 이하일 때 간이수전설비 결선도를 이용이 가능하다.

1 CB 1차측에 CT, CB 2차측에 PT를 설치

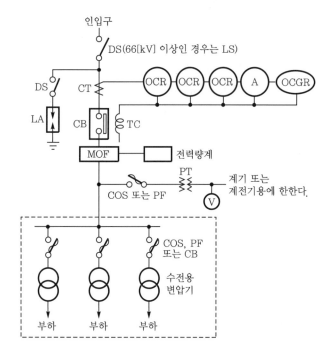

[위 결선도의 약호]

약 호	명 칭
LA	피뢰기
DS	단로기
CT	변류기
OCR	과전류계전기
Ⓐ	전류계
OCGR	지락과전류계전기
CB	차단기
TC	트립코일
MOF	계기용 변성기
COS	컷아웃 스위치
PF	전력퓨즈
PT	계기용 변압기
Ⓥ	전압계

2 CB 1차측에 PT, CB 2차측에 CT를 설치

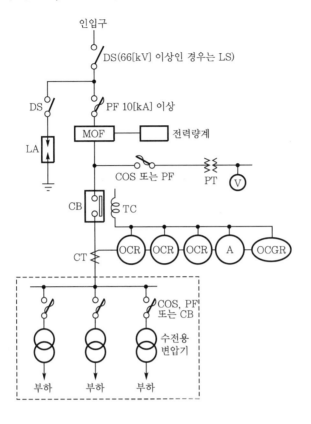

[위 결선도의 약호]

약 호	명 칭
LA	피뢰기
DS	단로기
MOF	계기용 변성기
CT	변류기
OCR	과전류계전기
Ⓐ	전류계
OCGR	지락과전류계전기
CB	차단기
TC	트립코일
COS	컷아웃 스위치
PF	전력퓨즈
PT	계기용 변압기
Ⓥ	전압계

3 간이수전설비 결선도

(1) 간이수전설비 결선도

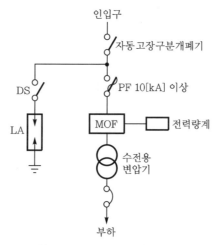

[위 결선도의 약호]

약 호	명 칭
LA	피뢰기
MOF	계기용 변성기
PF	전력퓨즈
DS	단로기

(2) 간이수전설비의 장단점
① 장점 : CB 및 관련 설비가 생략되어 시설비가 감소된다.
② 단점 : CB가 없으므로 정전 후 복귀 시 자동으로 부하에 전원이 공급되어 안전사
고의 위험이 있으므로 변압기의 2차측에 UVR 계전기를 설치하여야 하므로
비용이 추가된다.

4 특고압 기기의 일반적인 특성

(1) 단로기(DS)
① 전류가 흐르지 않는 상태에서 개폐가 가능
② 수전실 내 LA의 1차측에 시설
③ 전로의 접속을 바꾸거나 끊는 목적으로 사용
④ 전류의 차단능력 없음
⑤ 변압기, 차단기 등의 보수점검을 위한 회로 분리용 및 전력계통 변환을 위한
회로 분리용으로 사용

(2) 전력퓨즈(PF) 🔑꼭!암기

① COS 대용으로 사용

② 전로의 단락보호용으로 사용

③ 일정치 이상의 과부하 전류에서 단락전류까지 대전류 차단

④ 전로의 개폐능력 없음

⑤ 고압 개폐기와 조합하여 사용

(3) 피뢰기(LA)

① 과전압을 제한하여 전기설비의 절연을 보호

② 수전실 인입구에 시설

③ LA용 DS(단로기)는 생략이 가능

④ 22.9[kV-Y]용 LA는 Disconnector 붙임용 피뢰기를 사용

(4) 부하 개폐기(LBS)

① 평상시 부하전류의 개폐는 가능하나 이상 시(과부하, 단락) 보호 기능은 없음

② 개폐 빈도가 적은 부하의 개폐용 스위치로 사용

③ 전력 Fuse와 사용 시 결상 방지 목적으로 사용

④ 수전실 구내 인입구에 시설

⑤ 고장전류는 차단이 불가능

(5) 컷아웃 스위치(COS)

① 변압기 1차측에 부착

② 과부하로 인한 과전류를 제한

(6) 고장구간 자동 개폐기(ASS) 🔑꼭!암기

① 고장구간을 자동으로 개폐하여 고장이 계통으로 확산되는 것을 방지

② 과부하 보호 기능

③ 수전실 구내 인입구에 시설

(7) 전자 접촉기

① 평상시 부하전류 혹은 과부하 전류까지 안전하게 개폐

② 부하의 개폐·제어가 주목적이고, 개폐 빈도가 많음

③ 부하의 조작, 제어용 스위치로 이용

④ 전력 Fuse와의 조합에 의해 Combination switch로 널리 사용

(8) 차단기

① 평상시 전류 및 사고 시 대전류를 지장없이 개폐

② 회로 보호가 주목적이며 기구, 제어회로가 Tripping 우선으로 되어 있음

③ 주회로 보호용 사용

(9) 지중 인입선

① 22.9[kV-Y] 계통은 CNCV-W(수분침투방지형) 또는 TR-CNCV-W(트리 억제형) 을 사용

② 덕트, 전력구, 공동구, 건물 구내 등 화재 우려가 있는 곳에서는 FR-CNCO-W (난연) 케이블을 사용하는 것이 바람직

기출 · 예상문제

★★★
01 수 · 변전설비를 설계하고자 한다. 기본 설계에 있어서 검토할 주요 사항을 3가지만 서술하시오.

해답 (1) 부하설비 용량
(2) 수전전압
(3) 주회로의 결선방식

★
02 그림은 특고압 수전설비의 표준 결선도이다. 점선으로 표시된 미완성 부분의 결선도를 완성하시오. (단, MOF, CB, OC, GR, PT, CT, OCR, COS 또는 PF 등을 이용할 것)

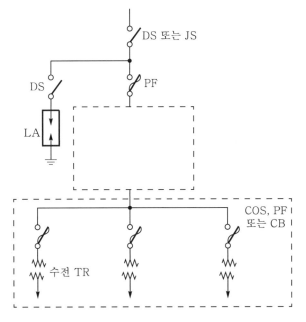

해답 결선도

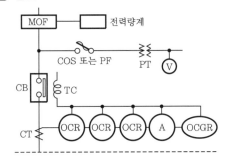

03 **부하의 역률 개선에 대한 다음 각 물음에 답하시오.**

(1) 역률을 개선하는 원리를 간단히 설명하시오.

(2) 부하설비의 역률이 저하하는 경우 발생할 수 있는 문제점(단점) 5가지를 쓰시오.

(3) 어느 공장의 3상 부하가 30[kW]이고, 역률이 80[%]이다. 이것의 역률을 90[%]로 개선하려면 전력용 콘덴서 몇 [kVA]가 필요한가?

해답 (1) 역률 개선 원리 : 보통의 부하는 "L" 부하이므로 이 부하와 병렬로 "C"를 연결하여 진상의 전류를 흐르게 함으로써 지상전류를 감소시킴으로써 역률 개선이 가능하다.

(2) 역률 저하 시 발생하는 문제점(단점)
   ① 전기요금이 증가한다.
   ② 전력손실이 커진다.
   ③ 전압강하가 커진다.
   ④ 변압기 설비용량이 증가한다.
   ⑤ 변압기 손실이 증가한다.

(3) 콘덴서 용량

$$Q_c = P(\tan\theta_1 - \tan\theta_2)$$
$$= P\left(\frac{\sin\theta_1}{\cos\theta_1} - \frac{\sin\theta_2}{\cos\theta_2}\right)$$
$$= P\left(\frac{\sqrt{1-\cos^2\theta_1}}{\cos\theta_1} - \frac{\sqrt{1-\cos^2\theta_2}}{\cos\theta_2}\right)$$
$$\therefore\ Q_c = 30\times10^3\left(\frac{0.6}{0.8} - \frac{\sqrt{1-0.9^2}}{0.9}\right)$$
$$= 7{,}970[\text{VA}]$$
$$= 7.97[\text{kVA}]$$

04 **수·변전설비에 설치하고자 하는 전력퓨즈(Power Fuse)에 대해서 다음 각 물음에 답하시오.**

(1) 전력퓨즈(PF)의 기능상 장점을 쓰시오.

(2) 전력퓨즈(PF)의 가장 큰 단점을 쓰시오.

(3) 전력퓨즈(PF)를 구입하고자 할 때 고려해야 할 주요 사항을 3가지만 쓰시오.

(4) 전력퓨즈(PF)의 성능(특성)을 쓰시오.

해답 (1) 장점
   ① 과전류 차단하여 기기 보호
   ② 부하전류의 안전한 통전

(2) 단점 : 시한특성이 없다(즉, 재투입이 불가능하다).

(3) 고려 시 주요 사항
　　① 설치장소
　　② 정격차단용량
　　③ 정격차단전류
　　④ 정격전류
　　⑤ 정격전압
(4) 성능
　　① 차단특성
　　② 용단특성

05 다음 표는 누전차단기의 시설 예에 따른 표이다. 표의 빈칸에 누전차단기의 시설에 관하여 주어진 표시 기호로 표시하시오. (단, 사람이 조작하고자 할 때 조작하는 장소의 조건과 시설장소의 조건은 같다고 한다.)

[표시 기호]
- ○ : 누전차단기를 시설하는 곳
- △ : 주택에 기계·기구를 시설하는 경우에는 누전차단기를 시설할 곳
- □ : 주택 구내 또는 도로에 접한 면에 룸 에어컨디셔너, 아이스박스, 진열창, 자동판매기 등 전동기를 부품으로 한 기계·기구를 시설하는 경우에는 누전차단기를 시설하는 것이 바람직한 곳
- × : 누전차단기를 시설하지 않아도 되는 곳

전로의 대지전압 \ 기계·기구의 시설장소	옥 내		옥 측		옥 외	물기가 있는 장소
	건조한 장소	습기가 많은 장소	우선 내	우선 외		
150[V] 이하						
150[V] 초과 300[V] 이하						

해답 누전차단기 시설
(1) 옥측 내 : 처마 안쪽을 의미
(2) 옥측 외 : 처마 바깥쪽을 의미

전로의 대지전압 \ 기계·기구의 시설장소	옥 내		옥 측		옥 외	물기가 있는 장소
	건조한 장소	습기가 많은 장소	우선 내	우선 외		
150[V] 이하	X	X	X	□	□	○
150[V] 초과 300[V] 이하	△	○	X	○	○	○

06 그림은 제1공장과 제2공장 2개의 공장에 대한 어느 날의 일부하 곡선이다. 이 그림을 이용하여 다음 각 물음에 답하시오.

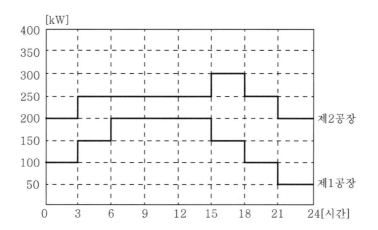

(1) 제1공장의 일부하율은 몇 [%]인가?
(2) 제1공장과 제2공장 상호간의 부등률은 얼마인가?

해답 (1) 부하율

$$F = \frac{\text{평균수용전력}}{\text{최대수용전력}} \times 100 = \frac{\text{사용전력량[kWh]/기준시간[h]}}{\text{최대수용전력}} \times 100[\%]$$

① 평균수용전력

$$= \frac{100 \times 3 + 150 \times 3 + 200 \times 9 + 150 \times 3 + 100 \times 3 + 50 \times 3}{24} = 143.75[\text{kW}]$$

② 최대수용전력 $= 200[\text{kW}]$

∴ 부하율 $F = \dfrac{143.75}{200} \times 100 = 71.88[\%]$

(2) 부등률

$$\text{부등률} = \frac{\text{각각의 최대수용전력의 합}}{\text{합성 최대수용전력}}$$

$$= \frac{200 + 300}{450} = 1.11$$

07 전등 부하만을 가진 2개의 수용가가 각각 1대씩의 변압기를 통해서 다음 그림과 같이 전력을 공급받고 있다. 각 군 수용가의 총 설비용량을 각각 30[kW] 및 40[kW]라고 할 때 다음 물음에 답하시오.

[조건]

• 각 수용가의 수용률은 0.5이고, 수용가 상호간의 부등률은 1.2이다.
• 변압기 상호간의 부등률은 1.3이다.
• 변압기의 표준용량은 5, 10, 15, 20, 25, 30, 50, 75, 100[kVA]이다.

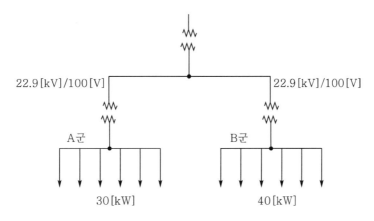

22.9[kV]/100[V]   22.9[kV]/100[V]

A군   B군

30[kW]   40[kW]

(1) A군 수용가에 사용할 변압기의 용량을 산정하시오.
(2) B군 수용가에 사용할 변압기의 용량을 산정하시오.

해답 변압기 용량 $= \dfrac{\Sigma(수용률 \times 부하설비용량[\text{kW}])}{부등률 \times 역률 \times 효율}$

(1) A군 수용가 변압기의 용량

   변압기 용량 $= \dfrac{0.5 \times 30}{1.2 \times 1 \times 1} = 12.5$

   $\therefore$ 표준용량 15[kVA]

(2) B군 수용가 변압기의 용량

   변압기 용량 $= \dfrac{0.5 \times 40}{1.2 \times 1 \times 1} = 16.67$

   $\therefore$ 표준용량 20[kVA]

★★
08 동기발전기의 병렬운전 조건 5가지를 쓰시오.

해답 (1) 기전력의 크기가 같을 것
     (2) 기전력의 위상이 같을 것
     (3) 기전력의 파형이 같을 것
     (4) 기전력의 주파수가 같을 것
     (5) 상회전 방향이 같을 것

★★
09 표와 같은 수용가 A, B, C에 공급하는 배전선로의 최대전력이 400[kW]라고 할 때 수용가의 부등률은?

수용가	설비용량[kW]	수용률[%]
A	250	70
B	350	80
C	300	75

해답 ✍ 부등률 $= \dfrac{\text{수용설비 각각의 최대수용전력의 합}}{\text{합성 최대수용전력}}$

$$= \frac{250 \times 0.7 + 300 \times 0.75 + 350 \times 0.8}{400} = 1.7$$

★★
10 그림과 같은 평형 3상 회로로 운전하는 유도전동기가 있다. 이 회로에 그림과 같이 2개의 전력계 W_1, W_2, 전압계 ⓥ, 전류계 Ⓐ를 접속한 후 지시값은 $W_1 = 2.36$[kW], $W_2 = 5.95$[kW], $V = 300$[V], $I = 20$[A]이었다. 다음 물음에 답하시오.

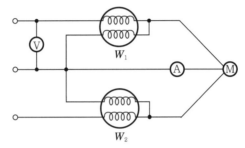

(1) 유효전력은 몇 [kW]인가?
(2) 피상전력은 몇 [kVA]인가?
(3) 부하의 역률은 몇 [%]인가?

해답 ✍ (1) 유효전력(P)

$$P = W_1 + W_2$$
$$= 2.36 + 5.95 = 8.31 [\text{kW}]$$

(2) 피상전력(P_a)

$$P_a = \sqrt{3}\, VI = 2\sqrt{W_1^2 + W_2^2 - W_1 W_2}$$
$$= \sqrt{3} \times 300 \times 20 \times 10^{-3} = 10.39 [\text{kVA}]$$

(3) 부하의 역률($\cos\theta$)

$$P = VI\cos\theta \text{에서}$$
$$\cos\theta = \frac{P}{VI} \quad (\text{단, } P_a = VI \text{이므로})$$
$$= \frac{P}{P_a} = \frac{8.31}{10.39} \times 100 ≒ 80 [\%]$$

★
11 그림과 같이 부하가 A, B, C에 설비될 경우, 이곳에 공급할 변압기 TR의 용량을 계산하여 표준용량으로 결정하시오. (단, 부등률은 1.2, 부하 역률은 80[%]로 한다.)

변압기의 표준용량표[kVA]						
50	100	150	200	250	300	500

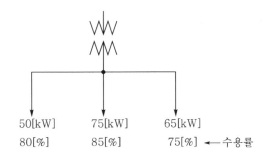

50[kW]   75[kW]   65[kW]
80[%]   85[%]   75[%] ← 수용률

해답 변압기 용량$=\dfrac{\text{수용설비용량}}{\text{부등률}\times\text{역률}\times\text{효율}}[\text{kVA}]$

$=\dfrac{50\times0.8+75\times0.85+65\times0.75}{1.2\times0.8\times1}$

$=192.45[\text{kVA}]$

∴ 주어진 표에서 변압기 표준용량은 200[kVA]로 선정한다.

★★
12 변압기의 결선방식에서 △-△ 결선방식의 특징 4가지만 쓰시오.

해답 (1) 각 변압기의 선전류는 상전류의 $\sqrt{3}$ 배가 된다.
(2) 변압기 1대 고장 시 V결선에 의한 지속적인 3상 공급이 가능하다.
(3) 중성점 접지를 할 수가 없어서 지락사고 시 고장전류 검출이 어렵다.
(4) 통신장애가 발생하지 않는다.

★
13 다음 표와 같은 수용가 A, B, C에 공급하는 배전선로의 최대전력이 450[kW]라고 할 때, 다음 각 물음에 답하시오.

수용가	설비용량[kW]	수용률[%]
A	250	70
B	300	75
C	350	80

(1) 수용가의 부등률은 얼마인가?
(2) 수용률의 의미를 간단히 설명하시오.

해답 (1) 부등률$=\dfrac{\text{수용설비 각각의 최대수용전력의 합}}{\text{합성 최대수용전력}}$

$=\dfrac{250\times0.7+300\times0.75+350\times0.8}{450}$

$=1.51$

(2) 수용률은 전력 소비가 동시에 사용되는 정도를 나타낸다.

14 어느 수용가에서 하루 중 250[kW] 5시간, 120[kW] 8시간, 나머지 시간은 80[kW], 설비용량 450[kVA], 역률 80[%]인 경우 수용률과 일부하율을 구하시오.

해답 (1) 수용률 $= \dfrac{250}{450 \times 0.8} = 69.44[\%]$

(2) 일부하율 $= \dfrac{(250 \times 5 + 120 \times 8 + 80 \times 11)/24}{250} \times 100 = 51.5[\%]$

15 어떤 건물의 연면적이 500[m²]이다. 이 건물에 표준부하를 적용하여 전등 및 일반동력, 냉방동력 공급용 변압기 용량을 구하시오. (단, 전등 부하는 단상으로서 역률은 1이고, 일반동력 및 냉방동력 부하는 3상으로서 각각의 역률은 0.85, 0.9라 한다.)

[조건]

• 부하에 따른 표준부하

부하의 종류	표준부하[W/m²]	수용률
전등	30	80
일반동력	50	70
냉방동력	35	75

• 변압기 정격용량

상 별	변압기 용량[kVA]
단상	5, 7.5, 10, 15, 20, 25, 30, 40, 50
3상	5, 7.5, 10, 15, 20, 25, 30, 40, 50

해답 (1) 전등 변압기 용량

$$\text{변압기 용량} = \frac{30 \times 500 \times 0.8}{1}[\text{VA}] = 12[\text{kVA}]$$

∴ 변압기 용량 : 단상 15[kVA]

(2) 일반동력 변압기 용량

$$\text{변압기 용량} = \frac{50 \times 500 \times 0.7}{0.85}[\text{VA}] = 20.59[\text{kVA}]$$

∴ 변압기 용량 : 3상 25[kVA]

(3) 냉방동력 변압기 용량

$$\text{변압기 용량} = \frac{35 \times 500 \times 0.75}{0.9}[\text{VA}] = 14.58[\text{kVA}]$$

∴ 변압기 용량 : 3상 15[kVA]

★
16 그림은 A, B공장에 대한 일부하의 분포도이다. 다음 각 물음에 답하시오.

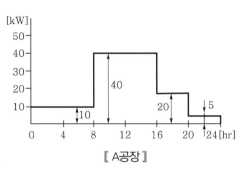

[A공장]

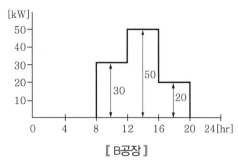

[B공장]

(1) A공장의 일부하율은 얼마인가?

(2) 변압기 1대로 A, B공장에 전력을 공급할 경우의 종합 부하율[kVA]을 구하시오.
   (단, A, B공장 간 부등률은 1.2이고, 부하 역률은 모두 0.8이라고 한다.)

해답 (1) A공장의 일부하율

$$일부하율 = \frac{(10 \times 8 + 40 \times 8 + 20 \times 4 + 5 \times 4)/24}{40} \times 100 = 52.08[\%]$$

(2) 종합 부하율

$$= \frac{(10 \times 8 + 40 \times 8 + 20 \times 4 + 5 \times 4)/24 + (30 \times 4 + 50 \times 4 + 20 \times 4)/24}{40 + 50} \times 100$$

$$= 41.67[\%]$$

★
17 수 · 변전설비를 설계하고자 한다. 기본설계에 있어서 검토할 주요 사항을 간략히 쓰시오.

해답 (1) 배전방식

(2) 주회로 결선방식

(3) 부하설비 용량

(4) 수전방식

(5) 변전방식

18 그림은 22.9[kV-Y] 특고압 수전설비 결선도의 미완성 도면이다. 이 도면을 보고 다음 각 물음에 답하시오. (단, CB 1차측에 PT를, CB 2차측에 CT를 시설하는 경우이다.)

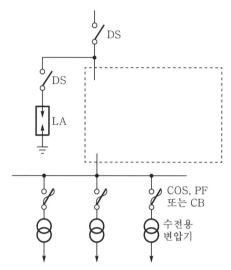

(1) 미완성 부분(점선 내부 부분)에 대한 결선도를 그리시오. (단, 미완성 부분만 작성하되 미완성 부분에는 CB, OCR 3개, OCGR, MOF, PT, CT, PF, COS, TC, A, V, 전력량계 등을 사용하도록 한다.)

(2) 22.9[kV-Y], 1,000[kVA] 이하를 시설하는 경우 특고압 간이수전설비 결선도에 의할 수 있다. 본 결선도에 대한 간이수전설비 결선도를 그리시오.

해답 (1) 특고압 수전설비 결선도

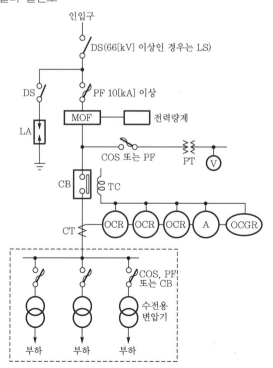

(2) 특고압 간이수전설비 결선도

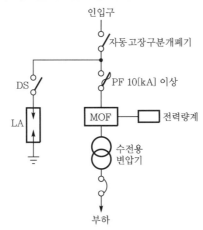

★
19 다음 변압기 냉각방식 약호에 대한 명칭을 우리말로 쓰시오. (단, AF : 건식 풍냉식)

(1) OA, ONAN

(2) FA, ONAF

(3) OW, ONWF

(4) OFAN

(5) FOA, OFAF

(6) FOW, OFWF

해답 ☑ (1) OA, ONAN : 유입 자냉식

(2) FA, ONAF : 유입 풍냉식

(3) OW, ONWF : 유입 수냉식

(4) OFAN : 송유 자냉식

(5) FOA, OFAF : 송유 풍냉식

(6) FOW, OFWF : 송유 수냉식

★
20 그림의 단선 결선도를 보고 (1) ~ (5)에 들어갈 기기에 대하여 표준 심벌을 그리고, 약호, 명칭에 대하여 쓰시오.

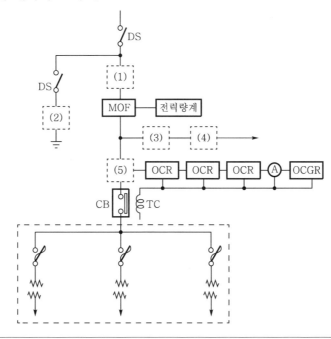

번호	심벌	약호	명칭
(1)		PF	전력퓨즈
(2)		LA	피뢰기
(3)		COS 또는 PF	전력퓨즈
(4)		PT	계기용 변압기
(5)		CT	변류기

21 어느 수용가에서 3상 3선식 6.6[kV]로 수전하고 있다. 수전점에서 계산한 차단기의 정격차단용량이 70[MVA]일 경우 차단기의 정격차단전류 I_s[kA]를 구하시오.

해답 정격차단용량 $P_s = \sqrt{3} \times$ 차단기 정격전압 $\times$ 정격차단전류[MVA]이므로

정격차단전류 $I_s = \dfrac{P_s}{\sqrt{3} \times \text{정격전압}} = \dfrac{70}{\sqrt{3} \times 7.2} = 5.61[\text{kA}]$

(단, 6.6[kV]의 정격전압은 7.2[kV]이다.)

22 계약 부하설비에 의한 계약 최대전력을 정하는 경우 부하설비 용량이 900[kW]인 경우 전력회사와의 계약 최대전력은 몇 [kW]인가? (단, 계약 최대전력 환산표는 다음과 같다.)

구 분	승 률	비 고
처음 75[kW]에 대하여	100[%]	
다음 75[kW]에 대하여	85[%]	
다음 75[kW]에 대하여	75[%]	계산의 합계 수치 단수가 1[kW] 미만일 경우 소수점 이하 첫째자리에서 4사 5입할 것
다음 75[kW]에 대하여	65[%]	
300[kW] 초과분에 대하여	60[%]	

해답 계약 최대전력

$P = 75 \times 1 + 75 \times 0.85 + 75 \times 0.75 + 75 \times 0.65 +$ 나머지 전력 $\times 0.6$

  (여기서, 나머지 전력은 $900 - (75 \times 4) = 600[\text{kW}]$)

  $= 603.75[\text{kW}]$

∴ $P = 603.75[\text{kW}]$이며, 비고사항에서 소수점 첫째자리에서 4사 5입(반올림)을 하면

  $P = 604[\text{kW}]$로 한전과 계약을 하면 된다.

23 어떤 변압기에서 전부하 시 전압이 3,300[V], 전류가 43.5[A], 권선 저항이 0.66[Ω], 무부하손이 1,000[W]이다. 전부하, 반부하 각각에 대해서 역률이 100[%], 80[%]일 때의 효율을 구하시오.

(1) 전부하 시 효율을 구하시오.

    ① 역률 100[%]인 경우

    ② 역률 80[%]인 경우

(2) 반부하 시 효율을 구하시오.

    ① 역률 100[%]인 경우

    ② 역률 80[%]인 경우

해답 (1) 전부하 시 효율

    ① 역률 100[%]인 경우

$$\text{전부하 효율 } \eta = \frac{\text{출력}}{\text{출력} + \text{손실}} \times 100[\%]$$

$$= \frac{\text{출력}}{\text{출력} + \text{철손} + \text{동손}} \times 100[\%]$$

$$= \frac{V_{2n}I_{2n}\cos\theta}{V_{2n}I_{2n}\cos\theta + P_i + P_c} \times 100[\%]$$

$$= \frac{3,300 \times 43.5 \times 1}{3,300 \times 43.5 \times 1 + 1,000 + 43.5^2 \times 0.66} \times 100$$

$$= 98.46[\%]$$

    ② 역률 80[%]인 경우

$$\eta = \frac{3,300 \times 43.5 \times 0.8}{3,300 \times 43.5 \times 0.8 + 1,000 + 43.5^2 \times 0.66} \times 100 = 98.08[\%]$$

(2) 반부하 시 효율

    ① 역률 100[%]인 경우

$$\frac{1}{2} \text{ 부하 효율 } \eta = \frac{\frac{1}{2}V_{2n}I_{2n}\cos\theta}{\frac{1}{2}V_{2n}I_{2n}\cos\theta + P_i + \left(\frac{1}{2}\right)^2 P_c} \times 100[\%]$$

$$= \frac{\frac{1}{2} \times 3,300 \times 43.5 \times 1}{\frac{1}{2} \times 3,300 \times 43.5 \times 1 + 1,000 + \left(\frac{1}{2}\right)^2 \times 43.5^2 \times 0.66} \times 100$$

$$= 98.2[\%]$$

    ② 역률 80[%]인 경우

$$\eta = \frac{\frac{1}{2} \times 3,300 \times 43.5 \times 0.8}{\frac{1}{2} \times 3,300 \times 43.5 \times 0.8 + 1,000 + \left(\frac{1}{2}\right)^2 \times 43.5^2 \times 0.66} \times 100 = 97.77[\%]$$

24 어느 전등 수용가의 총 부하는 120[kW]이고, 각 수용가의 수용률은 어느 곳이나 0.5라고 한다. 이 수용가군을 설비용량 50[kW], 40[kW] 및 30[kW]의 3군으로 나누어 변압기 T_1, T_2 및 T_3로 공급할 때 각 변압기의 평균수용전력[kW]을 구하시오.

A군	
B군	
C군	

[조건]

- 각 변압기마다의 수용가 상호간의 부등률 T_1 : 1.2, T_2 : 1.1, T_3 : 1.2
- 각 변압기마다의 종합 부하율 T_1 : 0.6, T_2 : 0.5, T_3 : 0.4
- 각 변압기 부하 상호간의 부등률은 1.3이라 하고, 전력손실은 무시한다.

해답 평균수용전력$=\dfrac{수용설비용량 \times 수용률}{부등률} \times 부하율$

A군	$\dfrac{50 \times 0.5}{1.2} \times 0.6 = 12.5[\text{W}]$
B군	$\dfrac{40 \times 0.5}{1.1} \times 0.5 = 9.09[\text{W}]$
C군	$\dfrac{30 \times 0.5}{1.2} \times 0.4 = 5[\text{W}]$

25 부하설비가 100[kW]이며, 뒤진 역률이 85[%]인 부하를 100[%]로 개선하기 위한 전력용 콘덴서의 용량은 몇 [kVar]가 필요한지 구하시오.

해답 전력용 콘덴서의 용량

$$Q_c = P(\tan\theta_1 - \tan\theta_2) = P\left(\frac{\sin\theta_1}{\cos\theta_1} - \frac{\sin\theta_2}{\cos\theta_2}\right)$$

$$= P\left(\frac{\sqrt{1-\cos\theta_1^2}}{\cos\theta_1} - \frac{\sin\theta_2}{\cos\theta_2}\right)$$

$$= 100 \times 10^3\left(\frac{\sqrt{1-0.85^2}}{0.85} - \frac{0}{1}\right)[\text{Var}]$$

$$= 61.97 \times 10^3[\text{Var}] = 61.97[\text{kVar}]$$

★
26 다음 일부하 곡선이 그림과 같을 때 입력설비용량 20[kW] 2대, 30[kW] 2대의 3상 380[V] 유도전동기의 최대수용전력[kW], 수용률[%], 일부하율[%]을 구하시오.

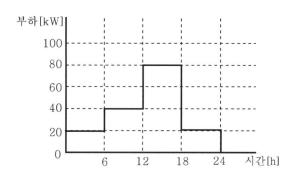

(1) 수용률을 구하시오.
(2) 일부하율을 구하시오.

해답 (1) 수용률 = $\dfrac{80}{20 \times 2 + 30 \times 2} \times 100 = 80[\%]$

(2) 일부하율 = $\dfrac{(20 \times 6 + 40 \times 6 + 80 \times 6 + 20 \times 6)/24}{80} \times 100 = 50[\%]$

★★
27 고조파 장애대책 5가지를 쓰시오.

해답 (1) 필터를 설치한다.
(2) 리액터를 설치한다.
(3) 계통을 분리(절체)한다.
(4) 단락용량을 크게 한다.
(5) PWM 방식을 적용한다.

★
28 특고압에서 차단기(CB)와 비교 시 전력퓨즈(PF)의 특징 5가지를 쓰시오.

해답 (1) 차단용량이 크다.
(2) 보수가 용이하다.
(3) 경량이고, 가격이 싸다.
(4) 재투입이 불가능하다.
(5) 과도전류 시 용단될 수 있다.

29 다음 그림은 22.9[kV-Y], 1,000[kVA] 이하에 시설하는 간이수전설비 결선도이다. 다음 물음에 답하시오.

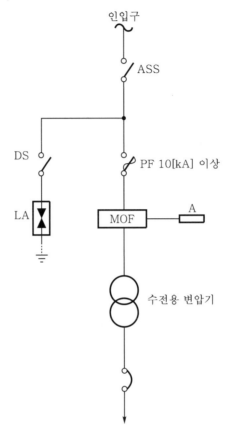

[조건]

- LA용 DS는 생략이 가능하며, 22.9[kV-Y]용 LA는 Disconnector 붙임용 피뢰기를 사용하여야 한다.
- 인입선을 지중선으로 시설하는 경우로서 사고 시 정전 피해가 큰 수전설비 인입선은 예비선을 포함하여 2회선으로 시설하는 것이 바람직하다.
- 지중 인입선의 경우 22.9[kV-Y] 계통은 CNCV-W cable(수분침투방지형) 또는 TR-CNCV-W cable(트리 억제형)을 사용한다.
- 덕트, 전력구, 공동구, 건물 구내 등 화재 우려가 있는 곳에서는 FR-CNCO-W cable (난연)을 사용하는 것이 바람직하다.
- 300[kVA] 이하인 경우 PF 대신 COS를 사용할 수 있다.
- 특고압 간이수전설비는 PF의 용단 등에 의한 결상사고에 대한 대책이 없으므로 변압기 2차측에 설치되는 주차단기에는 결상계전기 등을 설치하여 사고에 대한 보호능력이 있도록 하는 것이 바람직하다.

(1) 덕트, 전력구, 공동구, 건물 구내 등 화재 우려가 있는 곳에서는 어떤 케이블을 사용하여 시설하는 것이 바람직한가?

(2) LA용 DS는 생략이 가능하며 22.9[kV-Y]용 LA는 어떤 타입을 사용하는가?

(3) ASS의 명칭을 쓰시오.

(4) 인입선을 지중선으로 하는 경우 공동주택 등 고장 시 정전 피해가 큰 경우에는 예비 지중선을 포함한 몇 회선으로 시설하는 것이 좋은가?

(5) PF의 역할은?

(6) A의 명칭은?

해답 (1) FR-CNCO-W cable

(2) Disconnector 붙임용 피뢰기를 사용

(3) 자동고장구분개폐기(ASS)

(4) 2회선

(5) 전로의 단락보호 및 후비보호, 기기의 단락보호용으로 사용

(6) 전력량계

30 부하설비 수용률이 그림과 같다. 이 부하설비에 공급할 변압기(Tr)의 용량을 계산하여 표준용량으로 나타내시오. (단, 종합 역률은 80[%], 부등률은 1.20이다.)

변압기의 표준용량[kVA]				
75	100	150	200	250

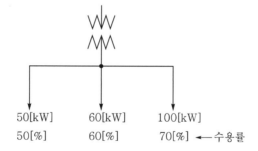

50[kW] 60[kW] 100[kW]
50[%]   60[%]   70[%] ← 수용률

해답 변압기의 용량 $P = \dfrac{\text{합성 최대전력} \times \text{수용률}}{\text{역률}}$

부하가 여러 개일 때 변압기의 용량 $P = \dfrac{\text{합성 최대전력} \times \text{수용률}}{\text{역률} \times \text{부등률}}$

$$= \frac{50 \times 0.5 + 60 \times 0.6 + 100 \times 0.7}{0.8 \times 1.2}$$

$$\fallingdotseq 136.45[kVA]$$

∴ 변압기의 표준용량은 150[kVA]을 선정한다.

31 자가용 수 · 변전설비에서 고장전류의 계산 목적을 3가지만 서술하시오.

> **해답** (1) 차단기의 차단용량을 결정하기 위해
> (2) 전력기기의 정격 및 기계적 강도를 결정하기 위해
> (3) 보호계전기의 계전방식 및 동작 정정치를 정하기 위해

32 100/5인 변류기 1차에 100[A]가 흐를 때 변류기 2차에 4.9[A]가 흐른다. CT의 비오차를 구하시오.

> **해답** 비오차는 공칭 변류비와 실제 변류비의 오차가 있어서 발생하는 오차이다.
> $$비오차 = \frac{공칭\ 변류비 - 실제\ 변류비}{실제\ 변류비} \times 100$$
> $$= \frac{0.05 - 0.049}{0.049} \times 100 ≒ 2.04[\%]$$
> ∴ 비오차는 2[%]이다.

33 부하의 역률을 개선하기 위하여 전력용 콘덴서를 사용하여 지상분을 보상, 역률을 개선하게 된다. 다음 물음에 답하시오.
(1) 역률 과보상 시 문제점에 대해서 3가지만 나열하시오.
(2) 진상, 지상 역률에 대해 설명하시오. (단, 전압과 전류의 위상을 포함하여 설명하시오.)

> **해답** (1) 역률 과보상 시 문제점
> ① 계전기의 오동작
> ② 전력손실의 증가
> ③ 고조파의 왜곡 증대
> (2) 진상, 지상 역률
> ① 진상 역률 : 전류의 위상이 전압의 위상보다 앞서게 되며, 이때의 역률을 진상 역률이라 하고 콘덴서(C)의 회로가 된다.

[C회로의 전압−전류 벡터도]

② 지상 역률 : 전류의 위상이 전압의 위상보다 뒤지게 되며, 이때의 역률을 지상 역률이라 하고 인덕터(L)의 회로가 된다.

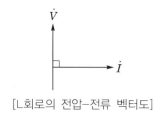

[L회로의 전압–전류 벡터도]

★ 34 대용량 변압기의 내부 고장을 보호할 수 있는 보호장치를 3가지만 쓰시오.

해답 ☑ (1) 부흐홀츠계전기
(2) 압력계전기
(3) 비율차동계전기

★ 35 다음은 개폐기의 종류를 나열한 것이다. 기기의 특징에 알맞은 명칭을 빈칸에 서술하시오.

구 분	명 칭	특 징
(1)		• 전로의 접속을 바꾸거나 끊는 목적으로 사용 • 전류의 차단능력 없음 • 무전류 상태에서 전로 개폐 • 변압기, 차단기 등의 보수점검을 위한 회로 분리용 및 전력계통 변환을 위한 회로 분리용으로 사용
(2)		• 평상시 부하전류의 개폐는 가능하나 이상 시(과부하, 단락) 보호기능은 없음 • 개폐 빈도가 적은 부하의 개폐용 스위치로 사용 • 전력 Fuse와 사용 시 결상 방지 목적으로 사용
(3)		• 평상시 부하전류 혹은 과부하 전류까지 안전하게 개폐 • 부하의 개폐·제어가 주목적이고, 개폐 빈도가 많음 • 부하의 조작, 제어용 스위치로 이용 • 전력 Fuse와의 조합에 의해 Combination switch로 널리 사용
(4)		• 평상시 전류 및 사고 시 대전류를 지장없이 개폐 • 회로 보호가 주목적이며 기구, 제어회로가 Tripping 우선으로 되어 있음 • 주회로 보호용 사용
(5)		• 일정치 이상의 과부하 전류에서 단락전류까지 대전류 차단 • 전로의 개폐능력 없음 • 고압 개폐기와 조합하여 사용

해답 (1) 단로기
(2) 부하 개폐기
(3) 전자 접촉기
(4) 차단기
(5) 전력퓨즈

36 3상 4선식 22.9[kV] 수전설비의 부하전류가 30[A]이다. 60/5[A]의 변류기를 통하여 과전류 계전기를 시설하였다. 120[%]의 과부하에서 차단시키려면 트립 전류치를 몇 [A]로 설정하여야 하는지 구하시오.

해답 트립 전류(I_{Tap})

$$I_{\mathrm{Tap}} = 최대부하전류 \times \frac{1}{변류비} \times 과부하 비율$$

$$= 30 \times \frac{1}{\frac{60}{5}} \times 1.2 = 3[A]$$

CHAPTER

03

동력(전력)설비

01 보호계전기

02 차단기(CB ; Circuit Breaker)

03 전선의 종류

04 전기설비

출제경향

- ☑ 계전기의 종류 및 용도에 관한 문제가 출제된다.
- ☑ 차단기 용량에 대한 문제가 출제된다.
- ☑ 전선의 특징에 대한 문제가 출제된다.

03 동력(전력)설비

학습 TIP ● 여러 계전기의 종류, 각 계전기들의 시한특성과 차단기의 용량 계산

기출 keyword ● 보호계전기, 선택 지락 계전기, 정격차단용량

이론 pick Up

01 보호계전기

1 구비조건

① 감도가 예민할 것
② 경제성이 있을 것
③ 후비성이 있을 것
④ 견고할 것
⑤ 시한특성이 있을 것

* 보호계전기의 종류는 최근
출제된 내용으로 꼭 이해
하세요!

핵심 Up
주요 계전기의 종류
• OCR
• OVR
• OCGR
• OVGR

2 보호계전기의 종류

(1) 과전류 계전기(OCR)
　① 보통 변류기(CT)의 2차측에 접속한다.
　② 일정 전류 이상이 되면 동작하여 설비계통을 보호한다.

(2) 과전압 계전기(OVR)
　① 계기용 변압기의 2차 정격전압 130[%] 정도에서 동작한다.
　② 일정 전압 이상이 되면 동작하여 설비계통을 보호한다.

(3) 지락 과전류 계전기(OCGR)
　지락사고 시 발생하는 전류가 일정 전류 이상이 되면 동작하여 차단기가 동작한다.

(4) 지락 과전압 계전기(OVGR)
　지락사고 시 발생하는 전압이 일정 전압 이상이 되면 동작하여 차단기가 동작한다.

(5) 부족전압 계전기(UVR)

① 전압강하가 발생 시 계기용 변압기 2차측 전압 80[%] 정도에서 동작한다.

② 일정 전압 이하가 되면 동작하여 설비계통을 보호한다.

(6) 차동 계전기(DFR)

입력과 출력의 차이가 일정 값 이상일 때 동작하는 계전기이다.

(7) 부흐홀츠계전기

① 콘서베이터와 주탱크 사이에 설치하여 변압기를 보호한다.

② 아크 발생 시 생기는 수소(H_2)가스를 검출한다.

(8) 선택 지락 계전기(SGR)

① 비접지 계통의 전류제한저항(CLR)과 병렬로 연결한다.

② ZCT 영상전류가 감지되면 SGR에서 지락이 검출된 선로만 선택하여 분리시킬 목적으로 사용한다.

* 선택 지락 계전기는 최근 출제 내용으로 꼭 이해하세요!

🔼 핵심 Up

전류제한저항기(CLR)
• 3고조파를 억제한다.
• 계통을 안정화한다.
• SGR을 동작시키는 데 필요한 유효전류를 공급한다.

📖 용어 Up

CLR
Current-Limitting Registor

3 주요 계전기의 고유번호

고유번호	계전기 명칭
27	부족전압 계전기
37	부족전류 계전기
44	거리계전기
49	온도계전기
51	과전류 계전기
59	과전압 계전기
64	지락 과전압 계전기
67	지락 방향 계전기
87	전류 차동 계전기
96-1	부흐홀츠계전기

4 시한특성에 의한 분류

(1) 정한시성 계전기

일정 전류 이상이며 일정 시간이 지나면 동작하는 계전기를 말한다.

(2) 순한시성 계전기

① 고장 발생 시 바로 동작한다.

② 고속도 계전기이다.

이론 pick Up

🏠 핵심 Up

계전기 시한특성
• 순한시
• 정한시
• 반한시
• 반한시–정한시

(3) 반한시성 계전기
① 동작전류가 작으면 동작시간이 길다.
② 동작전류가 클 때는 동작시간이 짧아지므로 반비례와 같이 동작함을 알 수 있다.

(4) 반한시 – 정한시성 계전기
① 동작전류가 작을 때는 반한성 계전기로 동작한다.
② 동작전류가 커져서 어느 일정 상태를 넘어가게 되면 정한시성 계전기로 동작한다.

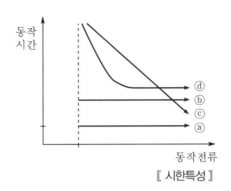

ⓐ 순한시 특성
ⓑ 정한시 특성
ⓒ 반한시성 특성
ⓓ 반한시성 정한시 특성

[시한특성]

02 차단기(CB ; Circuit Breaker)

정상상태의 전로에 과부하나 단락사고 등이 발생 시 신속히 회로를 차단하여 전로나 기기를 보호한다.

1 소호 매질에 따른 분류

(1) 유입 차단기(OCB)
① 옥내 사용을 금지(화재 우려)한다.
② 소호 매질로 절연유를 이용하여 아크를 차단한다.

(2) 진공 차단기(VCB)
① 주파수의 영향을 받지 않으며 소형, 경량이다.
② 소호 매질로 진공상태를 이용하여 아크를 차단한다.

(3) 공기 차단기(ABB)
① 차단 시 소음이 커서 요즘은 사용하지 않는다.
② 소호 매질로 압축공기(10기압 이상)를 이용하여 아크를 차단한다.

(4) 기중 차단기(ACB)

① 저압용 차단기이다.

② 소호 매질로 대기 중 공기를 이용하여 아크를 차단한다.

(5) 가스 차단기(GCB)

① 밀폐구조이다.

② 소음이 적다.

③ 절연내력이 우수하다.

④ 소호 매질로 가스(SF_6)를 이용하여 아크를 차단한다.

⑤ SF_6의 특징

　㉠ 무색, 무취, 무해성

　㉡ 절연내력이 공기의 약 2~3배 정도이다.

　㉢ 소호 능력은 공기의 약 100~200배 정도이다.

2 정격차단용량 · 차단시간

(1) 정격차단용량

① $P_s = \sqrt{3} \times 정격전압 \times 정격차단전류 \times 10^{-6} [\text{MVA}]$

② 단락전류 · 단락용량 · 차단기 용량의 비교

　㉠ 단락전류

　　• 단상 단락전류 $I_s = \dfrac{100}{\%Z} I = \dfrac{100}{\%Z} \dfrac{P}{V} [\text{A}]$

　　• 3상 단락전류 $I_s = \dfrac{100}{\%Z} I = \dfrac{100}{\%Z} \dfrac{P}{\sqrt{3}\,V} [\text{A}]$

　㉡ 단락용량

　　• 단상 단락용량 $P_s = EI_s = \dfrac{100}{\%Z} P_n [\text{VA}]$

　　• 3상 단락용량 $P_s = 3EI_s = \dfrac{100}{\%Z} P_n [\text{VA}]$

　㉢ 차단기 용량

　　• 단상 차단기 용량 $P_s = 정격전압 \times 정격차단전류 \times 10^{-6} [\text{MVA}]$

　　• 3상 차단기 용량 $P_s = \sqrt{3}\,정격전압 \times 정격차단전류 \times 10^{-6} [\text{MVA}]$

---

* 정격차단용량과 차단시간은 최근 출제된 내용으로 꼭 이해하세요!

핵심 Up

$P_s = \dfrac{100}{\%Z} P_n$

핵심 Up

차단기 용량의 선정이 어려울 때는 단락용량을 구해서 대체를 하면 된다.

• 차단기 용량 ≥ 단락용량

(2) 정격차단시간
① 트립 코일이 여자된 후부터 아크가 소호될 때까지의 시간을 의미한다.
② 정격차단시간 = 아크시간 + 개극시간

핵심 pick

CB/DS의 동작 순서

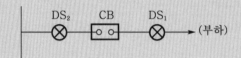

1. 급전(투입) 시 : DS₁ → DS₂ → CB
2. 정전(차단) 시 : CB → DS₁ → DS₂
   (단, 단로기(DS), 차단기(CB))

03 전선의 종류

1 전선의 구비조건 꼭!암기

① 허용전류가 클 것
② 도전율이 클 것
③ 가선공사가 쉬울 것
④ 가격이 저렴할 것
⑤ 비중이 작을 것

핵심 Up
허용전류 감소계수(K)
$$K = \sqrt{\dfrac{\text{절연물의 최고허용온도} - \text{주위온도}}{\text{주위온도}}}$$

2 전선의 경제적인 굵기 선정

켈빈의 법칙을 활용한다.
① 전압강하
② 허용전류
③ 기계적 강도

3 전선의 접속 시 주의사항

① 접속 부분의 전기저항을 증가시키지 않도록 할 것
② 인장강도는 80[%] 이상 유지할 것
③ 접속 부분은 접속기구를 사용할 것
④ 충분한 절연내력을 유지할 것

4 전선의 종류

(1) 나전선

① 도체에 절연을 하지 않은 즉, 피복이 없는 전선으로 주로 송전선로에 이용된다.
② 종류 : 경동선, 연동선, 아연도금 철선, 강심알루미늄 연선(ACSR) 등이 있다.

> **넓게 보기**
>
> ACSR
> 1. 경동선과 ACSR
>
> | 구 분 | 비 중 | 직 경 | 기계적 강도 | 도전율 |
> |---|---|---|---|---|
> | 경동선 | 1 | 1 | 1 | 약 97[%] |
> | ACSR | 0.8 | 1.4 ~ 1.6 | 1.5 ~ 2.0 | 약 61[%] |
>
> 2. ACSR
> ① 보통은 송전선로에 쓰인다.
> ② 스틸과 알루미늄을 꼬아서 만든다.
> ③ 기계적 강도가 매우 크다.
> ④ 가벼워서 진동이 발생할 우려가 있다(진동의 대책으로 댐퍼, 아머로드를 이용).

* 도전율은 클수록 좋고, 비중은 작을수록 가벼워서 좋은 의미로 볼 수 있다.

(2) 절연전선

① 도체에 절연을 한 전선으로 주로 배전선로에 이용된다.
② 종류 : OW전선(옥외용 비닐전선), DV전선(인입용 비닐전선) 등이 있다.

(3) 케이블

① 절연 성능이 매우 우수하고 주로 지중전선로에 이용된다.
② 종류 : 고무절연비닐시스 케이블(RV), 비닐절연비닐시스 케이블(VV), 부틸고무절연비닐시스 케이블(BV), 폴리에틸렌절연비닐시스 케이블(EV), 가교폴리에틸렌절연비닐시스 케이블(CV), 제어용 비닐절연비닐시스 케이블(CVV), 동심 중성선 케이블(CN-CV 케이블)

③ 케이블의 전기적인 손실

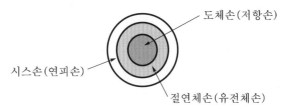

[케이블의 손실]

핵심 Up
- 줄열은 저항에 전류가 흘러서 발생하는 열이다.
- 고유저항 ρ, 도전율 σ 관계
$$\rho = \frac{1}{\sigma}$$

㉠ 도체손(저항손)
  - 줄열(I^2R)에 의한 손실이다.
    - 손실 : $P_l = I^2R\left(R = \rho\frac{l}{A}[\Omega]\right)$
    $$= \rho\frac{l}{A}I^2$$
    - 고유저항 : $\rho = \frac{1}{58} \times \frac{100}{\sigma}$
    - 연동선(구리)의 도전율(σ) : 100[%]
    - 경동선(구리+주석)의 도전율(σ) : 97[%]
    - 알루미늄선의 도전율(σ) : 61[%]
  - 도체에서는 저항손, 전기기기에서는 동손이라 한다.
  - 저감대책
    - 도전율이 큰 도체
    - 면적이 큰 도체
    - 길이가 짧은 도체

㉡ 유전체손(절연체손, P_c)
  - $P_c = \omega CE^2\tan\delta$
  - 직류($f = 0$)를 가하면 $P_c = 0$이 된다.

㉢ 연피손
  - 케이블에 교류가 흐르면 전자유도에 의해 발생한다.
  - 전자유도에 의해 시스에 와전류가 흘러 발생하는 손실을 말한다.

04 전기설비

1 단상 3선식

(1) 회로도

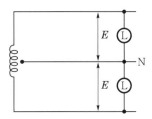

(2) 특징

① 1선당 공급전력이 1.33배 증가(단상 2선식과 비교 시)한다.

② 중량비(전선 소요량) $\dfrac{3}{8}$ = 0.375 감소(단상 2선식과 비교 시)한다.

③ 2차측 개폐기는 동시동작을 한다.

④ 2종류의 전압을 사용할 수 있다.

⑤ 효율이 좋다(단상 2선식과 비교 시).

⑥ 2차측 중성선은 접지공사를 한다.

⑦ 2차측 중성선은 퓨즈를 연결하지 않는다.

⑧ 부하 불평형 시 불평형에 의한 손실이 크다.

⑨ 중성선 단선으로 인한 불평형 상태를 방지하기 위해 저압 밸런서를 설치한다.

2 단상 2선식과 각 공급방식에 따른 1선당 공급전력의 비교

① 단상 2선식의 1선당 공급전력

$$P_1{}' = \frac{P}{2} = \frac{VI\cos\theta}{2} = 0.5\,VI$$

② 단상 3선식의 1선당 공급전력

$$P_2{}' = \frac{P}{3} = \frac{2\,VI\cos\theta}{3} = 0.67\,VI, \quad \frac{P_2{}'}{P_1{}'} = \frac{0.67\,VI}{0.5\,VI} = 1.33$$

③ 3상 3선식의 1선당 공급전력

$$P_3{}' = \frac{P}{3} = \frac{\sqrt{3}\,VI\cos\theta}{3} = 0.57\,VI, \quad \frac{P_3{}'}{P_1{}'} = \frac{0.57\,VI}{0.5\,VI} = 1.15$$

④ 3상 4선식의 1선당 공급전력

$$P_4{}' = \frac{P}{4} = \frac{3\,VI\cos\theta}{4} = 0.75\,VI, \quad \frac{P_4{}'}{P_1{}'} = \frac{0.75\,VI}{0.5\,VI} = 1.5$$

넓게 보기

전압 공급방식에 따른 비교

구 분	가닥수	공급전력	1선당 공급전력		중량비	
단상 2선식	2	$VI\cos\theta$	$0.5\,VI$	1	1	24
단상 3선식	3	$2\,VI\cos\theta$	$0.67\,VI$	1.33	3/8	9
3상 3선식	3	$\sqrt{3}\,VI\cos\theta$	$0.57\,VI$	1.15	3/4	18
3상 4선식	4	$3\,VI\cos\theta$	$0.75\,VI$	1.5	1/3	8

3 공급방식 회로도

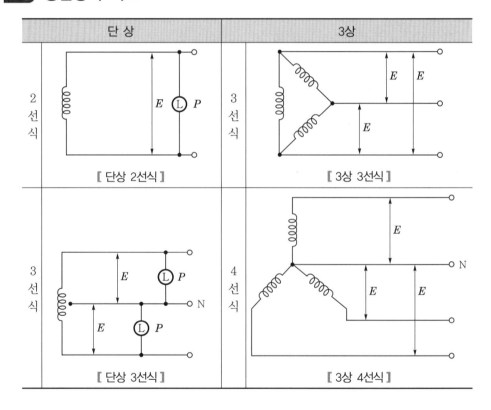

단 상	3상
2선식 [단상 2선식]	3선식 [3상 3선식]
3선식 [단상 3선식]	4선식 [3상 4선식]

4 설비 불평형률

(1) 단상 3선식 꼭!알기

설비 불평형률

$$= \frac{\text{중성선과 각 전압측 전선 간에 접속되는 부하설비 용량[kVA]의 차}}{\text{총 부하설비 용량[kVA]의 } \frac{1}{2}} \times 100$$

(2) 3상 3선식 · 3상 4선식의 설비 불평형률 👆꼭!암기

① 설비 불평형률

$$= \frac{\text{각 선간에 접속되는 단상 부하 총 설비용량[kVA]의 최대와 최소의 차}}{\text{총 부하설비 용량[kVA]의 } \frac{1}{3}} \times 100$$

🏠 핵심 Up
3상 3선식, 3상 4선식
30[%] 이하일 것

② 불평형률은 30[%] 이하여야 하나 다음에 해당하는 경우는 예외로 규정하고 있다.

ㄱ 특고압 수전에서 100[kVA] 이하의 단상 변압기 2대로 V결선 시

ㄴ 고압 및 특고압 수전하는 경우 단상 부하용량의 최대와 최소의 차가 100[kVA] 이하인 경우

ㄷ 고압 및 특고압 수전하는 경우 100[kVA] 이하의 단상 부하인 경우

ㄹ 저압 수전인 경우 전용 변압기로 수전하는 경우

📈 실전 Up 문제

01 설비 불평형률에 대한 다음 각 물음에 답하시오. (단, 전동기의 출력[kW]을 입력[kVA]으로 환산하면 5.2[kVA]이다.)

(1) 저압, 고압 및 특고압 수전의 3상 3선식 또는 3상 4선식에서 불평형 부하의 한도는 단상 부하로 계산하여 설비 불평형률은 몇 [%] 이하로 하는 것을 원칙으로 하는가?

(2) 다음 그림과 같은 3상 3선식 440[V] 수전인 경우 설비 불평형률을 구하시오. (단, Ⓗ : 전열부하, Ⓜ : 동력부하)

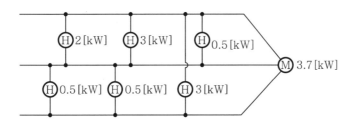

해답 (1) 30[%] 이하를 원칙으로 한다.

(2) 설비 불평형률

$$= \frac{\text{각 선간에 접속되는 단상 부하 총 설비용량[kVA]의 최대와 최소의 차}}{\text{총 부하설비 용량[kVA]의 } \frac{1}{3}} \times 100$$

$$= \frac{(2+3+0.5)-(0.5+0.5)}{(2+3+0.5+0.5+0.5+3+5.2)} \times 100 = 91.83[\%]$$

5 전압강하와 단면적

여기서, e : 전압강하[V], A : 단면적[mm^2], L : 선로의 길이[m], I : 전류[A]

(1) 단상 3선식, 3상 4선식 👆꼭!암기

① 전압강하 : $e = \dfrac{17.8LI}{1,000A}$

② 단면적 : $A = \dfrac{17.8LI}{1,000e}$

(2) 단상 2선식

① 전압강하 : $e = \dfrac{35.6LI}{1,000A}$

② 단면적 : $A = \dfrac{35.6LI}{1,000e}$

(3) 3상 3선식

① 전압강하 : $e = \dfrac{30.8LI}{1,000A}$

② 단면적 : $A = \dfrac{30.8LI}{1,000e}$

기출 · 예상문제

01 사무실로 사용하는 건물에 단상 3선식 110/220[V]를 채용하고 변압기가 설치된 수전실에서 50[m] 되는 곳의 부하를 [부하 집계표]와 같이 배분하는 분전반을 시설하고자 한다. 주어진 조건을 이용하여 다음 각 물음에 답하시오. (단, 전압강하는 3[%] 이하로 한다.)

[부하 집계표]

회로번호	부하 명칭	총 부하 [VA]	부하분담[VA]	
			A선	B선
1	전등	2,800	1,400	1,400
2	〃	3,000	1,500	1,500
3	콘센트	700	–	700
4	〃	1,000	–	1,000
5	〃	1,200	1,200	–
6	〃	1,500	1,500	–
7	팬코일	900	900	–
8	〃	700	–	700
합 계		11,800	6,500	5,300

[후강 전선관 굵기 선정]

도체 단면적 [mm²]	전선 본수					
	1	2	3	4	5	6
	전선관의 최소 굵기[mm]					
2.5	16	16	16	16	22	22
4	16	16	16	22	22	22
6	16	16	22	22	22	28
10	16	22	22	28	28	36
16	16	22	28	28	36	36
25	22	28	28	36	36	42
35	22	28	36	42	54	54

(1) 설비 불평형률은 몇 [%]가 되겠는가?

(2) 간선으로 사용하는 전선(동도체)의 단면적은 몇 [mm²]인가?

해답 (1) 설비 불평형률

$$= \frac{\text{중성선과 각 전압측 전선 간에 접속되는 부하설비 용량[kVA]의 차}}{\text{총 부하설비 용량[kVA]의 } \frac{1}{2}} \times 100$$

$$= \frac{3,600 - 2,400}{(6,500 + 5,300) \times \frac{1}{2}} \times 100 = 18.64[\%]$$

(2) 단면적(A)

① $A = \dfrac{17.8LI}{1,000e}$ (단상 3선식)

② A선 전류 $I_A = \dfrac{1,200 + 1,500 + 900}{110} + \dfrac{3,000 + 2,800}{220} = 59.09[\text{A}]$

③ B선 전류 $I_B = \dfrac{700 + 1,000 + 700}{110} + \dfrac{3,000 + 2,800}{220} = 48.19[\text{A}]$

④ 단면적(A)을 구하고자 할 때 큰 전류를 이용하여 구한다.

$\therefore A = \dfrac{17.8LI}{1,000e} = \dfrac{17.8 \times 50 \times 59.09}{1,000 \times 110 \times 0.03} = 15.94[\text{mm}^2]$이며 표 [후강 전선관 굵기 선정]

을 참조하여 A는 16[mm²]로 한다.

★★
02 그림과 같은 단상 3선식 수전인 경우 2차측이 폐로되어 있다고 할 때 다음 물음에
답하시오.

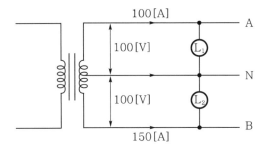

(1) 설비 불평형률은 몇 [%]인가?
(2) 중성선에서 단선사고가 발생했을 때 각각의 램프에 인가되는 전압은?

해답 (1) 설비 불평형률

$$= \frac{\text{중성선과 각 전압측 전선 간에 접속되는 부하설비 용량[kVA]의 차}}{\text{총 부하설비 용량[kVA]의 } \frac{1}{2}} \times 100$$

$$= \frac{100 \times (150 - 100)}{100 \times (100 + 150) \times \frac{1}{2}} \times 100 = 40[\%]$$

(2) 램프 인가전압(전력) $V_1(P_1)$, $V_2(P_2)$
분배전압은 저항에는 비례, 전력에는 반비례하여 분배된다.

$$① \quad V_1 = \frac{P_2}{P_1 + P_2}\,V = \frac{15,000}{10,000 + 15,000} \times 200 = 120\,[\text{V}]$$

$$② \quad V_2 = \frac{P_1}{P_1 + P_2}\,V = \frac{10,000}{10,000 + 15,000} \times 200 = 80\,[\text{V}]$$

★★
03 공장 구내 사무실 건물에 110/220[V] 단상 3선식을 채용하고, 공장 구내 변압기가 설치된 변전실에서 60[m] 되는 곳의 부하를 아래 표 [부하 집계표]와 같이 배분하는 분전반을 시설하고자 한다. 이 건물의 전기설비에 대하여 다음의 허용 전류표를 참고로 하여 다음 물음에 답하시오. (단, 전압강하는 2[%] 이하로 하여야 하고, 전선관에 전선 3본 이하를 수용하는 경우 내 단면적의 48[%] 이내로 하며, 간선의 수용률은 100[%]로 한다.)

[부하 집계표]

회로 번호	부하 명칭	총 부하 [VA]	부하분담[VA]		NFB 크기			비 고
			A선	B선	극수	AF	AT	
1	백열등	2,460	2,460	—	1	30	15	
2	형광등	1,960	—	1,960	1	30	15	
3	전열	2,000	2,000(AB간)		2	50	20	
4	팬코일	1,000	1,000(AB간)		2	30	15	
합계	—	7,420	—	—	—	—	—	

[전선의 단면적(피복 절연물을 포함)]

도체 단면적 [mm²]	절연체 두께 [mm]	평균 완성 바깥지름 [mm]	전선의 단면적 [mm²]
2.5	0.8	4.0	13
4	0.8	4.6	17
6	0.8	5.2	21
10	1.0	6.7	35
16	1.0	7.8	48
25	1.2	9.7	74
35	1.2	10.9	93
50	1.4	12.8	128
70	1.4	14.6	167
95	1.6	17.1	230
120	1.6	18.8	277
150	1.8	20.9	343

[전압강하 및 전선 단면적을 구하는 공식]

전기방식	전압강하	전선 단면적
단상 2선식 및 직류 2선식	$e = \dfrac{35.6LI}{1,000A}$	$A = \dfrac{35.6LI}{1,000e}$
단상 3선식 · 직류 3선식 · 3상 4선식	$e = \dfrac{17.8LI}{1,000A}$	$A = \dfrac{17.8LI}{1,000e}$

(1) 간선의 굵기를 산정하시오.

(2) 부하 집계표에 의한 설비 불평형률을 계산하시오.

(3) 분전반의 복선 결선도를 작성하시오.

해답 (1) 간선의 굵기(A)

① A선 전류 $I_A = \dfrac{2,460}{110} + \dfrac{2,000+1,000}{220} = 36[\text{A}]$

② B선 전류 $I_B = \dfrac{1,960}{110} + \dfrac{2,000+1,000}{220} ≒ 31[\text{A}]$

③ 전압강하 $e = 110 \times 0.02 = 2.2[\text{V}]$

④ $A = \dfrac{17.8LI}{1,000e} = \dfrac{17.8 \times 60 \times 36}{1,000 \times 2.2} = 17.48[\text{mm}^2]$

∴ 표 [전선의 단면적]에서 25[mm²] 선정한다.

(2) 설비 불평형률 $= \dfrac{2,460 - 1,960}{7,420 \times \dfrac{1}{2}} \times 100 ≒ 13.48[\%]$

(3) 복선 결선도

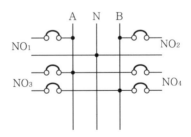

04 사무실로 사용하는 건물에 110/220[V], 단상 3선식을 채용하고, 변압기가 설치된 수전실로부터 50[m] 되는 곳의 부하를 다음 표와 같이 배분하는 분전반을 시설하고자 한다. 다음 조건을 이용하여 물음에 답하시오.

[조건]

• 전압 강하율 2[%] 이하가 되도록 하고, 배선공사는 B1 공사방법으로 할 것

• 3선 모두 같은 전선으로서 450/750[V] 일반용 단심 PVC 절연전선으로 할 것

• 부하의 수용률은 100[%]로 적용할 것

• 후강 전선관 내 전선의 점유율은 60[%] 이내를 유지할 것

[부하 집계표]

번 호	부하 명칭	부하[VA]	부하분담[VA]	
			A	B
1	전등	3,500	1,750	1,750
2	〃	2,400	1,200	1,200
3	콘센트	1,500	1,500	—
4	〃	1,400	1,400	—
5	〃	600	—	600
6	〃	1,500	—	1,500
7	팬코일	900	900	—
8	팬코일	900	—	900
합 계		12,700	6,750	5,950

[전선의 단면적]

도체 단면적[mm²]	절연체 두께[mm]	평균 완성 바깥지름[mm]	전선의 단면적[mm²]
6	0.8	5.2	21
10	1.0	6.7	35
16	1.0	7.8	48
25	1.2	9.7	74
35	1.2	10.9	93

(1) 설비 불평형률은?

(2) 간선으로 사용하는 전선의 굵기는 몇 [mm²]인가?

(3) 분전반의 복선 결선도를 완성하시오.

해답 (1) 설비 불평형률 $= \dfrac{3{,}800 - 3{,}000}{12{,}700 \times \dfrac{1}{2}} \times 100 ≒ 12.6[\%]$

(2) 전선의 굵기(A)

① $I_A = \dfrac{1{,}500 + 1{,}400 + 900}{110} + \dfrac{3{,}500 + 2{,}400}{220} = 61.36[\text{A}]$

② $I_B = \dfrac{600 + 1{,}500 + 900}{110} + \dfrac{3{,}500 + 2{,}400}{220} = 54.09[\text{A}]$

③ 61.36[A] 기준으로 A를 구하면 $A = \dfrac{17.8LI}{1{,}000e} = \dfrac{17.8 \times 50 \times 61.36}{1{,}000 \times 2.2} = 24.82[\text{mm}^2]$

∴ 25[mm²]를 선정한다.

(3) 복선 결선도

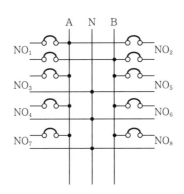

★★
05 **불평형 부하의 제한에 관련된 다음 물음에 답하시오.**

(1) 저압, 고압 및 특고압 수전의 3상 3선식 또는 3상 4선식에서 불평형 부하의 한도는 단상 접속 부하로 계산하여 설비 불평형률을 몇 [%] 이하로 하는 것을 원칙으로 하는가?

(2) 부하설비가 그림과 같을 때 설비 불평형률은 몇 [%]인가?
(단, Ⓗ는 전열기 부하이고, Ⓜ은 전동기 부하이다.)

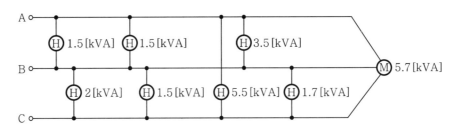

해답 (1) 3상 3선식 또는 3상 4선식에서 불평형 부하의 한도는 단상 접속 부하로 계산하여 설비 불평형률을 30[%] 이하로 하는 것을 원칙으로 한다.

(2) 설비 불평형률

$$= \frac{\text{각 선간에 접속되는 단상 부하 총 설비용량[kVA]의 최대와 최소의 차}}{\text{총 부하설비 용량[kVA]의 } \frac{1}{3}}$$

$$= \frac{(1.5+1.5+3.5)-(2+1.5+1.7)}{(1.5+1.5+2+1.5+5.5+1.7+3.5+5.7) \times \frac{1}{3}} \times 100 \fallingdotseq 17.03[\%]$$

★★★
06 **불평형 부하의 제한에 관련된 다음 물음에 답하시오.**

(1) 저압 수전의 단상 3선식에서 중성선과 각 전압측 전선 간의 부하는 불평형 부하를 제한할 때 몇 [%]를 초과하지 않아야 하는가?

(2) 그림과 같은 3상 3선식 380[V] 수전인 경우 설비 불평형률은 몇 [%]인가? (단, Ⓗ는 전열기 부하이고, Ⓜ은 전동기 부하이다.)

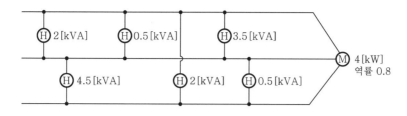

(1) 단상 3선식에서 중성선과 각 전압측 전선 간의 부하는 불평형 부하를 제한할 때 40[%]를 초과하지 않아야 한다.

(2) 설비 불평형률

$$= \frac{\text{각 선간에 접속되는 단상 부하 총 설비용량[kVA]의 최대와 최소의 차}}{\text{총 부하설비 용량[kVA]의 } \frac{1}{3}}$$

$$= \frac{(2+0.5+3.5)-2}{\left(2+4.5+0.5+2+3.5+0.5+\dfrac{4}{0.8}\right)\times\dfrac{1}{3}} \times 100 \fallingdotseq 66.67[\%]$$

07 ★★ 사무실로 사용하는 건물에 단상 3선식 110/220[V]를 채용하고 변압기가 설치된 수전실에서 50[m] 되는 곳의 부하를 [부하 집계표]와 같이 배분하는 분전반을 시설하고자 한다. 주어진 조건과 참고자료를 이용하여 다음 각 물음에 답하시오.

[조건]

• 전선은 XLPE 절연전선으로 하고, 공사방법은 A1으로 한다.

• 전압강하는 3[%] 이하로 한다.

• 부하 집계표는 다음과 같다.

[부하 집계표]

회로번호	부하 명칭	총 부하[VA]	부하분담[VA]		비 고
			A선	B선	
1	전등	2,800	1,400	1,400	
2	〃	3,000	1,500	1,500	
3	콘센트	1,200	1,200	—	
4	〃	1,500	1,500	—	
5	〃	1,000	—	1,000	
6	〃	700	—	700	
7	팬코일	900	900	—	
8	〃	700	—	700	
합 계		11,800	6,500	5,300	

공사방법 A1				공사방법 B1				공사방법 C			
2개선		3개선		2개선		3개선		2개선		3개선	
PVC	XLPE, EPR	PVC	XLPE, EPR	PVC	XLPE, EPR	PVC	XLPE, EPR	PVC	XLPE, EPR	PVC	XLPE, EPR
4	2.5	6	2.5	2.5	2.5	2.5	2.5	2.5	2.5	2.5	2.5
6	4	10	4	4	2.5	6	4	4	2.5	4	2.5
10	6	16	6	6	4	10	6	6	4	6	4
16	10	25	10	10	6	10	10	10	6	10	6
16	10	35	16	16	10	16	10	10	10	16	10
25	16	50	25	16	10	25	16	16	10	16	16
50	25	70	35	25	16	35	25	25	16	35	25
70	35	95	50	35	25	50	35	35	25	50	35

(1) 간선으로 사용하는 전선(동도체)의 단면적은 몇 [mm^2]인가?

(2) 설비 불평형률은 몇 [%]가 되겠는가?

해답 (1) 전선(동도체)의 단면적(A)

① A선 전류 $I_A = \dfrac{(1,200+1,500+900)}{110} + \dfrac{(2,800+3,000)}{220} ≒ 59.09$

② B선 전류 $I_B = \dfrac{(1,000+700+700)}{110} + \dfrac{(2,800+3,000)}{220} ≒ 48.19$

③ 전압강하 $e = 110 \times 0.03 = 3.3[\text{V}]$

∴ 전선의 단면적 $A = \dfrac{17.8LI}{1,000e} = \dfrac{17.8 \times 50 \times 59.09}{1,000 \times 3.3} = 15.94$

$≒ 16[\text{mm}^2]$

(2) 설비 불평형률

$= \dfrac{중성선과 \ 각 \ 전압측 \ 전선 \ 간에 \ 접속되는 \ 부하설비 \ 용량[\text{kVA}]의 \ 차}{총 \ 부하설비 \ 용량[\text{kVA}]의 \ \frac{1}{2}} \times 100$

$= \dfrac{3,600 - 2,400}{11,800 \times \frac{1}{2}} \times 100$

$≒ 20.34[\%]$

08 그림과 같은 100[V], 200[V] 두 종류의 전압을 얻을 수 있는 단상 3선식 회로를 보고 다음 각 물음에 답하시오.

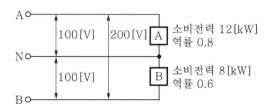

(1) 중성선 N에 흐르는 전류는 몇 [A]인가?

(2) 중성선의 굵기를 결정하는 전류는 몇 [A]인가?

(3) 부하는 저압전동기이다. 이 전동기는 제 몇 종 절연을 하는가? (단, 이 전동기의 허용 온도는 120[℃]라고 한다.)

(4) A전동기의 용량으로 양수를 한다면 양정 10[m], 펌프 효율 80[%] 정도에서 매분당 양수량[m³]은? (단, 여유계수는 1.1로 한다.)

해답 (1) A–N 그리고 B–N 사이에 역률이 다를 때에는 유효분 전류와 무효분 전류를 구분해서 구해야 한다.

$$I_{AN} = \frac{P}{V\cos\theta}(\cos\theta - j\sin\theta) = \frac{12,000}{100 \times 0.8}(0.8 - j0.6) = 120 - j90$$

$$I_{BN} = \frac{P}{V\cos\theta}(\cos\theta - j\sin\theta) = \frac{8,000}{100 \times 0.6}(0.6 - j0.8) = 80 - j106.67$$

∴ 중성선에 흐르는 전류 $I_N = I_{AN} - I_{BN} = 40 + j16.67$이 된다.

중성선에 흐르는 전류의 크기는 $I_N = \sqrt{40^2 + 16.67^2} ≒ 43.33[A]$이다.

(2) I_{AN}과 I_{BN} 중에서 큰 전류를 선택하면 된다.

$$I_{AN} = \sqrt{120^2 + 90^2} = 150[A]$$

$$I_{BN} = \sqrt{80^2 + 106.67^2} = 133[A]$$

∴ 150[A]를 선택한다.

(3) E종

[절연에 따른 최고사용온도]

구 분	Y	A	E	B	F	H	C
최고사용온도[℃]	90	105	120	130	155	180	180 초과

(4) $P = \frac{QHK}{6.12\eta}[kW]$에서

$$Q = \frac{6.12P\eta}{HK} = \frac{6.12 \times 12 \times 0.8}{10 \times 1.1} ≒ 5.34[m^3]$$

09 다음 단상 3선식 220/440[V] 부하설비에서 공장 구내 변압기가 설치된 변전실로부터 60[m] 되는 지점에 분기회로를 설계하고자 할 때 물음에 답하시오. (단, 전압강하는 2[%]로 하고, 전선관은 후강 전선관으로 한다.)

[부하 집계표]

회로번호	부하 명칭	부하분담[VA]		MCCB 규격		
		A선	B선	극수	AF	AT
No.1	전등	4,920	—	1	50	20
No.2	전등	—	3,920	1	50	20
No.3	팬코일	2,000(AB간)		2	50	20
No.4	팬코일	4,000(AB간)		2	30	15
합 계		14,840		—	—	—

(1) 복선도를 그리시오.
(2) 설비 불평형률을 구하시오.

해답 (1) 복선도

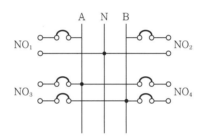

(2) 설비 불평형률

$$= \frac{\text{중성선과 각 전압측 전선 간에 접속되는 부하설비 용량[kVA]의 차}}{\text{총 부하설비 용량[kVA]의 } \frac{1}{2}} \times 100$$

$$= \frac{4,920 - 3,920}{14,840 \times \frac{1}{2}} \times 100 ≒ 13.48[\%]$$

10 배전(수전)방식에 따른 설비 불평형률의 시설기준과 공식을 쓰시오.

(1) 단상 3선식

(2) 3상 3선식, 3상 4선식

해답 (1) 단상 3선식

　① 시설기준 : 불평형률은 40[%] 이하이어야 한다.

　② 공식

　　설비 불평형률

$$= \frac{\text{중성선과 각 전압측 전선 간에 접속되는 부하설비 용량[kVA]의 차}}{\text{총 부하설비 용량[kVA]의 } \frac{1}{2}} \times 100$$

(2) 3상 3선식, 3상 4선식

　① 시설기준 : 불평형률은 30[%] 이하이어야 한다.

　② 공식

　　설비 불평형률

$$= \frac{\text{각 선간에 접속되는 단상 부하 총 설비용량[kVA]의 최대와 최소의 차}}{\text{총 부하설비 용량[kVA]의 } \frac{1}{3}} \times 100$$

11 22.9[kV]/380[V] 변압기에서 용량은 500[kVA], %Z는 5[%]일 때 저압 배선차단기의 차단전류를 구하시오. (단, 정격차단전류는 주어진 값에서 선정하시오.)

정격차단전류[kA]				
5	10	15	20	25

해답 (1) $P_s = \dfrac{100}{\%Z}P_n = \dfrac{100}{5} \times 500 \times 10^3$

(2) 차단기 용량(3상) $P_s = \sqrt{3}$ 정격전압 × 정격차단전류[VA]이므로

　정격차단전류 $I_s = \dfrac{P_s}{\sqrt{3}\,V}$ (또는 $I_s = \dfrac{100}{\%Z}I$[A])

$$= \frac{\dfrac{100}{5} \times 500 \times 10^3}{\sqrt{3} \times 380} \times 10^{-3} ≒ 15.19\,[\text{kA}]$$

　∴ 정격차단전류는 20[kA]이다.

12 ★ 다음 그림은 수전설비의 보호방식이다. 수전용량이 1,500[kVA], 22.9[kV]일 때 다음 물음에 대하여 답하시오. (단, CT비 50/5[A]의 변류기(CT)를 통하여 과전류 계전기를 시설하였다. 이때 150[%]의 과부하 시 차단기가 동작하며, 유도형 OCR(과전류 계전기)의 탭 전류는 다음과 같다.)

탭 전류[A]				
3	4	5	6	8

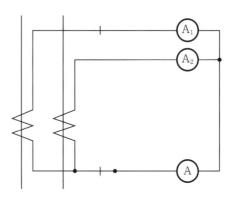

(1) Ⓐ 계전기의 설치목적은?

(2) Ⓐ₁ 계전기의 종류는?

(3) Ⓐ₁ 계전기의 탭 전류는 얼마인가?

해답 ☒ (1) 지락사고 시 영상전류 검출 목적으로 설치한다(OCGR).

(2) 과전류계전기(OCR)

(3) 탭 전류

$$I_{\mathrm{Tap}} = \frac{1}{\mathrm{CT}\text{비}} \times \frac{P}{\sqrt{3}\,V} \times \text{과부하율}$$

$$= \frac{1}{\dfrac{50}{5}} \times \frac{1,500}{\sqrt{3} \times 22.9} \times 1.5$$

$$\fallingdotseq 5.67[\mathrm{A}]$$

∴ 탭 전류는 6[A]로 한다.

13 다음 회로는 비접지 계통의 도면을 나타낸다. 다음 각 물음에 대하여 답하시오.

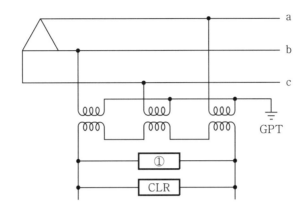

(1) CLR의 용도에 대해서 2가지만 서술하시오.

(2) ①이 나타내는 계전기의 명칭과 목적에 대하여 간략히 서술하시오.

해답 (1) ① 제3고조파 억제

② 계통의 안정화

(2) ① 명칭 : 선택지락계전기(SGR)

② 목적 : 영상전류가 감지되면 SGR에서 지락이 검출된 선로만 선택하여 분리시킬
목적으로 사용된다.

14 다음은 상용주파 스트레스 전압에 관한 설명이다. 다음 각 물음에 대해서 서술하시오.

(1) 상용주파 스트레스 전압이란?

(2) 다음 표에서 ( )의 올바른 답을 서술하시오.

고압 계통에서 지락고장시간(초)	저압설비 내 기기의 허용상용주파 스트레스 전압[V]
> 5	U_0 + (①)
≤ 5	U_0 + (②)

해답 (1) 배전 계통에서 지락고장 시 발생될 수 있는 고장전류에 의해 중성점의 전위 상승이
저압 계통의 도체와 외함 사이의 전위차를 유발한다. 이로 인해 절연이 파괴될 수 있
으며 이때의 상전압을 나타낸다.

(2) ① 250[V]

② 1,200[V]

15 케이블의 전기적인 손실 3가지를 쓰시오.

해답 ☑ (1) 도체손(저항손)
(2) 유전체손(절연체손)
(3) 연피손

16 비접지 전력 계통에 지락사고 발생 시 전류제한저항(CLR)을 사용한다. 다음 물음에 대하여 서술하시오.

(1) 전류제한저항기의 설치위치는?
(2) 전류제한저항기의 설치목적 3가지만 나열하시오.

해답 ☑ (1) 접지형 계기용 변압기(GPT)에 연결된 선택지락계전기(SGR)와 병렬로 결선하여 사용한다.
(2) ① 제3고조파 억제
② 계통의 안정화
③ SGR을 동작시키는 데 필요한 유효전류를 공급함

17 다음 그림은 콘덴서 설비의 단선도이다. 주어진 그림에서 (1)~(5)까지의 기기의 명칭 및 역할을 간략히 서술하시오.

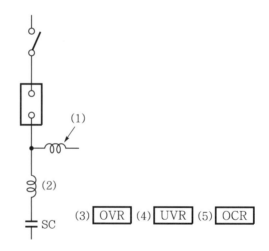

해답 ☑ (1) 방전 코일(DC) : 인체 접촉 시 감전사고 방지를 위해 사용한다.
(2) 직렬리액터(SR) : 제5고조파를 제거하여 파형을 개선한다.
(3) 과전압 계전기(OVR) : 정정값 이상의 전압이 생성 시 차단기 동작을 시킨다.
(4) 부족전압 계전기(UVR) : 정정값보다 낮은 전압이 생성 시 차단기 동작을 시킨다.
(5) 과전류 계전기(OCR) : 정정값보다 큰 전류나 단락전류 발생 시 차단기 동작을 시킨다.

18 콘덴서 회로에서 고조파를 감소시키기 위한 직렬리액터 회로에 대하여 다음 각 물음에 답하시오.

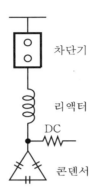

차단기

리액터

DC

콘덴서

(1) 제5고조파를 감소시키기 위한 리액터의 용량은 콘덴서의 몇 [%] 이상이어야 하는지 쓰시오.
(2) 설계 시 주파수 변동이나 경제성을 고려하여 리액터의 용량은 콘덴서의 몇 [%] 정도를 표준으로 하고 있는지 쓰시오.
(3) 제3고조파를 감소시키기 위한 리액터의 용량은 콘덴서의 몇 [%] 이상이어야 하는지 쓰시오.

해답 (1) 제5고조파를 제거하기 위해서는 다음 식이 성립한다.

$5\omega L = \dfrac{1}{5\omega C}$ 이므로 여기서 리액터 용량을 구하면 $\omega L = \dfrac{1}{25\omega C} = 0.04\left(\dfrac{1}{\omega C}\right)$ 이다.

∴ 4[%]가 된다.

(2) 이론상으로는 4[%]지만, 실제로는 6[%]가 된다.

(3) $3\omega L = \dfrac{1}{3\omega C}$ 이므로 $\omega L = \dfrac{1}{9\omega C} = 0.1111\left(\dfrac{1}{\omega C}\right)$ 이다.

∴ 리액터 용량은 11.11[%] 이상이어야 한다.

MEMO

CHAPTER

04

전력변환설비

01 무정전 전원공급장치(UPS)
02 정류회로
03 축전지
04 조명설비

출제경향

☑ 제4장은 중요한 단원으로 시험에 출제될 가능성이 높다.
☑ 내용상으로 난이도가 높지 않기 때문에 점수를 올릴 수 있는 단원이다.

CHAPTER 04

전력변환설비

학습 TIP ● 이 단원은 기술사, 기사, 산업기사, 기능장에 모두 중요한 단원이다.

기출 keyword ● UPS, 정류기, 조도

이론 pick Up

01 무정전 전원공급장치(UPS)

1 UPS 🖑꼭!암기

CVCF(정전압 정주파수 전원장치)에 축전지가 결합된 장치로서 상용전원 이상 시(정전 등) 축전지에 저장된 직류 전원을 인버터를 통하여 교류전원으로 변환하여 부하에 공급하는 장치를 말한다.

2 구성도

(1) 회로도

용어 Up

전원공급장치
• UPS : 무정전 전원공급
  장치
• CVCF : 정전압 정주파
  수 전원공급장치
• VVVF : 가변 전압 가변
  주파수 전원공급장치

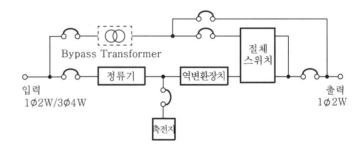

(2) 구성

① 정류기(컨버터) : AC를 DC로 변환한다.

핵심 pick

정류회로 종류

1. 단상 반파 정류회로
2. 단상 전파 정류회로
3. 3상 반파 정류회로
4. 3상 전파 정류회로

② 축전지 : 정류기에 의해 변환된 직류 전원을 저장한다.

③ 역변환장치(인버터) : DC를 AC로 변환하기 위한 역변환장치이다.

④ 절체스위치 : 인버터의 과부하 및 이상 시 예비상용전원으로 절체시키기 위한 스위치이다.

📈 실전 Up 문제

01 다음은 컴퓨터 등의 중요한 부하에 대한 무정전 전원 공급을 위한 그림이다. (1) ~ (5)에 적당한 전기 시설물의 명칭을 쓰시오.

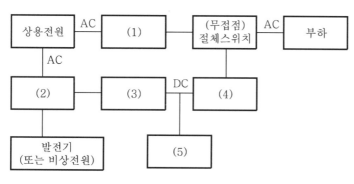

해답 (1) 자동전압조정장치(AVR)
(2) 절체용 개폐기
(3) 정류기
(4) 인버터
(5) 축전지

02 정류회로

1 단상 반파 정류회로

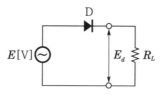

① 직류전압 : $E_d = 0.45E$ 🔑꼭!암기

② 효율 : $\eta = 40.6[\%]$

③ $\text{PIV} = E_m = \sqrt{2}\,E$

여기서, PIV : 최대역내전압[V], E_m : 최댓값[V], E : 실효값[V]

🔼 핵심 Up

다이오드 전압강하 e를 고려한 직류전압
$E_d = 0.45E - e$

2 단상 전파 정류회로

(1) 중간 탭형

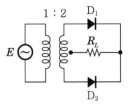

① 직류전압 : $E_d = 0.9E[\text{V}]$ 👉꼭!암기

② 효율 : $\eta = 81.2[\%]$

③ $\text{PIV} = 2E_m = 2\sqrt{2}\,E$

    여기서, PIV : 최대역내전압[V], E_m : 최댓값[V], E : 실효값[V]

(2) 브리지형

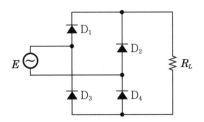

① 직류전압 : $E_d = 0.9E$

② $\text{PIV} = E_m[\text{V}]$

3 3상 정류회로

(1) 3상 반파 정류회로
직류전압 $E_d = 1.17E$

(2) 3상 전파 정류회로
직류전압 $E_d = 1.35E$

4 사이리스터(SCR)를 이용한 정류회로

(1) 단상 반파 정류회로

직류전압 $E_d = \dfrac{\sqrt{2}}{\pi}E\left(\dfrac{1+\cos\alpha}{2}\right)$

(2) 단상 전파 정류회로

직류전압 $E_d = \dfrac{2\sqrt{2}}{\pi}E\left(\dfrac{1+\cos\alpha}{2}\right)$

핵심 pick

각 정류회로의 비교 꼭!암기

구 분	단상 반파	단상 전파	3상 반파	3상 전파
맥동주파수[Hz]	60	120	180	360
맥동률	1.21	0.482	0.17	0.04
정류효율[%]	40.6	81.2	96.5	99.8
직류전압	$0.45E$	$0.9E$	$1.17E$	$1.35E$

03 축전지

1 축전지의 종류 및 특성

(1) 연축전지

① 1셀당 공칭전압 : 2[V]

② 정격 방전율 : 10시간

③ 클래드식(CS형), 페이스트식(HS형)

(2) 알칼리 축전지

① 1셀당 공칭전압 : 1.2[V]

② 정격 방전율 : 5시간

③ 수명이 길다.

④ 소형 경량이다.

⑤ 기계적 충격에 강하다.

⑥ 연축전지에 비해 가격이 비싸다.

⑦ 연축전지에 비해 공칭전압이 낮다.

(3) 연축전지와 알칼리 축전지의 비교

구 분	연축전지	알칼리 축전지
양 극	이산화납	수산화니켈
음 극	납	카드뮴
공칭전압	2.0[V/cell]	1.2[V/cell]
정격 방전율	10[h]	5[h]

핵심 Up

축전지실 등의 시설에 관한 적용

• 축전실 등의 시설은 폭발성의 가스가 축적되지 않도록 환기장치를 시설하여야 한다.

• 30[V]를 초과하는 축전지는 비접지측 도체에 쉽게 차단할 수 있는 곳에 차단기를 설치하여야 한다.

• 옥내 전로에 연계되는 축전지는 비접지측 도체에 쉽게 차단이 가능한 곳에 개폐기를 시설하여야 한다.

2 충전방식

① 보통충전 : 필요시마다 충전을 하는 방식이다.

② 급속충전 : 비교적 단시간에 보통 전류의 2~3배의 전류로 충전하는 방식이다.

③ 부동충전 🖐꼭!암기

　　㉠ 축전지의 자기방전을 보충함과 동시에 부하에 전력 공급은 충전장치가 부담하되 그렇지 못한 경우에는 축전지로 하여금 부담하게 하는 충전방식이다.

　　㉡ 2차 충전전류 = $\dfrac{축전지 용량[Ah]}{정격 \ 방전율[h]} + \dfrac{상시 부하[kW]}{표준 전압[V]}$

　　　여기서, 연축전지의 정격 방전율 : 10[h]

　　　　　　　알칼리 축전지의 정격 방전율 : 5[h]

④ 회복충전 : 축전지가 방전 시 다음 사용에 대비하기 위해 행해지는 충전방식이다.

⑤ 세류충전 : 축전지의 자기방전량 만큼만 충전하기 위한 충전방식이다.

⑥ 균등충전 : 충전 부족이 발생하는 것을 막고, 성능을 일정하게 하기 위해 1~3개월마다 정전압으로 충전하는 방식이다.

🏠 핵심 Up

기본적인 축전지 용량

$C = \dfrac{1}{L} KI [\text{Ah}]$

3 축전지 용량

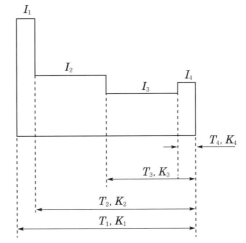

$C = \dfrac{1}{L}[K_1 I_1 + K_2(I_2 - I_1) + K_3(I_3 - I_2) + K_4(I_4 - I_3)]$ 🖐꼭!암기

여기서,　C : 축전지 용량[Ah]

　　　　　L : 보수율(보통은 0.8)

　　　　　K : 용량환산 시간계수

　　　　　I : 방전전류[A]

실전 Up문제

02 그림과 같은 방전 특성을 갖는 부하에 필요한 축전지 용량은 몇 [Ah]인가? (단, 방전전류 : $I_1 = 200$[A], $I_2 = 300$[A], $I_3 = 150$[A], $I_4 = 100$[A], 방전시간 : $T_1 = 130$분, $T_2 = 120$분, $T_3 = 40$분, $T_4 = 5$분, 용량환산시간 : $K_1 = 1.45$, $K_2 = 2.45$, $K_3 = 1.46$, $K_4 = 0.45$, 보수율은 0.7로 적용한다.)

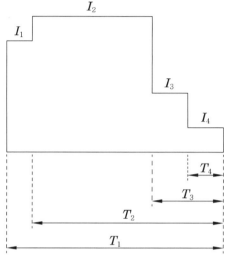

해답 $C = \dfrac{1}{L}[K_1 I_1 + K_2(I_2 - I_1) + K_3(I_3 - I_2) + K_4(I_4 - I_3)]$

$\qquad = \dfrac{1}{0.7}[1.45 \times 200 + 2.45(300 - 200) + 1.46(150 - 300) + 0.45(100 - 150)]$

$\qquad = 419.28$[Ah]

핵심 pick

설페이션 현상
1. 방전상태로 오랫동안 방치 또는 불충분한 충·방전을 반복할 때 황산납이 회백색으로 변하는 현상을 말한다.
2. 축전지의 용량이 감소한다.
3. 수명이 단축된다.
4. 충전 시 전해액의 온도가 상승한다.
5. 가스가 발생한다(수소가스).

4 축전지실 등의 시설에 관한 적용

① 30[V]를 초과하는 축전지는 비접지측 도체에 쉽게 차단 가능한 곳에 개폐기를 시설하여야 한다.

② 옥내 전로에 연계되는 축전지는 비접지측 도체에 과전류 보호장치를 시설하여야 한다.

③ 축전지실 등은 폭발성의 가스가 축적되지 않도록 환기장치 등을 시설하여야 한다.

04 조명설비

1 기본 용어

핵심 Up
• **구광원** : 백열등
• **원통광원** : 형광등
• **평판광원** : 서클라인등

(1) 광속(F)

광원에서 전달되는 에너지를 복사속이라 하며, 이 복사속을 눈으로 보아 빛으로 느끼는 크기[lm]를 말한다. (단, F : 광속[lm], I : 광도[cd])

① 구광원 : $F = 4\pi I$

② 원통광원 : $F = \pi^2 I$

③ 평판광원 : $F = \pi I$

실전 Up 문제

03 어떤 광원의 상반구 광속은 3,000[lm], 하반구 광속은 2,000[lm]일 때 평균 구면 광도는 약 몇 [cd]인가?

해답 광도 I

구광원의 $F = 4\pi I$

총 광속 $F = 3,000 + 2,000 = 5,000$[lm]

$\therefore I = \dfrac{F}{4\pi} = \dfrac{5,000}{4\pi} \fallingdotseq 398$[cd]

(2) 조도(E) 꼭 암기

어떤 면에 입사되는 광속의 밀도, 즉 단위면적(S)당 입사광속의 크기 F[lm]를 말한다.

① 조도 $E = \dfrac{F}{S} = \dfrac{I}{r^2}$[lx]

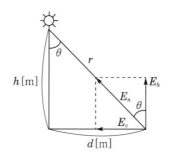

② 법선조도 : $E_n = \dfrac{I}{r^2}$ [lx]

③ 수평면 조도 : $E_h = \dfrac{I}{r^2}\cos\theta$ [lx] 꼭!암기

④ 수직면 조도 : $E_v = \dfrac{I}{r^2}\sin\theta = \dfrac{I}{h^2}\sin\theta\cos^2\theta$ [lx] 꼭!암기

핵심 Up

조도

• $E_h = \dfrac{I}{h^2}\cos^3\theta$[lx]

• $E_v = \dfrac{I}{h^2}\sin\theta\cos^2\theta$[lx]

여기서, h : 광원까지의 높이[m]

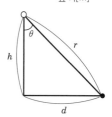

실전 Up 문제

04 그림과 같이 광원에서의 광도가 50[cd]일 때 P점에서의 법선조도, 수직면 조도, 수평면 조도를 구하시오.

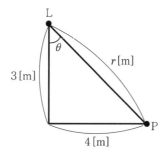

해답

(1) 법선조도 : $E_n = \dfrac{I}{r^2} = \dfrac{50}{(\sqrt{4^2+3^2})^2} = 2$[lx]

(2) 수평면 조도 : $E_h = \dfrac{I}{r^2}\cos\theta = 2 \times \dfrac{3}{5} = 1.2$[lx]

(3) 수직면 조도 : $E_v = \dfrac{I}{r^2}\sin\theta = 2 \times \dfrac{4}{5} = 1.6$[lx]

(3) 광도(I)

단위 입체각(ω)에 포함되는 광속밀도[cd]를 말한다.

① 광도 : $I = \dfrac{F}{\omega}$[cd]

여기서, F : 광속, ω : 입체각

② 입체각 : $\omega = 2\pi(1 - \cos\theta)$

(4) 휘도(B)

광원을 바라볼 때 단위 투영면적(S)당 빛나는 정도, 즉 눈부심의 정도([nt], [sb])를 말한다.

$$B = \frac{I}{S}\,[\text{nt}],\ [\text{sb}]$$

여기서, S : 면적, I : 광도

핵심 Up

반사율(ρ), 투과율(τ),
흡수율(α)일 때 관계식
$\alpha + \tau + \rho = 1$

📈 실전 Up 문제

05 반사율 47[%], 흡수율이 23[%]라면 이때의 투과율은 몇 [%]인가?

해답 투과율 τ

$\rho + \tau + \alpha = 1$에서 투과율 τ를 구하면

$\tau = 1 - \rho - \alpha = 1 - 0.47 - 0.23 = 0.30$이므로 30[%]가 된다.

2 루소 선도

배광곡선을 이용하여 퍼져 나가는 빛의 세기를 면적으로 표시한 것을 말한다.

광속 $F = \dfrac{2\pi}{r} \times$루소 선도의 면적[lm]

📈 실전 Up 문제

06 루소 선도가 다음과 같을 때 상반구 광속, 하반구 광속, 전체 광속을 구하시오.

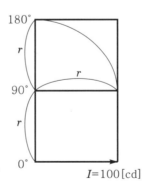

$I = 100\,[\text{cd}]$

해답 (1) 하반구 광속(F_1)

$$F_1 = \frac{2\pi}{r} \times \text{루소 선도의 면적} = \frac{2\pi}{100} \times 100 \times 100 \fallingdotseq 628\,[\text{lm}]$$

(2) 상반구 광속(F_2)

$$F_2 = \frac{2\pi}{r} \times \text{루소 선도의 면적}$$

$$= \frac{2\pi}{100} \times \frac{\pi r^2}{4} = \frac{2\pi}{100} \times \frac{\pi 100^2}{4} \fallingdotseq 493 \, [\mathrm{lm}]$$

(3) 전체 광속(F)

$$F = F_1 + F_2 \fallingdotseq 1,121 \, [\mathrm{lm}]$$

3 각종 광원의 특성 비교

(1) 백열전구

① 수명이 짧다.

② 효율이 나쁘다.

③ 점등시간이 빠르다.

④ 연색성이 좋다.

⑤ 필라멘트 구비조건

  ㉠ 융해점이 높을 것

  ㉡ 고유저항이 클 것

  ㉢ 선팽창계수가 적을 것

  ㉣ 수명을 길게 하기 위해 2중 코일 사용

⑥ 봉입가스

  ㉠ 아르곤 : 필라멘트의 증발 억제

  ㉡ 질소 : 산화 방지를 위해

(2) 형광등

① 수명이 길다.

② 효율이 높다.

③ 광속이 크다.

④ 열 발생이 적다.

⑤ 플리커 현상이 있다.

⑥ 형광등 색상

  ㉠ 청색 : 텅스텐산 칼슘

  ㉡ 녹색 : 규산 아연

  ㉢ 핑크색 : 붕산 카드뮴

⑦ 안정기 사용

(3) 고휘도 램프

① 고압 수은등

  ㉠ 효율 : 40~55[lm/W]

  ㉡ 연색성이 낮다.

  ㉢ 광속이 크다.

  ㉣ 수명이 길다.

② 고압 나트륨등

　ⓐ 효율 : 100~170[lm/W]

　ⓑ 연색성이 낮다.

　ⓒ 광속이 크다.

　ⓓ 수명이 길다.

　ⓔ 수은등에 비해 비싸다.

③ 메탈할라이드등

　ⓐ 효율 : 70~100[lm/W]

　ⓑ 연색성이 좋다.

　ⓒ 광속이 크다.

　ⓓ 수명이 길다.

　ⓔ 수은등에 비해 비싸다.

　ⓕ 시동시간이 길다.

핵심 pick

효율이 높은 순서 꼭!암기

1. 나트륨등
2. 메탈할라이드등
3. 형광등
4. 수은등
5. 할로겐등
6. 백열등

4 조명 설계

(1) 조명방식

① 간접 조명

　ⓐ 상향 광속 : 90~100[%]

　ⓑ 하향 광속 : 10~0[%]

② 반간접 조명

　ⓐ 상향 광속 : 60~90[%]

　ⓑ 하향 광속 : 40~10[%]

③ 반직접 조명

　ⓐ 상향 광속 : 10~40[%]

　ⓑ 하향 광속 : 90~60[%]

④ 직접 조명

　　㉠ 상향 광속 : 0~10[%]

　　㉡ 하향 광속 : 100~90[%]

(2) 일반적인 조명의 종류

① 광벽 조명 : 자연광이 없는 곳에 주로 설치(지하실 등에 설치)한다.

② 루버 조명 : 천장 등에 설치하여 눈부심을 적게 하고자 할 때 설치한다.

③ 다운라이트 조명 : 천장에 구멍을 뚫어 그 속에 등기구를 설치하고 아랫면으로 조명하는 방식이다.

④ 조명의 배치

　　㉠ 등기구 수를 계산한다.

　　㉡ 설치장소의 가로, 세로 등을 참고하여 분배한다.

　　㉢ 등기구의 간격을 계산한다.

　　　• 등기구와 등기구 간격 : $S \leq 1.5H$

　　　• 벽과 등기구의 간격(벽면 사용하지 않을 시) : $S \leq \frac{1}{2}H$

　　　• 벽과 등기구의 간격(벽면 사용 시) : $S \leq \frac{1}{3}H$

(3) 실지수(Room Index)

① 방 크기와 모양, 광원의 높이에 따라서 변한다.

② $R \cdot I = \dfrac{XY}{H(X+Y)}$ 🖐꼭!암기

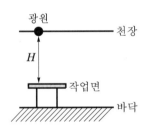

여기서, H : 광원에서 작업면까지의 높이[m]

　　　　X : 방의 폭(보통은 가로)[m]

　　　　Y : 방의 길이(보통은 세로)[m]

🏠 핵심 Up

실지수 $R \cdot I$

$R \cdot I = \dfrac{X \cdot Y}{H(X+Y)}$

07 방의 가로길이 6[m], 세로길이 9[m], 방바닥에서 천장까지의 높이가 4.85[m] 인 방에 조명기구를 천장 직부형으로 시설하고자 한다. 이 방의 실지수는 얼마 인가? (단, 작업하는 책상면의 높이는 방바닥에서 0.85[m]이다.)

해답 $RI = \dfrac{XY}{H(X+Y)} = \dfrac{12 \times 8}{(4.85 - 0.85) \times (12 + 8)} = 1.2$

핵심 Up

조도(E)

$E = \dfrac{FUN}{AD}$

(4) 조명 설계의 기본식 꼭!암기

① $FUN = EAD$

② 광속 : $F = \dfrac{EAD}{UN}$ [lm]

③ 조명률 : $U = \dfrac{EAD}{FN}$ [%]

④ 조도 : $E = \dfrac{FUN}{AD}$ [lx]

⑤ 등수 : $N = \dfrac{EAD}{FU}$

여기서, N : 등수, D : 감광 보상률, A : 면적[m²]

08 폭 10[m], 길이 20[m]의 교실에 총 광속 3,000[lm]인 32[W] 형광등 24개를 점등하였다. 조명률 50[%], 감광 보상률 1.5라 할 때, 이 교실의 공사 후 초기 조도[lx]는?

해답 $FUN = EAD$에서

$\therefore E = \dfrac{FUN}{AD} = \dfrac{3,000 \times 0.5 \times 24}{(10 \times 20) \times 1.5} = 120[\text{lx}]$

핵심 Up

도로 조명에서 주의점
• 등수 $N = 1$이다.
• 가로등의 종류에 따라서 면적 A가 달라진다.

(5) 도로 조명 설계

① 설계조건

㉠ 도로 조명을 설계 시에는 항상 등수 $N = 1$로 하고 설계한다.

㉡ $FUN = EAD$식을 이용한다.

② 대칭 배열(양측 배열, 마주보기 배열) 시 면적

$A = \dfrac{1}{2}(a \cdot b)[\text{m}^2]$

여기서, a : 광원의 간격, b : 도로의 폭[m]

③ 지그재그식 배열 시 면적

$$A = \frac{1}{2}(a \cdot b)[\text{m}^2]$$

④ 중앙 배열 시 면적

$$A = (a \cdot b)[\text{m}^2]$$

⑤ 한쪽(편측) 배열 시 면적

$$A = (a \cdot b)[\text{m}^2]$$

여기서, a : 등과 등 사이의 간격[m]

b : 도로폭[m]

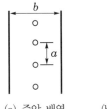 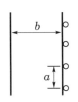 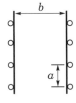 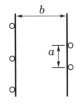

(a) 중앙 배열   (b) 한쪽(편측) 배열   (c) 양측대칭 배열   (d) 지그재그 배열

[도로 조명 설계 시 배열]

실전 Up 문제

09 도로 폭 24[m]인 도로 양쪽에 20[m] 간격으로 수은 전구를 설치하고자 할 때 이 전구의 광속[lm]은? (단, 평균 조도는 5[lx], 조명률은 50[%], 등배열은 양측 배열이다.)

해답 양측 배열 시 면적 $A = \frac{1}{2}(a \cdot b) = \frac{1}{2}(24 \times 20) = 240[\text{m}^2]$

광속 $F = \dfrac{EAD}{UN} = \dfrac{5 \times 240 \times 1}{0.5 \times 1} = 2,400[\text{lm}]$

기출 · 예상문제

★★★
01 빌딩 자동화 시스템, 사무 자동화 시스템, 정보통신 시스템, 건축 환경을 총망라한 건설과 유지관리의 경제성을 추구하는 빌딩이라 할 수 있다. 이러한 빌딩의 전산 시스템을 유지하기 위하여 비상전원으로 사용되고 있는 UPS에 대해서 각 물음에 답하시오.

(1) UPS를 우리말로 하면 어떤 것을 뜻하는가?

(2) UPS에서 AC → DC부와 DC → AC부로 변환하는 부분의 명칭을 각각 무엇이라 부르는가?

(3) UPS가 동작되면 전력 공급을 위한 축전지가 필요한데 그때의 축전지 용량을 구하는 공식을 쓰시오. (단, 기호를 사용할 경우 사용 기호에 대한 의미도 설명하도록 한다.)

해답 (1) 무정전 전원공급장치(UPS ; Uninterrupter – Power – Supply)

(2) ① AC → DC 변환부 : 정류기

② DC → AC 변환부 : 인버터

(3) 축전지 용량 $C = \dfrac{1}{L} KI$ [Ah]

여기서, C : 축전지 용량(25[℃] 기준 정격방전 환산용량)[Ah]

L : 보수율(용량 변화의 보정값으로 보통은 0.8)

K : 용량환산 시간계수

I : 방전전류[A]

★★
02 그림과 같은 부하 특성일 때 사용 축전지의 보수율 $L = 0.8$, 최저 축전지 온도 5[℃], 허용최저전압 90[V]일 때 축전지 용량 C를 계산하시오. (단, $K_1 = 1.17$, $K_2 = 0.93$)

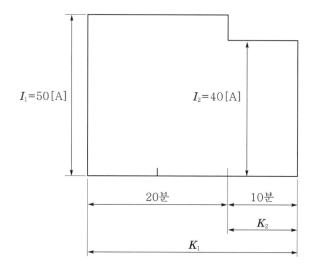

해답☑ 축전지 용량(C)

$$C = \frac{1}{L}[K_1 I_1 + K_2(I_2 - I_1)]$$

$$= \frac{1}{0.8}[(1.17 \times 50 + 0.93(40 - 50)]$$

$$= 61.5[\text{Ah}]$$

★★
03 그림과 같은 방전 특성을 갖는 부하에 대한 축전지 용량은 몇 [Ah]인가? (단, 방전전류[A] : I_1=500, I_2=300, I_3=100, I_4=200, 방전시간(분) : T_1=120, T_2=119, T_3=60, T_4=1, 용량환산시간 : K_1=2.49, K_2=2.49, K_3=1.46, K_4=0.57, 보수율은 0.8을 적용한다.)

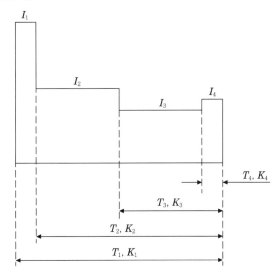

해답☑ 축전지 용량(C)

$$C = \frac{1}{L}[K_1 I_1 + K_2(I_2 - I_1) + K_3(I_3 - I_2) + K_4(I_4 - I_3)]$$

$$= \frac{1}{0.8}[2.49 \times 500 + 2.49(300 - 500) + 1.46(100 - 300) + 0.57(200 - 100)]$$

$$= 640[\text{Ah}]$$

★★
04 비상전원으로 쓰이는 UPS에 관해 다음 물음에 답하시오.

(1) UPS의 블록 다이어그램(기본 구성도)을 컨버터, 인버터, 동기 절체스위치부를 이용하여 간단하게 그리시오.

(2) UPS의 본질적 기능 2가지를 쓰시오.

해답☑ (1)
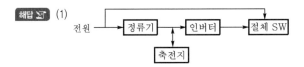

(2) ① 무정전일 것

② 정전압 정주파수 전원장치(CVCF ; Constant Voltage Constant Frequency)를 이용하여 전력을 계속 공급할 수 있어야 한다.

★★
05 예비전원설비를 축전지 설비로 하고자 할 때, 다음 물음에 답하시오.

(1) 축전지의 충전방식으로 가장 많이 사용되는 부동 충전방식에 대하여 설명하고, 부동 충전방식의 설비에 대한 개략적인 회로도를 그리시오.

(2) 부동 충전방식에서의 2차 전류를 구하는 식을 쓰시오.

(3) 연축전지와 알칼리 축전지를 비교할 때, 알칼리 축전지의 장단점을 쓰시오.

해답 ☒ (1) 부동 충전방식 : 축전지의 자기방전을 보충함과 동시에 부하에 전력 공급은 충전장치가 부담하되 그렇지 못한 경우에는 축전지로 하여금 부담하게 하는 충전방식이다.

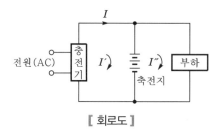

[회로도]

(2) 2차 충전전류 $= \dfrac{\text{축전지 용량[Ah]}}{\text{정격 방전율[h]}} + \dfrac{\text{상시 부하[kW]}}{\text{표준 전압[V]}}$

여기서, 연축전지의 정격 방전율 : 10[h]

알칼리 축전지의 정격 방전율 : 5[h]

(3) ① 장점

㉠ 수명이 길다.

㉡ 진동에 강하다.

㉢ 급격한 충 · 방전에 강하다.

② 단점

㉠ 가격이 비싸다.

㉡ 충전용량이 작다.

㉢ 공칭전압이 낮다(1.2[V/cell]).

★★
06 다음 축전지에 관한 물음에 답하시오.

(1) 축전지의 자기방전을 보충함과 동시에 사용 부하에 대한 전력 공급은 충전기가 부담하도록 하되, 충전기가 부담하기 어려운 일시적인 대전류 부하는 축전지가 부담하도록 하는 방식은?

(2) 각 전해조에 일어나는 전위차를 보정하기 위해 1~3개월마다 1회씩 정전압으로 10~12시간 충전하는 방식은?

해답 (1) 부동 충전방식

(2) 균등 충전방식

07 연축전지의 정격용량 200[Ah], 상시 부하 6[kW], 표준전압 100[V]인 부동 충전방식이 있다. 이 부동 충전방식에서 다음 각 물음에 답하시오.

(1) 부동 충전방식의 충전기 2차 전류는 몇 [A]인가?

(2) 부동 충전방식의 회로도를 전원, 축전지, 부하, 충전장치 등을 이용하여 간단히 그리시오.

해답 (1) 2차 충전전류 $= \dfrac{\text{축전지 용량[Ah]}}{\text{정격 방전율[h]}} + \dfrac{\text{상시 부하[kW]}}{\text{표준전압[V]}}$

여기서, 연축전지의 정격 방전율 : 10[h]

알칼리 축전지의 정격 방전율 : 5[h]

∴ 2차 충전전류 $= \dfrac{200}{10} + \dfrac{6{,}000}{100} = 80[\mathrm{A}]$

(2)

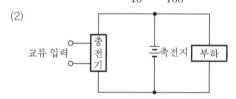

08 컴퓨터나 마이크로프로세서에 사용하기 위하여 전원장치로 UPS를 구성하려고 한다. 주어진 그림을 보고 다음 각 물음에 답하시오.

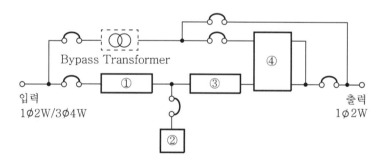

(1) 그림의 ①~④에 들어갈 기기 또는 명칭을 쓰고, 그 역할에 대하여 간단히 설명하시오.

(2) Bypass Transformer를 설치하여 회로를 구성하는 이유를 설명하시오.

(3) 전원장치인 UPS, CVCF, VVVF 장치에 대한 비교표를 다음과 같이 구성할 때 빈칸을 채우시오.

구분 \ 장치	UPS	CVCF	VVVF
우리말 명칭	①	②	③

해답 ∑ (1) ① 정류기 : 교류 입력을 직류로 변환

② 축전지 : 전원의 정전 시 충전된 전압을 공급

③ 인버터 : 직류를 정주파수의 교류로 변환

④ 절체스위치 : 인버터의 과부하 시 예비상용전원으로 절체시키는 스위치

(2) 축전지나 무정전 공급장치(UPS)의 고장이나 점검 시에 부하에 전력을 공급하는 장치이다.

(3) ① 무정전 전원공급장치

② 정전압 정주파수 장치

③ 가변 전압 가변 주파수 장치

★★
09 예비전원으로 이용되는 축전지에 대한 다음 각 물음에 답하시오.

(1) 축전지 설비를 하려고 한다. 그 구성요소를 크게 4가지로 구분하시오.

(2) 축전지의 과방전 및 방치상태, 가벼운 설페이션(sulfation) 현상 등이 생겼을 때 그 기능 회복을 위하여 실시하는 충전방식은 무엇인가?

(3) 연축전지와 알칼리 축전지의 공칭전압은 각각 몇 [V]인가?

(4) 그림과 같은 부하 특성을 갖는 축전지를 사용할 때 보수율 0.8, 최저 축전지 온도 5[℃], 허용최저전압 90[V]일 때 몇 [Ah] 이상인 축전지를 선정하여야 하는가? (단, $K_1 = 1.15$, $K_2 = 0.91$이고, 셀당 허용최저전압은 1.06[V/cell]이다.)

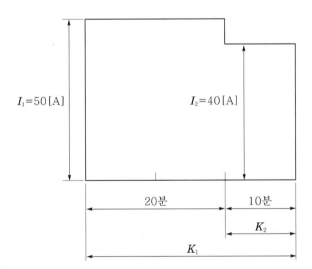

해답 ∑ (1) ① 축전지

② 충전장치

③ 보안장치

④ 제어장치

(2) 회복 충전

(3) ① 연축전지 : 2[V]

② 알칼리 축전지 : 1.2[V]

(4) 용량(C)

$$C = \frac{1}{0.8}[1.15 \times 50 + 0.91(40 - 50)]$$
$$= 60.5[\text{Ah}]$$

★★★
10 그림은 어느 인텔리전트 빌딩에 사용되는 컴퓨터 정보설비 등 중요 부하에 대한 무
정전 전원 공급을 하기 위한 블록 다이어그램을 나타내었다. 이 블록 다이어그램을
보고 다음 각 물음에 답하시오.

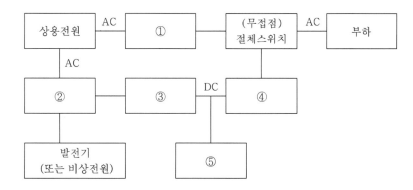

(1) ① ~ ⑤에 알맞은 전기 시설물의 명칭을 쓰시오.

(2) ③, ④에 시설되는 것의 전력 변환 용도를 1가지씩만 서술하시오.

(3) 무정전 전원은 정전 시 사용하지만 평상 운전 시에는 예비전원으로 200[Ah]의 연축
전지 100개가 설치되었다. 충전 시 발생되는 가스, 그리고 충전이 부족한 상태로 장
시간 사용할 경우 극판에 발생되는 현상 등에 대하여 설명하시오.

해답 (1) ① 자동전압조정장치(AVR)
　　　　 ② 절체용 개폐기
　　　　 ③ 정류기
　　　　 ④ 인버터
　　　　 ⑤ 축전지
　　 (2) ③ AC를 DC로 변환
　　　　 ④ DC를 AC로 변환
　　 (3) ① 수소(H_2)가스 발생
　　　　 ② 설페이션 현상 : 극판이 회색으로 변하고 휘어지는 현상

11 UPS 장치 시스템의 중심 부분을 구성하는 CVCF의 기본 회로를 보고 다음 각 물음에 답하시오.

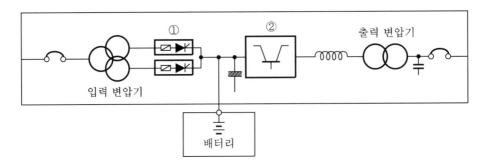

(1) UPS 장치는 어떤 장치인가를 쓰고, 그 본질적 기능 2가지를 쓰시오.
(2) 도면의 ①, ②에 해당되는 것은 무엇인가?
(3) CVCF는 무엇을 뜻하는가?

해답 (1) 무정전 전원공급장치
　　① CVCF를 이용하여 전력을 공급할 수 있을 것
　　② 무정전이어야 한다.
(2) ① 정류기(컨버터) : 교류를 직류로 변환하는 기능
　　② 인버터 : 직류를 정주파수의 교류로 변환하는 장치
(3) CVCF(Constant-Voltage Constant-Frequency) : 정전압 정주파수 장치이다.

12 다음의 충전방식을 설명하시오.
(1) 보통충전
(2) 급속충전
(3) 부동충전
(4) 회복충전
(5) 세류충전
(6) 균등충전

해답 (1) 보통충전 : 필요시마다 충전을 하는 방식
(2) 급속충전 : 비교적 단시간에 보통 전류의 2~3배의 전류로 충전하는 방식
(3) 부동충전
　　① 축전지의 자기방전을 보충함과 동시에 부하에 전력 공급은 충전장치가 부담하되
　　　그렇지 못한 경우에는 축전지로 하여금 부담하게 하는 충전방식이다.
　　② 2차 충전전류 $= \dfrac{축전지\ 용량[\text{Ah}]}{정격\ 방전율[\text{h}]} + \dfrac{상시\ 부하[\text{kW}]}{표준전압[\text{V}]}$
　　　여기서, 연축전지의 정격 방전율 : 10[h]
　　　　　　　알칼리 축전지의 정격 방전율 : 5[h]

(4) 회복충전 : 축전지가 방전 시 다음 사용에 대비하기 위해 행해지는 충전방식이다.

(5) 세류충전 : 축전지의 자기방전량 만큼만 충전하기 위한 충전방식이다.

(6) 균등충전 : 충전 부족이 발생하는 것을 막고, 성능을 일정하게 하기 위해 1~3개월마다 정전압으로 충전하는 방식이다.

13 점포가 붙어 있는 주택이 그림과 같을 때 주어진 참고자료를 이용하여 예상되는 설비 부하용량을 산정하고, 분기회로 수는 원칙적으로 몇 회로로 하여야 하는지를 산정하시오. (단, 사용전압은 220[V]라고 한다.)

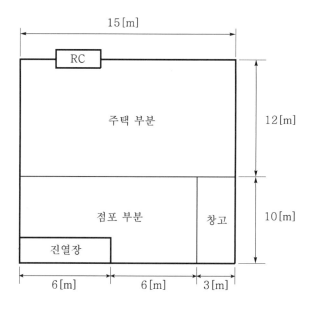

[조건]

• RC는 룸 에어컨디셔너로 2.5[kW] 용량이다.

• 주어진 [참고자료]의 수치 적용은 최댓값을 적용하도록 한다.

[참고자료]

설비 부하용량은 다음 표에 표시하는 건축물 종류 및 그 부분에 해당하는 표준부하에 바닥면적을 곱한 후 "표준부하에 따라 산출한 수치에 가산하여야 할 [VA] 수"에 표시하는 건축물 등에 대응하는 표준부하[VA]를 더한 값으로 할 것

[**표준부하**]

건축물의 종류	표준부하[VA/m²]
공장, 공회당, 사원, 교회, 극장, 영화관, 연회장 등	10
기숙사, 여관, 호텔, 병원, 학교, 음식점, 다방, 대중 목욕탕	20
사무실, 은행, 상점, 이발소, 미장원	30
주택, 아파트	40

(비고) 1. 건물이 음식점과 주택 부분의 2종류로 될 때는 각각 그에 따른 표준부하를 사용할 것

2. 학교와 같이 건물의 일부분이 사용되는 경우에는 그 부분만을 적용할 것

• 건물(주택, 아파트 제외) 중 별도 계산할 부분의 표준부하

[표준부하]

건축물의 부분	표준부하[VA/m²]
복도, 계단, 세면장, 창고, 다락	5
강당, 관람석	10

• 표준부하에 따라 산출한 수치에 가산하여야 할 [VA] 수

– 주택, 아파트(1세대마다)에 대하여는 1,000~500[VA]

– 상점의 진열장에 대하여는 진열장 폭 1[m]에 대하여 300[VA]

– 옥외의 광고등, 전광 사인등의 [VA] 수

– 극장, 댄스홀 등의 무대 조명, 영화관 등의 특수 전등

해답 (1) 설비 부하용량(P)

P=바닥면적[m²]×표준부하[VA/m²]+가산 부하[VA]이므로

P=주택 부분($15 \times 12 \times 40$) + 짐포 부분($12 \times 10 \times 30$) + 칭고($10 \times 3 \times 5$) + 가산 부하

($6 \times 300 + 1,000$) + RC(2,500)

=16,250[VA]

(2) 분기회로수(n)

$$n = \frac{부하용량}{정격전압[V] \times 분기회로 전류[A]}$$

$$= \frac{16,250}{220 \times 15} ≒ 4.92$$

∴ 분기회로수는 5회로이다(단, 분기전류는 15[A] 기준, RC가 220[V], 3[kW] 이상일 때는 별도의 분기회로를 구성하여야 한다).

14 그림에 제시된 건물의 표준부하표를 보고 건물 단면도의 (1) 설비 부하용량, (2) 분기회로수를 산출하시오.

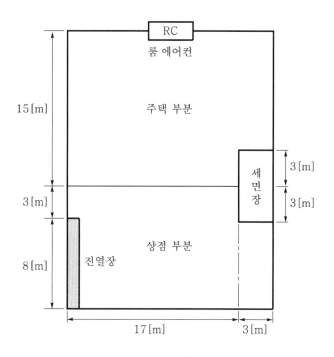

[조건]

- 사용전압은 220[V]로 하고, 룸 에어컨 용량은 3[kW]라고 한다.
- 가산해야 할 [VA] 수는 표에 제시된 값 범위 내에서 큰 값을 적용한다.
- 부하의 상정은 표준부하법에 의해 설비 부하용량을 산출한다.

[건축물의 종류에 대응한 표준부하]

건축물의 종류	표준부하
공장, 공회당, 사원, 교회, 극장, 영화관, 연회장 등	$10[VA/m^2]$
기숙사, 여관, 호텔, 병원, 음식점, 다방, 대중 목욕탕, 학교	$20[VA/m^2]$
사무실, 은행, 상점, 이발소, 미용원	$30[VA/m^2]$
주택, 아파트	$40[VA/m^2]$

(비고) 1. 건축물이 음식점과 주택 부분 2종류로 될 때에는 각각 그에 따른 표준부하를 사용할 것
2. 학교와 같이 건축물의 일부분이 사용되는 경우에는 그 부분만을 적용할 것

[건축물(주택, 아파트를 제외) 중 별도 계산할 부분의 표준부하]

건축물의 부분	표준부하[VA/m^2]
복도, 계단, 세면장, 창고, 다락	5
강당, 관람석	10

- 표준부하에 따라 산출한 수치에 가산하여야 할 [VA] 수
  - 주택, 아파트(1세대마다) 500 ~ 1,000[VA]
  - 상점의 쇼윈도 폭 1[m]에 대하여 300[VA]
  - 옥외의 광고등, 전광사인, 네온사인등의 [VA] 수
  - 극장, 댄스홀 등의 무대 조명, 영화관 등의 특수 전등 부하의 [VA] 수

해답 (1) 설비 부하용량(P)

① 주택 부분 용량 $P = [(15 \times 20) - (3 \times 3)] \times 40 + 1,000 = 12,640[VA]$

② 상점 부분 용량 $P = [(11 \times 20) - (3 \times 3)] \times 30 + 300 \times 8 = 8,730[VA]$

③ 세면장 부분 용량 $P = (3 \times 6) \times 5 = 90[VA]$

∴ 총 부하설비 용량 $= 12,640 + 8,730 + 90 = 21,460[VA]$

(2) 분기회로수(n)

$n = \dfrac{21,460}{220 \times 15} ≒ 6.50$ 이므로 7회로이다.

∴ 총 분기회로수 $=$ 7회로 + 룸 에어컨 전용 1회로 $=$ 15[A] 분기 8회로가 된다.

★★
15 축전지 설비의 부하 특성 곡선이 그림과 같을 때 주어진 조건을 이용하여 필요한 축전지의 용량을 산정하시오. (단, 용량환산시간 $K_1 = 1.45$, $K_2 = 0.69$, $K_3 = 0.25$이고, 보수율은 0.8이다.)

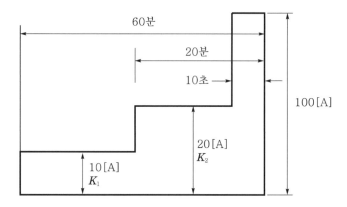

해답 축전지 용량(C)

$$C = \frac{1}{L}[K_1 \times I_1 + K_2(I_2 - I_1) + K_3(I_3 - I_2)]$$

$$= \frac{1}{0.8}[1.45 \times 10 + 0.69(20 - 10) + 0.25(100 - 20)]$$

$$= 51.75[Ah]$$

16 그림은 축전지 충전회로이다. 다음 물음에 답하시오.

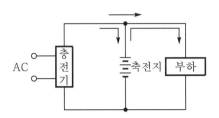

(1) 충전방식은?

(2) 이 방식의 역할(특징)을 쓰시오.

해답 (1) 부동 충전방식

　　(2) 특징

　　　① 축전지의 자기방전을 보충함과 동시에 부하에 전력 공급은 충전장치가 부담하되 그렇지 못한 경우에는 축전지로 하여금 부담하게 하는 충전방식이다.

　　　② 2차 충전전류 $= \dfrac{축전지\,용량[\text{Ah}]}{정격\,방전율[\text{h}]} + \dfrac{상시\,부하[\text{kW}]}{표준\,전압[\text{V}]}$

　　　여기서, 연축전지의 정격 방전율 : 10[h]

　　　　　　알칼리 축전지의 정격 방전율 : 5[h]

17 연축전지의 정격 용량 100[Ah], 상시 부하 5[kW], 표준전압 100[V]의 부동 충전방식이 있다. 이 부동 충전방식에서 충전기 2차 전류는 몇 [A]인가?

해답 충전기 2차 전류(I)

　　2차 충전전류 $= \dfrac{축전지\,용량[\text{Ah}]}{정격\,방전율[\text{h}]} + \dfrac{상시\,부하[\text{kW}]}{표준전압[\text{V}]}$

　　　　　　　$= \dfrac{100[\text{Ah}]}{10[\text{h}]} + \dfrac{5,000[\text{kW}]}{100[\text{V}]} = 60[\text{A}]$

18 비상용 조명 부하 110[V]용 100[W] 77등, 60[W] 55등이 있다. 방전시간 30분, 축전지 HS형 54[cell], 허용최저전압 100[V], 최저 축전지 온도 5[℃]일 때 축전지 용량은 몇 [Ah]인지 계산하시오. (단, 경년 용량 저하율 0.8, 용량환산시간 $K=1.2$이다.)

해답 축전지 용량(C)

　　축전지 용량을 구하기 위해서는 축전지 방전전류를 먼저 구해야 한다.

　　$P = VI$에서 $I = \dfrac{P}{V} = \dfrac{77 \times 100 + 55 \times 60}{110} = 100[\text{A}]$이다.

　　$\therefore\ C = \dfrac{1}{L}KI = \dfrac{1}{0.8} \times 1.2 \times 100 = 150[\text{Ah}]$

19 다음 그림을 보고 축전지 용량[Ah]을 구하시오. ($I_1 = 500$[A], $I_2 = 300$[A], $I_3 = 100$[A], $I_4 = 200$[A], 보수율 0.8, 시간계수 $K_1 = 2.49$, $K_2 = 2.49$, $K_3 = 1.46$, $K_4 = 0.57$, 시간 $T_1 = 120$분, $T_2 = 199.9$분, $T_3 = 60$분, $T_4 = 1$분인 경우 축전지 용량을 구하시오.)

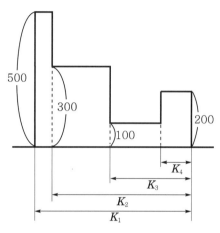

해답 축전지 용량(C)

$$C = \frac{1}{L}[K_1 \times I_1 + K_2(I_2 - I_1) + K_3(I_3 - I_2) + K_4(I_4 - I_3)]$$

$$= \frac{1}{0.8}[2.49 \times 500 + 2.49(300 - 500) + 1.46(100 - 300) + 0.57(200 - 100)]$$

$$= 640[\text{Ah}]$$

20 알칼리 축전지의 정격 용량이 100[Ah]이고, 상시 부하가 5[kW], 표준전압이 100[V]인 부동 충전방식이 있다. 이 부동 충전방식에서 다음 각 물음에 답하시오.

(1) 부동 충전방식의 충전기 2차 전류는 몇 [A]인지 계산하시오.

(2) 부동 충전방식의 회로도를 전원, 축전지, 부하, 충전기(정류기) 등을 이용하여 간단히 답란에 그리시오. (단, 심벌은 일반적인 심벌로 표현하되 심벌 부근에 심벌에 따른 명칭을 쓰도록 하시오.)

해답 (1) 충전기 2차 전류(I_2) (단, 축전지의 정격 방전율은 알칼리 축전지 : 5, 연축전지 : 10이다.)

$$I_2 = \frac{\text{정격 용량}[\text{Ah}]}{\text{정격 방전율}[\text{h}]} + \frac{\text{상시 부하}[\text{VA}]}{\text{표준 전압}[\text{V}]}$$

$$= \frac{100}{5} + \frac{5,000}{100} = 70[\text{A}]$$

(2) 부동 충전방식

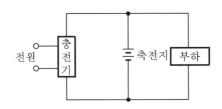

전원 충전기 ᅳᅳ축전지 부하

★
21 조명기구의 효율이 높은 순서로 나열하시오.

해답 (1) 나트륨등
(2) 메탈할라이드등
(3) 형광등
(4) 수은등
(5) 할로겐등
(6) 백열등

★★
22 도로 폭 24[m]인 도로 한쪽에 20[m] 간격으로 수은 전구를 설치하고자 할 때 이 전구의 광속[lm]은? (단, 평균 조도는 5[lx], 조명률은 50[%]이다.)

해답 편측 배열 시 면적 $A = a \cdot b = 24 \times 20 = 480[\text{m}^2]$

광속 $F = \dfrac{EAD}{UN} = \dfrac{5 \times 480 \times 1}{0.5 \times 1} = 4,800[\text{lm}]$

★★
23 방의 폭은 10[m], 길이는 12[m]이고, 천장의 높이는 3.85[m], 그리고 작업면의 높이는 0.85[m]라 할 때 실지수를 구하시오.

해답 실지수(M)

$$M = \frac{XY}{H(X+Y)}$$

$$= \frac{10 \times 12}{(3.85 - 0.85)(10 + 12)} \fallingdotseq 1.82[\text{m}]$$

★★
24 조명설비의 설계에 관한 다음 각 물음에 답하시오.

(1) 바닥면적이 24[m²]인 방에 1등당 광속 3,000[lm]인 40[W] 2등용 형광등을 점등하였을 때 바닥면에서의 광속 이용률을 60[%]라 하면 바닥면의 평균 조도는 몇 [lx]인가?
(2) 일반용 조명으로 HID등(수은등으로서 용량 400[W])을 사용한다고 할 때 그림기호를 그리시오.

해답 (1) 평균 조도(E)

$FUN = EAD$이므로

$$E = \frac{FUN}{AD} = \frac{3{,}000 \times 0.6 \times 2}{24 \times 1} = 150[\text{lx}]$$

(여기서, 조명률은 이용률과 같은 의미이다.)

(2) HID등(수은등으로서 용량 400[W]) 표시

H400

25 가로 10[m], 세로 16[m], 천장 높이 3.85[m], 작업면 높이 0.85[m]인 사무실에 천장 직부 형광등 F₄₀ₓ₂를 설치하려고 한다. 다음 물음에 답하시오.

(1) $F_{40 \times 2}$의 심벌을 그리시오.

(2) 이 사무실의 실지수는 얼마인가?

(3) 이 사무실의 작업면 조도 300[lx], 천장 반사율 70[%], 벽 반사율 50[%], 바닥 반사율 10[%], 40[W] 형광등 1등의 광속 3,000[lm], 보수율 70[%], 조명률 63[%]로 한다면 이 사무실에 필요한 소요 등기구 수는 몇 등인가?

해답 (1) $F_{40 \times 2}$의 심벌

①

② $F_{40 \times 2}$: 형광등 40[W]×2개를 나타낸다.

(2) 실지수(R)

$$R = \frac{XY}{H(X+Y)} = \frac{10 \times 16}{(3.85 - 0.85)(10 + 16)} = 2.05$$

여기서, X : 가로길이[m]

Y : 세로길이[m]

H : 광원에서 피조면까지의 높이[m]

(3) 등수(N)

$$N = \frac{EAD}{FU} \left(\text{여기서, 감광 보상률} = \frac{1}{\text{보수율}} \right)$$

$$= \frac{300 \times (10 \times 16) \times \frac{1}{0.7}}{3{,}000 \times 2 \times 0.63} = 18.14$$

∴ 등수 $N = 19$등

26 가로 12[m], 세로 16[m], 천장 높이 3[m], 작업면 높이 0.8[m]인 사무실이 있다. 여기에 천장 직부 형광등 기구(40[W]×2등용)를 설치하고자 한다. 다음 물음에 답하시오.

[조건]

• 작업면 요구 조도 500[lx], 천장 반사율 50[%], 벽면 반사율 50[%], 바닥면 반사율 10[%]이고, 보수율 0.7, 40[W] 1개 광속은 2,400[lm]으로 본다.

• 조명률표 기준

반사율	천장	70[%]				50[%]				30[%]			
	벽	70	50	30	20	70	50	30	10	70	50	30	10
	바닥	10				10				10			
실지수		조명률[%]											
1.5		64	55	49	43	58	51	45	41	52	46	42	38
2.0		69	61	55	50	62	56	51	47	57	52	48	44
2.5		72	66	60	55	65	60	56	52	60	55	52	48
3.0		74	69	64	59	68	63	59	55	62	58	55	52
4.0		77	73	69	65	71	67	64	61	65	62	59	56
5.0		79	75	72	69	73	70	67	64	67	64	62	60

(1) 비상용 조명을 건축기준법에 따른 형광등으로 하고자 할 때 이것을 일반적인 경우의 그림기호로 표현하시오.

(2) 실지수를 구하시오.

(3) 조명률을 구하시오.

(4) 등기구 수량을 구하고, 실제 배치 시 효율적인 배치를 위한 등기구 수를 산정하시오.

해답 (1) 형광등

① 비상용

② 일반용

(2) 실지수(RI)

$$RI = \frac{XY}{H(X+Y)} = \frac{12 \times 16}{(3-0.8)(12+16)} = 3.12$$

∴ 표에서 RI을 선정하면 $R = 3.0$이다.

(3) 조명률(U) : 주어진 표를 이용해서 조명률을 구하면 $U = 63[\%]$가 된다.

(4) 등기구 수량(N)/실제 배치 시 효율적인 배치를 위한 등기구 수(N')

$$N = \frac{EAD}{FU} = \frac{500 \times 12 \times 16 \times \frac{1}{0.7}}{2,400 \times 2 \times 0.63} = 45.35등$$

∴ 등기구 수는 46등이다.

효율적인 등기구 수 배치는 사무실 면적의 가로 : 세로=12 : 16=6 : 8이므로 등기구 수의 46등은 6열 8행 배치가 가장 이상적이므로 실제로는 48등을 설치한다.

27 다음은 축전지실 등의 시설에 관한 설명이다. ( ) 안에 알맞은 내용을 서술하시오.

(①)[V]를 초과하는 축전지는 비접지측 도체에 쉽게 차단할 수 있는 곳에 (②)을 시설하여야 한다. 옥내 전로에 연계되는 축전지는 비접지측 도체에 (③)을 시설하여야 하며, 축전지실 등은 폭발성의 가스가 축적되지 않도록 (④) 등을 시설하여야 한다.

해답 ① 30[V]
　　　② 개폐기
　　　③ 과전류 보호장치
　　　④ 환기장치

CHAPTER

05

피뢰기 및 접지공사

01 피뢰기
02 접지공사

출제경향

- ☑ 피뢰기 구성요소에 관한 문제가 출제된다.
- ☑ 접지공사의 종류에 관한 문제가 출제된다.
- ☑ 절연내력의 특징에 관한 문제가 출제된다.

05 피뢰기 및 접지공사

이론 pick Up

01 피뢰기

이상전압 내습 시 속류를 차단하여 이상전압을 제한하고 선로와 전기설비의 절연을 보호한다.

핵심 Up

피뢰기 설치 제외
- 직접 접속하는 전선이 짧은 경우
- 피보호기기가 보호범위 내에 위치하는 경우

1 피뢰기의 구성

(1) 직렬 갭

① 이상전압 발생 시 신속히 대지로 방전
② 속류를 신속히 차단
③ 구비조건
  ㉠ 소호 특성이 좋을 것
  ㉡ 방전 개시시간의 지연이 없을 것

(2) 특성요소

① 탄화규소(SiC) 이용
② 이상전압 파고값 제한

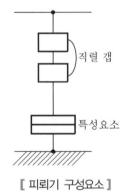

[피뢰기 구성요소]

핵심 Up

피뢰기 설치 시 주의사항
- 애자부분의 손상 여부 확인
- 피뢰기의 절연저항 측정
- 피뢰기 1, 2차측 단자의 이상유무 확인

2 피뢰기의 구비조건 꼭! 암기

① 속류 차단능력이 클 것
② 내구성이 우수할 것
③ 방전 내량이 클 것
④ 제한전압이 낮을 것
⑤ 상용주파 방전 개시전압이 높을 것
⑥ 충격 방전 개시전압이 낮을 것

3 피뢰기의 정격전압

(1) 정격전압
① 속류를 차단할 수 있는 최고허용교류전압
② 정격전압 $= \alpha\beta V_m$ [kV]

여기서, α : 접지계수

$\quad\quad\ \beta$: 여유도

$\quad\quad\ V_m$: 최고허용전압[kV]

핵심 Up

피뢰기 정격전압

$V_m = \alpha\beta V_m$[kV]

(2) 공칭전압과 피뢰기 정격전압

공칭전압[kV]	피뢰기 정격전압[kV]
22.9	21
66	72
154	144
345	288

4 피뢰기 시설

① 발전소, 변전소 이에 준하는 장소의 가공전선 인입구 및 인출구
② 가공 선선로와 지중 전선로가 접속되는 곳
③ 고압 및 특고압 가공 전선로로부터 공급을 받는 수용장소의 인입구
④ 가공 전선로에 접속되는 특고압용 옥외 배전용 변압기의 고압 및 특고압측

*피뢰기시설은 최근 출제된 내용으로 꼭 이해하세요!

실전 Up문제

01 피뢰기에 대한 다음 각 물음에 답하시오.

(1) 피뢰기의 기능상 필요한 구비조건을 4가지만 쓰시오.

(2) 피뢰기의 설치장소 4개소를 쓰시오.

해답 (1) 피뢰기 구비조건

① 속류 차단능력이 클 것
② 내구성이 우수할 것
③ 방전 내량이 클 것
④ 제한전압이 낮을 것

(2) 피뢰기 설치장소

① 발전소, 변전소 이에 준하는 장소의 가공전선 인입구 및 인출구
② 가공 전선로와 지중 전선로가 접속되는 곳

③ 고압 및 특고압 가공 전선로로부터 공급을 받는 수용장소의 인입구
④ 가공 전선로에 접속되는 특고압용 옥외 배전용 변압기의 고압 및 특고압측

5 유효이격거리(피뢰기와 피보호기기)

공칭전압[kV]	유효이격거리[m]
22.9	20
66	45
154	65
345	85

6 공칭 방전전류

공칭 방전전류[A]	설치장소	조 건
10,000	변전소	• 154[kV] 이상 • 뱅크용량 3,000[kVA] 초과
5,000	변전소	• 뱅크용량 3,000[kVA] 이하
2,500	선로	• 배전선로

* 피뢰설계의 방법은 최근에 출제된 내용으로 꼭 이해하세요!

7 피뢰설계의 방법

(1) 보호각법
수뢰부 정점의 각도로 표현 시 낙뢰 보호범위로 나타내는 방법이다.

(2) 회전구체법(RSM)
뇌격거리와 동등한 반경 R의 가상원을 회전 시에 원 안에 있으면 노출영역, 원 밖에 있으면 보호영역에 해당된다.

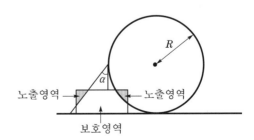

(3) 메시법

메시 도체로 둘러싼 물체를 보호하는 방법이다.

(4) 피뢰시스템(LPS)의 레벨별 회전구체의 반경, 메시 치수와 보호각

메시법 및 회전구체법만을 적용한다.

보호레벨 (효율)	보호각[°] 반경[m]	20	30	45	60	메시 폭[m]
I (0.98)	20	25	–	–	–	5×5
II (0.95)	30	35	25	–	–	10×10
III (0.90)	45	45	35	25	–	15×15
IV (0.80)	60	55	45	35	25	20×20

02 접지공사

1 접지공사의 의의

(1) 목적

① 보호계전기 등의 확실한 동작 확보를 위해
② 감전사고 방지를 위해
③ 기기 손상 방지 및 절연보호를 위해

(2) 전압 구분에 따른 범위

전압 구분	KEC
저압	교류 : 1[kV] 이하 직류 : 1.5[kV] 이하
고압	교류 : 1[kV] 초과하고 7[kV] 이하 직류 : 1.5[kV] 초과하고 7[kV] 이하
특고압	7[kV] 초과

2 접지선의 특징

(1) 접지선의 굵기를 결정하는 3요소 🖐꼭!암기

① 기계적 강도
② 전류 용량
③ 내식성

(2) 접지선의 굵기(단면적, A)

① $\theta = 0.008\left(\dfrac{I}{A}\right)^2 \times t$에서 A를 구하면 다음과 같다.

$$A = \sqrt{\dfrac{0.008I^2 t}{\theta}}$$

여기서, I : 고장전류, t : 전류통전시간, θ : 허용온도 상승값

여기에 다음과 같은 조건을 적용하여 A를 구한다. 적용 조건은 다음과 같다.

㉠ 접지선에 흐르는 고장전류는 과전류 차단기 정격전류의 20배로 한다.

㉡ 과전류의 차단기는 정격전류의 20배 전류에서는 0.1초 이하에서 끊어지는 것으로 한다.

㉢ 고장전류가 흐르기 전 접지선의 온도를 30[℃]로 한다.

㉣ 고장전류가 흐를 때의 접지선의 온도를 160[℃]로 한다.

위 조건을 적용한 굵기 A를 구하면 다음과 같다.

$$A = 0.0496 I_n\,[\text{mm}^2]$$

여기서, I_n : 과전류 차단기의 정격전류[A]

② 피뢰기용 접지선의 굵기(A)

$$A = \dfrac{\sqrt{t}}{282} \times I_s\,[\text{mm}^2]$$

여기서, I_s : 고장전류[A], t : 차단시간

3 접지방식

(1) TN 계통의 접지방식

① TN-S 계통

[별도의 중성선과 보호 도체가 있는 경우]

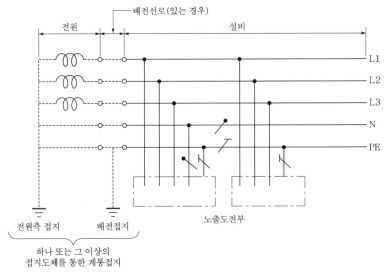

[별도의 접지된 선도체와 보호 도체가 있는 경우]

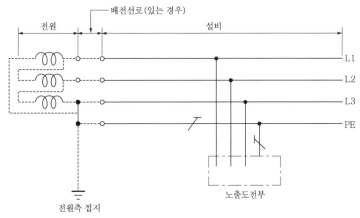

[접지된 보호 도체는 있으나 중성선의 배선이 없는 경우]

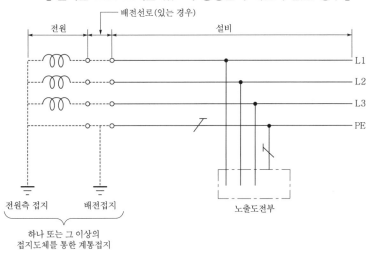

② TN-C 계통

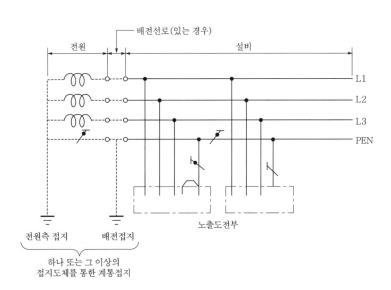

③ TN-C-S 계통 : 계통 일부의 중성선과 보호선을 동일 전선으로 사용하며, PEN
　도체가 중성선과 보호 도체로 분리한다.

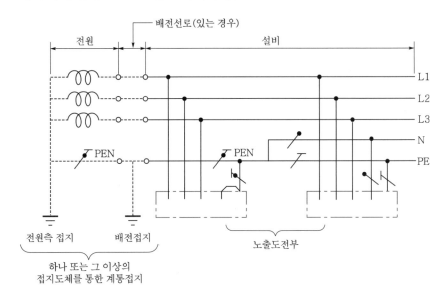

④ TT 계통 : 전원의 한 점을 직접 접지하고, 설비의 노출 도전성 부분을 전원 계통
　의 접지전극과는 전기적으로 독립된 접지전극의 보호 도체에 의해 접지하는
　접지 계통이다.

[별도의 중성선과 보호 도체가 있는 경우]

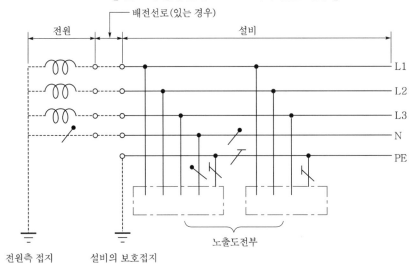

[접지된 보호 도체가 있으나 배전용 중성선이 없는 경우]

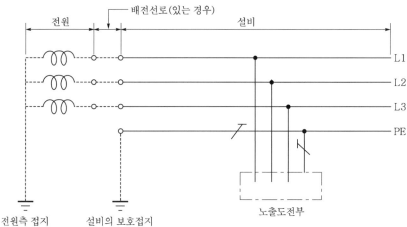

⑤ **IT 계통** : 전원측은 비접지이나 한 점에 임피던스를 대지에 접속하고 설비의 노출 도전성 부분을 전원 계통의 접지전극과는 전기적으로 독립된 접지전극의 보호 도체에 의해 접지하는 접지 계통을 말한다(이 계통은 접지에서 분리될 수 있다. 그러나 중성선은 분리되거나 그렇지 않을 수 있다).

[모든 노출도전부가 보호 도체에 의해 접속되어 일괄 접지된 경우]

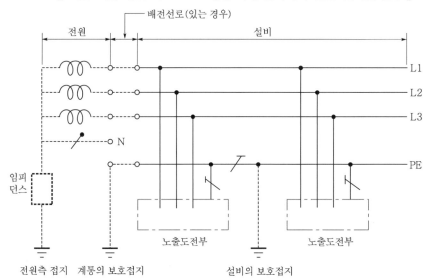

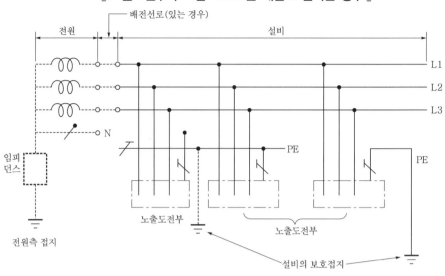

[노출도전부가 조합으로 또는 개별로 접지된 경우]

(2) 통합 접지방식

① 피뢰설비 접지, 수도관 접지, 통신설비 접지, 전기설비 접지, 수도관, 가스관, 철골 등의 전기설비와 무관한 계통 외의 모든 접지를 함께 접지하는 방식이다.

② 도체 간의 전위차가 발생하지 않도록 하여 인체의 감전 우려를 최소화하기 위한 접지방식이다.

(3) 공용 접지방식

① 보수점검이 쉽다.

② 접지의 신뢰도가 향상된다.

③ 감전의 우려가 적다.

④ 접지점의 전위가 상승하여 설비 전체에 파급의 위험성이 있다.

(4) 중성점 접지방식

접지방식	접지 임피던스	1선 지락 시 전위 상승	지락전류	유도장해
비접지	∞	$\sqrt{3}$	작다	작다
직접접지	$Z_n = 0$	1.3배	최대	최대
소호 리액터 접지	$Z_n = \omega L$	$\sqrt{3}$	최소	최소
저항접지	R	$\sqrt{3}$	작다	작다

4 전로의 절연저항

$$R_g = \frac{정격\ 전압}{누설\ 전류}$$

[저압 전로의 절연저항]

전로의 사용전압[V]	DC 시험전압[V]	절연저항[MΩ]
SELV 및 PELV	250	0.5
FELV, 500[V] 이하	500	1.0
500[V] 초과	1,000	1.0

* 특별저압(extra low voltage : 2차 전압이 AC 50[V], DC 120[V] 이하)으로 SELV(비접지회로 구성) 및 PELV(접지회로 구성)은 1차와 2차가 전기적으로 절연된 회로, FELV는 1차와 2차가 전기적으로 절연되지 않은 회로

5 고압 비접지식 전로의 1선 지락전류(I_{g1}) 계산

소수점 이하는 절상을 하고 I_{g1}의 결과값이 "2" 미만일 때는 "2"로 한다.

(1) 케이블이 아닌 경우의 I_{g1}

$$I_{g1} = 1 + \frac{\dfrac{V}{3}L - 100}{150} [A]$$

여기서, V : 공칭전압/1.1[kV]

L : 전선의 길이[km]

(2) 케이블인 경우의 I_{g1}

$$I_{g1} = 1 + \frac{\dfrac{V}{3}L' - 1}{2} [A]$$

여기서, V : 공칭전압/1.1[kV]

L' : 전선의 길이[km]

6 지락 및 혼촉사고 시 지락전류와 대지전압

여기서, e : 대지전압[V], I_g : 지락전류[A]

(1) 지락사고 시 지락전류와 대지전압

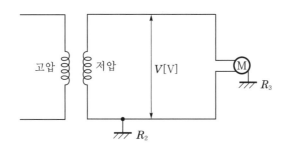

[등가회로]

핵심 Up

지락사고 시 지락전류와
대지전압

• 지락전류

$I_g = \dfrac{V}{R_2 + R_3}[A]$

• 대지전압

$e = \dfrac{R_3}{R_2 + R_3} V[V]$
$\quad = I_g R_3 [V]$

① 지락전류 : $I_g = \dfrac{V}{R_2 + R_3}$ [A] 꼭!암기

② 대지전압 : $e = \dfrac{R_3}{R_2 + R_3} V[V] = I_g R_3[V]$ 꼭!암기

실전 Up 문제

02 단상 2선식 240[V] 옥내 배선에서 접지저항이 90[Ω]인 금속관의 임의의 개소에서 전선의 절연이 파괴되어 도체가 직접 금속관 내면에 접착되었다면 대지전압은 몇 [V]가 되겠는가? (단, 이 전로에 공급하는 저압측의 한 단자에는 접지공사가 되어 있고, 그 접지저항은 30[Ω]이라고 한다.)

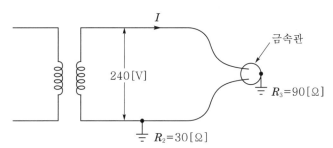

해답 대지전압

$$e = I_g R_3 = \dfrac{R_3}{R_2 + R_3} V[V]$$

$$= \dfrac{90}{30 + 90} \times 240[V] = 180[V]$$

비교 지락전류 $I_g = \dfrac{V}{R_2 + R_3}[A]$

(2) 지락사고 시 저압측 기계기구에 인체가 접촉한 경우

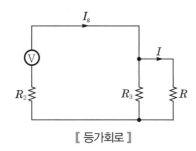

[등가회로]

여기서, I : 인체에 흐르는 전류[A]

R : 인체의 저항[Ω]

① 지락전류 : $I_g = \dfrac{V}{R_2 + \dfrac{R \cdot R_3}{R + R_3}}$ [A] 🖐️꼭!암기

② 인체에 흐르는 전류 : $I = \dfrac{R_3}{R + R_3} I_g$ [A] 🖐️꼭!암기

7 접지 저감재 및 접지저항 저감방법

(1) 접지 저감재

접지저항이 나오지 않을 때 사용한다.

① 접지 저감재의 구비조건
  ㉠ 지속성이 있을 것
  ㉡ 전극을 부식시키지 않을 것
  ㉢ 안전할 것

② 저감재용 체류재
  ㉠ 적토
  ㉡ 벤토나이트(점토의 일종)

③ 저감재 시공법의 종류
  ㉠ 수반법
  ㉡ 구법
  ㉢ 보링법
  ㉣ 타입법

(2) 접지저항 저감방법 🖐️꼭!암기

① 접지극의 길이를 길게 한다.
② 접지극을 병렬로 연결한다.
③ 접지 저감재를 사용한다.

* 접지 저감재 및 접지저항 저감방법은 최근 출제된 내용으로 꼭 이해하세요!

기출·예상문제

★★★
01 피뢰기에 대한 다음 각 물음에 답하시오.

(1) 현재 사용되고 있는 교류용 피뢰기의 구조는 무엇과 무엇으로 구성되어 있는가?

(2) 피뢰기의 정격전압은 어떤 전압을 말하는가?

(3) 피뢰기의 제한전압은 어떤 전압을 말하는가?

해답 (1) ① 직렬 갭
　　　　　　ⓐ 이상전압 내습 시 뇌전압 방전
　　　　　　ⓑ 평상시에는 누설전류 방지
　　　　② 특성 요소 : 속류를 차단한다.
　　　(2) ① 속류가 제거되는 교류값의 최고전압을 말한다.
　　　　　② 상용주파 허용단자전압을 뜻한다.
　　　　　③ $E_n = \alpha\beta\dfrac{V_m}{\sqrt{3}}$

　　　　　　여기서, E_n : 피뢰기 정격전압[V]
　　　　　　　　　　α : 접지계수
　　　　　　　　　　β : 여유계수(보통은 1.15)
　　　　　　　　　　V_m : 최고허용전압[V]
　　　(3) ① 뇌전류 방전 시에 직렬 갭에 나타나는 전압을 말한다.
　　　　　② 방전 시에 자하된 단자전압을 의미한다.

★
02 다음 그림은 전자식 접지 저항계를 사용하여 접지극의 접지저항을 측정하기 위한 배치도이다. 물음에 답하여라.

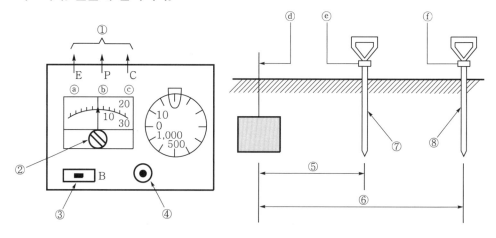

(1) 그림에서 ①의 측정단자와 각 접지극의 접속은?

(2) 그림에서 ②, ③, ④의 명칭은?

(3) 그림에서 ⑤, ⑥의 거리는 몇 [m] 이상인가?

(4) 그림에서 ⑦의 매설깊이는?

해답 (1) (a-d), (b-e), (c-f)
(2) ② : 0점 조정기
③ : 절환스위치
④ : 측정용 버튼
(3) ⑤ 보조 접지봉은 10[m] 거리를 둔다.
⑥ 2배이므로 20[m]의 거리를 둔다.
(4) 접지극의 매설깊이는 0.75[m]이다.

03 ★ 접지저항 저감을 위한 저감재 시공법 및 저감재 구비조건에 대한 다음 물음에 답하시오.

(1) 접지 저감재 시공법 4가지를 쓰시오.

(2) 접지 저감재로서의 구비조건 4가지를 쓰시오.

해답 (1) ① 구법
② 타입법
③ 수반법
④ 보링법
(2) ① 지속성을 가질 것
② 전기적으로 양도체일 것
③ 전극을 부식시키지 않아야 한다.
④ 안전할 것

04 ★★ 피뢰침에 대한 다음 각 물음에 답하시오.

(1) 피뢰침의 구성 3가지만 쓰시오.

(2) 피뢰침의 구성 중 접지극 종류 4가지만 쓰시오.

해답 (1) ① 돌침부
② 인하도선
③ 접지극
(2) ① 동판
② 동봉
③ 철봉
④ 동복강판
⑤ 탄소피복강봉

★★
05 절연내력시험 전압에 대한 (1) ~ (7)의 알맞은 내용을 빈칸에 쓰시오.

구 분	종류(최대사용전압 기준)	시험전압
(1)	최대사용전압 7[kV] 이하인 권선	최대사용전압 × ( )배
(2)	7[kV]를 넘고 25[kV] 이하의 권선으로서 중성선	최대사용전압 × ( )배
(3)	7[kV]를 넘고 60[kV] 이하의 권선(중성선 다중 접지 제외)	최대사용전압 × ( )배
(4)	60[kV]를 넘는 권선으로서 중성점 비접지식 전로에 접속되는 것	최대사용전압 × ( )배
(5)	60[kV]를 넘는 권선으로서 중성점 접지식 전로에 접속하고 또한 성형 결선의 권선의 경우에는 그 중성점에 T좌 권선과 주좌 권선의 접속점에 피뢰기를 시설하는 것(단, 시험전압이 75[kV] 미만으로 되는 경우에는 75[kV])	최대사용전압 × ( )배
(6)	60[kV]를 넘는 권선으로서 중성점 직접 접지식 전로에 접속하는 것(단, 170[kV]를 초과하는 권선에는 그 중성점에 피뢰기를 시설하는 것)	최대사용전압 × ( )배
(7)	170[kV]를 넘는 권선으로서 중성점 직접 접지식 전로에 접속하고 또는 그 중성점을 직접 접지하는 것	최대사용전압 × ( )배

해답

구 분	시험전압
(1)	최대사용전압 × (1.5)배 (단, 시험전압이 500[V] 미만으로 되는 경우에는 500[V])
(2)	최대사용전압 × (0.92)배 (단, 다중 접지식에 접속되는 것)
(3)	최대사용전압 × (1.25)배 (단, 시험전압이 10,500[V] 미만으로 되는 경우에는 10,500[V])
(4)	최대사용전압 × (1.25)배
(5)	최대사용전압 × (1.1)배
(6)	최대사용전압 × (0.72)배
(7)	최대사용전압 × (0.64)배

★★
06 접지공사의 목적을 3가지만 쓰시오.

해답 (1) 보호계전기 등의 확실한 동작 확보를 위해
(2) 감전사고 방지를 위해
(3) 기기 손상 방지 및 절연보호를 위해

07 3상 3선식 중성점 비접지식 6,600[V] 가공 전선로가 있다. 이 전선로의 전선 연장이 350[km]이다. 이 전로에 접속된 주상 변압기 220[V]측 한 단자에 흐르는 지락전류를 구하시오.

해답 ✍

지락전류 $I_g = 1 + \dfrac{\dfrac{V}{3}L - 100}{150}$

$= 1 + \dfrac{\dfrac{6.6/1.1}{3} \times 350 - 100}{150} = 5[A]$

08 다음은 접지설비 중 보호선에 대한 표이다. 다음 각 물음에 답하시오.

(1) 다음 표의 단면적 이상으로 선정하여야 한다. ①, ②, ③에 알맞은 보호선 최소 단면적의 기준을 각각 쓰시오.

상전선 S의 단면적[mm²]	보호선의 최소 단면적[mm²]
	보호선의 재질이 상전선과 같은 경우
$S \leq 16$	①
$16 \leq S \leq 35$	②
$S > 35$	③

(2) 보호선의 종류 2가지를 쓰시오.

해답 ✍ (1) ① S

② 16

③ $\dfrac{S}{2}$

(2) ① 절연전선 또는 나전선

② 다심케이블 전선

09 피뢰기를 시설하여야 하는 장소에 대해 3가지만 나열하시오.

해답 ✍ (1) 가공 전선로와 지중 전선로가 만나는 곳

(2) 발전소 인출구

(3) 특고압 수용장소의 인입구

(4) 변전소 인입구 및 인출구

10 다음은 피뢰시스템(LPS)의 레벨별 회전구체의 반경, 메시 치수와 보호각을 나타내었다. 다음 표에서 빈칸을 채우시오.

레벨	보호법		
	회전구체 반경[m]	메시 치수[m]	보호각(α)
I	(①)	5 × 5	높이에 따라 달라진다.
II	30	(②)	
III	45	15 × 15	
IV	(③)	(④)	
단, 메시법 및 회전구체법만 적용한다.			

해답 ① 20
② 10×10
③ 60
④ 20×20

11 다음 그림을 보고 접지방식 중에서 TN−S 계통방식을 기호로 표시하시오.

[기호 설명]

구 분	설 명
	중성선(N : Neutral)
	보호선(PE : Protective Earhing)
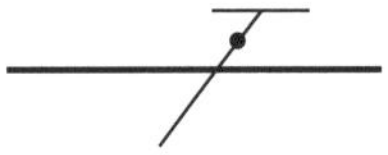	보호선과 중성선 결합(PEN)

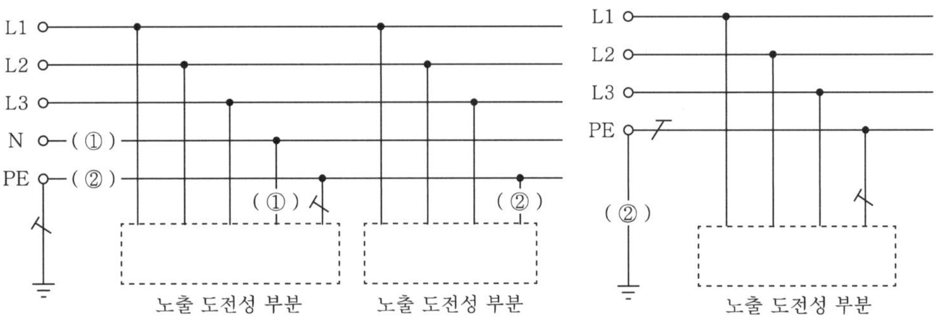

L1 L2 L3 N o—(①) PE o—(②)
(①) (②)
노출 도전성 부분 노출 도전성 부분

L1 L2 L3 PE
(②)
노출 도전성 부분

해답 ① 
②

12 다음 물음에 답하시오.

(1) 다음의 접지방식에 대한 명칭을 나타내시오.

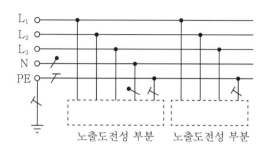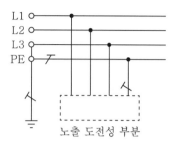

(2) 피뢰설비 접지, 수도관 접지, 통신설비 접지, 전기설비 접지, 수도관, 가스관, 철골 등의 전기설비와 무관한 계통 외의 모든 접지를 함께 하여 그들 간의 전위차가 발생 하지 않도록 하여 인체의 감전 우려를 최소화하기 위한 접지방식은?

해답 (1) TN-S 방식
(2) 통합 접지방식

13 고압 및 특고압 전로에 시설된 전기설비는 뇌전압 손상을 방지하기 위하여 피뢰기를 시설하여야 한다. 이때 피뢰기를 시설하여야 하는 장소 4가지를 서술하시오.

해답 피뢰기 시설 장소
(1) 변전소, 발전소에 준하는 가공전선 인입구 및 인출구
(2) 고압 및 특고압으로부터 공급받는 수용가의 인입구
(3) 배전용 변압기의 고압측 및 특고압측
(4) 가공 전선로와 지중 전선로가 접속되는 곳

14 과전류 차단기와 정격이 200[AT]인 경우 간선의 굵기는 95[mm²]이고, 접지선 굵기 는 16[mm²]이다. 이때 전압강하 등의 원인으로 간선 규격을 120[mm²]로 선정 시에 접지선의 굵기를 다음 표에서 산정하시오.

접지선의 최소 굵기[mm²]						
10	16	25	35	50	70	95

해답 $95 : 16 = 120 : A$이므로

$A = \dfrac{16 \times 120}{95} ≒ 20.21[mm^2]$이므로 위의 표를 이용해서 정답을 구하면 된다.

∴ $25[mm^2]$

15 접지저항 저감방법 3가지만 서술하시오.

해답 (1) 접지극의 길이를 길게 한다.
(2) 접지극을 병렬로 연결한다.
(3) 접지 저감재를 사용한다.

16 건물 접지 시 전력계통, 정보통신, 피뢰기를 모두 등전위로 묶어서 하나의 접지로 사용하는 접지공사 방식을 무엇이라 하는가?

해답 통합 접지공사

17 1개의 건축물에는 그 건축물 대지 전위의 기준이 되는 접지극, 접지선 및 주접지 단자를 그림과 같이 구성한다. 건축 내 전기기기의 노출 도전성 부분 및 계통 외 도전성 부분(건축 구조물의 금속제 부분 및 가스, 물, 난방 등의 금속배관설비) 모두를 주접지 단자에 접속한다. 이것에 의해 하나의 건축물 내 모든 금속제 부분에 주등전위 접속이 시설된 것이 된다. 다음 그림에서 ① ~ ⑤까지의 명칭을 쓰시오.

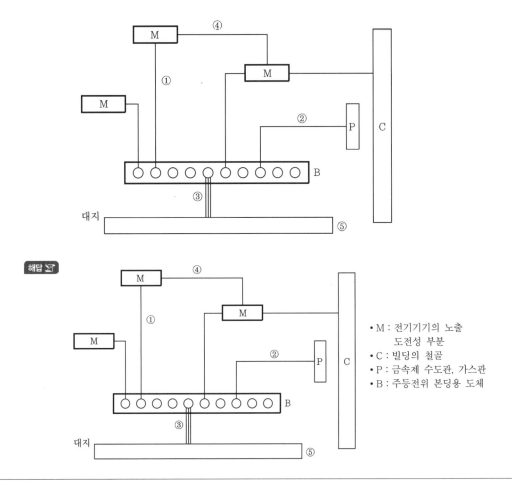

해답

• M : 전기기기의 노출 도전성 부분
• C : 빌딩의 철골
• P : 금속제 수도관, 가스관
• B : 주등전위 본딩용 도체

① 보호선

② 주등전위 접속용선

③ 접지선

④ 보조 등전위 접속용선

⑤ 접지극

18 다음 중성점 접지방식에 대한 설명이다. ( ) 안에 부분을 채우시오.

접지방식	접지 임피던스	1선 지락 시 전위 상승	지락전류	유도장해
비접지	(①)	$\sqrt{3}$	작다	작다
직접접지	$Z_n = 0$	(②)	최대	(③)
소호 리액터 접지	$Z_n = \omega L$	(④)	(⑤)	최소
저항접지	(⑥)	$\sqrt{3}$	작다	작다

해답 ① $Z_n = \infty$

② 1.3배 이하

③ 최대

④ $\sqrt{3}$ 이상

⑤ 최소

⑥ $Z_n = R$

MEMO

06

배선공사와 송배전

01 배선공사
02 송배전

출제경향

☑ 앞으로 출제 비중이 높아질 것으로 예상되는 단원이다.

☑ 계산문제보다는 암기 내용이 많이 출제될 수 있는 단원이다.

06 배선공사와 송배전

> **학습 TIP** ● 각 공사 규정의 비교 · 특징을 비교해서 외울 것
>
> **기출 keyword** ● 관공사, 덕트공사

이론 pick Up

핵심 Up

애자사용공사
• 옥외용 전선(OW) 제외
• 인입용 전선(DV) 제외

01 배선공사

1 애자사용공사 👆꼭!암기

(1) 사용전선

① 절연전선 사용

② OW, DV전선은 제외

(2) 간격(이격거리)

① 전선 상호간 : 6[cm] 이상

② 전선과 조영재 사이

  ㉠ 사용전압 400[V] 이하 시 : 2.5[cm] 이상

  ㉡ 사용전압 400[V] 초과 시 : 4.5[cm] 이상(단, 건조한 장소에 시설 시 2.5[cm] 이상)

③ 전선의 지지점 간의 거리

  ㉠ 전선을 조영재의 윗면 또는 옆면을 따라 붙일 때 : 2[m] 이하

  ㉡ 400[V]를 넘고 조영재를 따르지 않을 때 : 6[m] 이하

* 금속관공사는 최근 출제된 내용으로 꼭 이해하세요!

2 금속관공사

(1) 특징

① 완전 접지가 가능하다.

② 누전에 의한 화재 발생이 적다.

③ 방폭공사가 가능하다.

④ 많은 시설에 설치가 가능하다.

용어 Up

방폭구조설비공사
=방폭공사

(2) 금속관의 크기 및 호칭

① 후강 전선관

㉠ 호칭 : 관의 내경에 가까운 짝수

㉡ 관의 종류[mm] : 16, 22, 28, 36, 42, 54, 70, 82, 92, 104

㉢ 1본의 길이 : 3.6[m]

② 박강 전선관

㉠ 호칭 : 관의 외경에 가까운 홀수

㉡ 관의 종류[mm] : 19, 25, 31, 39, 51, 63, 75

㉢ 1본의 길이 : 3.6[m]

(3) 공사의 규정

① 전선은 절연전선일 것(단, 옥외용 비닐전선(OW)은 제외)

② 금속관 안에는 전선의 접속점이 없을 것

③ 전선은 연선을 사용, 단면적 10[mm^2](알루미늄선은 16[mm^2]) 초과할 것

④ 전자적 불평형이 생기지 않도록 시설할 것

⑤ 금속관의 두께 : 콘크리트 매입용 관두께는 1.2[mm](기타의 경우 1.0[mm]) 이상일 것

⑥ 금속관은 접지공사를 할 것(단, 다음의 두 경우는 제외)

㉠ 400[V] 미만으로서 관의 길이가 4[m] 이하인 것을 건조한 장소에 시설

㉡ 옥내 배선의 사용전압이 직류 300[V] 또는 교류 대지전압 150[V] 이하로서 그 전선을 넣는 관의 길이가 8[m] 이하인 것을 사람이 쉽게 접촉할 우려가 없도록 시설하는 경우 또는 건조한 장소에 시설하는 경우

(4) 금속관공사 시 필요한 자재 🖐꼭!암기

① 로크너트(lock-nut)

㉠ 박스(box)와 금속관 접속 시 쓰인다.

㉡ 6각형과 기어형이 있다.

② 리머 : 절단한 전선관을 매끄럽게 하는 데 쓰인다.

③ 녹아웃 펀치, 홀쏘 : 관과 캐비닛 등에 구멍을 뚫을 때 사용한다.

④ 부싱(bushing) : 전선의 인·입출 시에 전선의 피복을 보호하기 위해서 전선관의 끝단에 설치한다.

⑤ 새들(saddle) : 노출배관공사 시에 금속관을 조영재에 지지, 고정하기 위해서 사용되며 합성수지관공사에서도 사용된다.

⑥ 커플링(coupling)

　㉠ 금속관 상호 접속 시에 사용된다.

　㉡ 금속관과 노멀밴드와의 접속 시에 사용된다.

　㉢ 관이 고정되어 있어 회전시킬 수 없는 경우에는 유니언 커플링을 사용한다.

⑦ 클리퍼 : 굵은 전선관을 절단 시에 사용한다.

⑧ 노멀밴드(nomal-bend) : 금속관의 굴곡부에서 관과 관 사이의 접속에 사용된다.

⑨ 링 리듀서(ring reducer) : 금속관 고정 시 녹아웃의 지름이 금속관의 지름보다 클 때 사용하는 보조기구이다.

⑩ 엘보(elbow)

　㉠ 노출배관공사 시 관을 직각으로 굽혀야 할 곳의 관과 관 상호간 접속 시에 사용된다.

　㉡ T형, Cross형이 있다.

⑪ 엔트런스 갭(entrance gap) : 관단의 인입구, 인출구에 시설하여 외부의 빗물이 침투하는 것을 막는 데 이용한다.

실전 Up 문제

01 금속관공사 시 필요한 부속 자재에 대한 다음 표를 보고 해당되는 부품명을 쓰시오.

부품명	특 징
(1)	박스나 캐비닛에 금속관을 접속, 고정시킬 때 사용하는 강철제 접속기구로 6각형과 기어형이 있다.
(2)	전선관 끝단에 설치하여 전선의 인입이나 인출 시 전선의 피복을 보호하기 위한 보호기구로 금속제와 합성수지제 2종류가 있다.
(3)	금속관 상호간이나 금속관과 노멀밴드와의 접속 시 사용하며, 금속관이 고정되어 있어 회전시킬 수 없는 경우는 유니언 커플링을 사용하여 접속한다.
(4)	노출배관공사 시 관을 지지, 고정하기 위한 것으로 금속관공사뿐만 아니라 합성수지관공사, 가요전선관공사에서도 이용한다.
(5)	매입이나 노출배관에서 금속관의 굴곡부에서의 관 상호간을 접속하기 위한 접속기구로 양단에 나사가 있어 관과의 접속 시 커플링을 이용한다.
(6)	박스나 캐비닛에 금속관 고정 시 녹아웃 지름이 금속관의 지름보다 클 경우 박스나 캐비닛 양측에 부착하여 사용하는 보조 접속기구이다.
(7)	노출형 배관공사 시 스위치나 콘센트를 설치, 고정할 때 사용하는 주철제 함으로 1개용, 2개용 등이 있다.
(8)	전선관공사에서 조명기구나 콘센트, 스위치 등의 취부뿐만 아니라 전선 접속함으로도 사용하는 것으로 4각형과 8각형이 있다.

> **해답** 금속관공사 시 필요한 부속 자재
> (1) 로크너트
> (2) 부싱
> (3) 커플링
> (4) 새들
> (5) 노멀밴드
> (6) 링 리듀서
> (7) 스위치 박스
> (8) 아울렛 박스

3 합성수지관공사

(1) 합성수지관의 크기

① 크기 : 관의 내경에 가까운 짝수로 호칭(14, 16, 22, 28, 36, 42, 54, 70, 82)[mm]

② 표준 길이 : 4[m]

(2) 공사의 규정 🔊꼭!암기

① 전선은 절연전선일 것 : 옥외용 비닐전선(OW)은 제외한다.

② 금속관 안에는 전선의 접속점이 없어야 한다.

③ 전선은 연선을 사용, 단면적 10[mm^2](알루미늄선은 16[mm^2]) 초과할 것

④ 관 접속 시 관의 삽입깊이는 관 바깥지름의 1.2배 이상으로 한다(접착제를 사용 시에는 0.8배도 가능).

⑤ 새들을 이용하여 지지하고자 할 때의 지지점 간의 거리는 1.5[m] 이하(박스 부근이나 관의 끝부분은 0.3[m] 정도)

4 가요전선관공사

(1) 종류

① 제1종 가요전선관

② 제2종 가요전선관

> 🔊 **핵심 Up**
> 점검이 가능한 장소에 케이블공사, 가요전선관공사, 금속관공사를 주로 한다.

(2) 전선관의 크기

① 관 안지름에 가까운 크기로 나타낸다.

② 10, 12, 15, 17, 24, 30, 38, 50, 63, 76, 83, 101[mm]

(3) 공사 규정

① 전선은 절연전선일 것(옥외용 비닐전선(OW)은 제외)

② 금속관 안에는 전선의 접속점이 없어야 한다.

③ 전선은 연선을 사용, 단면적 10[mm^2](알루미늄선은 16[mm^2]) 초과할 것

④ 지지점의 거리

ㄱ 조영재의 측면, 하면에 수평방향으로 공사 시 : 1[m] 이하

ㄴ 사람의 접촉 우려가 없는 경우 : 1[m] 이하

* 금속덕트공사는 최근 출제된 내용으로 꼭 이해하세요!

5 금속덕트공사

(1) 공사 규정

① 전선은 절연전선일 것(옥외용 비닐전선(OW)은 제외)

② 금속관 안에는 전선의 접속점이 없어야 한다.

③ 덕트 안의 전선은 절연물을 포함한 총 단면적이 덕트 내부 단면적의 20[%] 이하가 되도록 한다.

④ 전광표시장치, 출퇴표시등의 배선에 사용되는 전선만을 사용 시에는 덕트 내부 단면적의 50[%] 이하가 되도록 한다.

⑤ 덕트 지지점 간의 거리는 3[m](취급자 이외에는 출입할 수 없는 곳에 수직으로 시설 시에는 6[m]) 이하이다.

⑥ 두께는 1.2[mm] 이상이다.

(2) 금속덕트는 접지공사를 할 것

6 버스덕트공사

(1) 버스덕트의 종류

① 피더 버스덕트

② 플러그인 버스덕트

③ 익스펜션 버스덕트

(2) 공사 규정

① 덕트의 끝부분은 밀폐시킬 것

② 덕트의 지지점 간의 거리는 3[m](취급자 이외의 자가 출입할 수 없을 때에는 수직으로 설치 시에는 6[m]) 이하일 것

③ 버스덕트는 접지공사를 할 것

④ 간선의 설치에 사용한다.

넓게 보기

1. 라이팅덕트공사
① 지지점 간의 거리는 2[m] 이하로 한다.
② 끝부분은 반드시 막을 것
③ 전등을 일렬로 배선하는 공사에 이용된다.
④ 라이팅덕트의 금속제 부분은 인체감전보호용 접지를 하여야 한다.

2. 플로어덕트공사
① 전선은 30본 이하로 한다.
② 전선은 반드시 절연전선을 사용한다.
③ 습기가 많은 곳은 시설하지 않는다.
④ 전선의 덕트 총 단면적의 20[%](출퇴 표시는 50[%]) 이하로 할 것

---

02 송배전

1 송전선로의 특성

(1) 송전단 선로의 특성

① 단거리 송전선로(50[km] 이하) : 저항과 인덕턴스와의 직렬회로로 나타내며 집중 정수회로로 해석한다.

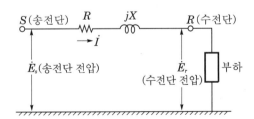

㉠ 송전단 전압(E_s)

$$E_s = \sqrt{(E_r + IR\cos\theta_r + IX\sin\theta_r)^2 + (IX\cos\theta_r - IR\sin\theta_r)^2}$$

$$\fallingdotseq E_r + I(R\cos\theta_r + X\sin\theta_r)$$

㉡ 전압강하(e) 꼭! 암기

• 단상 $e = E_s - E_r = I(R\cos\theta_r + X\sin\theta_r)$

• 3상 $e = E_s - E_r = \sqrt{3}\,I(R\cos\theta_r + X\sin\theta_r)$

㉢ 전압강하율(ε) 및 전압변동률(δ)

• $\varepsilon = \dfrac{e}{V_r} \times 100 = \dfrac{V_s - V_r}{V_r} \times 100[\%]$ 꼭! 암기

$$= \dfrac{I(R\cos\theta_r + X\sin\theta_r)}{E_r} \times 100[\%]$$

• $\delta = \dfrac{V_0 - V_n}{V_n} \times 100[\%]$

여기서, V_0 : 무부하 시 수전단 선간전압[V]

V_n : 전부하 시 수전단 선간전압[V]

㉣ 수전단(receiving end) 전력(P_r)

$$P_r = \sqrt{3}\,V_r I\cos\theta_r [\text{kW}]$$

㉤ 전력손실(P_l)

$$P_l = 3I^2 R = 3 \cdot \left(\dfrac{P}{\sqrt{3}\,V\cos\theta}\right)^2 \cdot R = \dfrac{\rho l \, P^2}{A\,V^2\cos^2\theta}[\text{W}]$$

㉥ 송전단(sending end) 전력(P_s)

$$P_s = P_r + P_l = \sqrt{3}\,V_r I\cos\theta_r + 3I^2 R$$

여기서, E_s : 송전단 상전압[V]

E_r : 수전단 상전압[V]

V_s : 송전단 선간전압[V]

V_r : 수전단 선간전압[V]

넓게 보기

전압의 승압 시 특징

1. 장점

① 전압강하가 감소 $\left(e \propto \dfrac{1}{V}\right)$

② 공급전력은 증가 $(P \propto V^2)$

③ 전력손실이 감소 $\left(P_l \propto \dfrac{1}{V^2}\right)$

④ 전압강하율이 감소 $\left(\varepsilon \propto \dfrac{1}{V^2}\right)$

⑤ 전선의 단면적이 감소 $\left(A \propto \dfrac{1}{V^2}\right)$

2. 단점
   ① 코로나 발생의 우려
   ② 애자의 개수가 증가
   ③ 유지보수가 증가

실전 Up 문제

02 3상 3선식 200[V] 회로에서 200[A]의 부하를 전선의 길이 200[m]인 곳에 사용할 경우 전압강하율은 몇 [%]인가? (단, 사용전선의 단면적은 240[mm²]이다.)

해답 전압강하율(ε)

전압강하율 $\varepsilon = \dfrac{V_s - V_r}{V_r} \times 100 = \dfrac{e}{V_r} \times 100 [\%]$

(여기서, e : 전압강하)

전압강하 $e = \dfrac{30.8LI}{1,000A} = \dfrac{30.8 \times 200 \times 200}{1,000 \times 240} ≒ 5.13[\text{V}]$

∴ 전압강하율(ε)

$\varepsilon = \dfrac{5.13}{200} \times 100 = 2.57[\%]$

03 3상 3선식 송전선에서 수전단의 선간전압이 30[kV], 부하 역률이 0.8인 경우 전압강하율이 10[%]라 하면 이 송전선은 몇 [kW]까지 수전할 수 있는가? (단, 전선 1상당 저항은 15[Ω], 리액턴스는 20[Ω]이라 하고, 기타의 선로정수는 무시한다.)

해답 수전 전력(P)

$P = \dfrac{eV_r}{R + X\tan\theta} \times 10^{-3} [\text{kW}]$

$= \dfrac{(30 \times 10^3 \times 0.1) \times (30 \times 10^3)}{15 + 20 \times \dfrac{0.6}{0.8}} \times 10^{-3}$

$= 3,000 [\text{kW}]$

② 중거리 송전선로 : 중거리 송전선로에서는 직렬 임피던스와 병렬 어드미턴스로 구성되고 있는 T형 회로와 π형 회로의 두 종류의 등가회로로 해석한다.

㉠ T형 회로

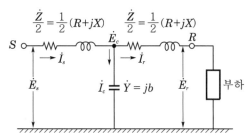

- $E_s = E_c + \dfrac{Z}{2} I_s = \left(1 + \dfrac{ZY}{2}\right) E_r + Z\left(1 + \dfrac{ZY}{4}\right) I_r \ \rightarrow \dot{E}_s = \dot{A}\dot{E}_r + \dot{B}\dot{I}_r$

- $I_s = I_r + I_c = Y E_r + \left(1 + \dfrac{ZY}{2}\right) I_r \ \rightarrow \dot{I}_s = \dot{C}\dot{E}_r + \dot{D}\dot{I}_r$

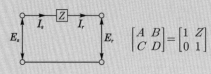

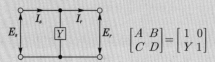

핵심 Up

좌우대칭인 선로 $A = D$
이다.

핵심 pick

$AD - BC = 1$ [$A,\ B,\ C,\ D$: 4단자 정수]

$$\begin{bmatrix} A & B \\ C & D \end{bmatrix} = \begin{bmatrix} 1 & Z \\ 0 & 1 \end{bmatrix}$$

$$\begin{bmatrix} A & B \\ C & D \end{bmatrix} = \begin{bmatrix} 1 & 0 \\ Y & 1 \end{bmatrix}$$

㉡ π형 회로

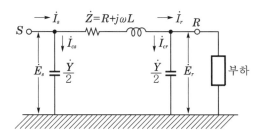

$$\begin{bmatrix} 1 & 0 \\ \dfrac{Y}{2} & 1 \end{bmatrix} \cdot \begin{bmatrix} 1 & Z \\ 0 & 1 \end{bmatrix} \cdot \begin{bmatrix} 1 & 0 \\ \dfrac{Y}{2} & 1 \end{bmatrix} = \begin{bmatrix} 1 + \dfrac{ZY}{2} & Z \\ Y\left(1 + \dfrac{ZY}{4}\right) & 1 + \dfrac{ZY}{2} \end{bmatrix}$$

- $E_s = E_r + ZI = \left(1 + \dfrac{ZY}{2}\right) E_r + Z I_r$

- $I_s = I_{cs} + I = Y\left(\dfrac{1 + ZY}{4}\right) E_r + \left(1 + \dfrac{ZY}{2}\right) I_r$

③ 장거리 송전선로

$\dot{E}_s = \dot{E}_r \cos h\gamma l + \dot{I}_r Z_0 \sin h\gamma l [\text{V}]$

$\dot{I}_s = \dot{E}_r Y_0 \sin h\gamma l + \dot{I}_r \cos h\gamma l [\text{A}]$

여기서, Z_0 : 특성 임피던스(characteristic impedance)

γ : 전파정수(propagation constant)

$\dot{E}_s$: 송전단 전압[V]

$\dot{I}_s$: 송전단 전류[A]

$\dot{E}_r$: 수전단 전압[V]

$\dot{I}_r$: 수전단 전류[A]

㉠ 특성 임피던스 Z_0

$$Z_0 = \sqrt{\frac{\dot{Z}}{\dot{Y}}} = \sqrt{\frac{R + j\omega L}{G + j\omega C}} \, [\Omega]$$

$$\fallingdotseq \sqrt{\frac{L}{C}}$$

㉡ 전파정수(γ)

$$\gamma = \sqrt{\dot{Z}\dot{Y}}$$

$$= \sqrt{(R + j\omega L)(G + j\omega C)} \, [\text{rad}]$$

㉢ 전파속도(v)

$$v = \frac{1}{\sqrt{LC}} \, [\text{m/sec}]$$

여기서, $v = 3 \times 10^5 [\text{km/sec}]$

(2) 전력 원선도

① 전선로의 4단자 정수와 복소 전력법을 이용한 송수전단의 전력 방정식

② 중심점 좌표 : $m E_s^{\,2}, \, j n E_s^{\,2}$

③ 반지름 : $\dfrac{E_s E_r}{B}$

④ 전력 원선도로부터 구할 수 있는 것 🖐️꼭!암기

㉠ 송수전단 위상각

㉡ 유효전력, 무효전력, 피상전력

㉢ 선로의 손실과 송전효율

㉣ 수전단의 역률

㉤ 조상설비의 용량

㉥ 전력손실

(3) 페란티 현상 🤙꼭!암기

부하가 아주 적은 경우, 특히 무부하인 경우에는 충전전류의 영향이 크게 작용해서 전류는 진상 전류로 되고, 이때에는 수전단 전압이 도리어 송전단 전압보다 높게 된다. 이 현상을 페란티 현상이라 한다.

(4) 조상설비

무효전력을 조정하여 전송효율을 높이고, 전압을 조정하여 계통의 안정도를 증진시키는 설비를 말하며, 동기 무효전력보상장치, 전력용 콘덴서, 분로리액터 등이 있다.

① 동기 무효전력보상장치(조상기) : 무부하 동기 전동기의 여자를 변화시켜 전동기에서 공급되는 진상 또는 지상 전류를 공급받아 역률을 개선한다. 🤙꼭!암기

전력용 콘덴서	동기 무효전력보상장치
배전계통에 주로 사용	송전계통에 주로 사용
조정이 불연속	조정이 연속적
정지기로 손실이 적다.	회전기로 손실이 크다.
시충전 불가	시충전 가능
지상 부하에 사용	진상·지상 부하 모두 사용

② 분로리액터 : 변전소에 설치하여 선로의 페란티 현상을 방지한다.

③ 전력용 콘덴서 : 배전선로의 역률 개선용으로 사용할 때에는 콘덴서를 전선로와 병렬로 접속한다.

📈 실전 **Up** 문제

04 다음 리액터의 설치목적을 간략히 서술하시오.

(1) 분로리액터

(2) 직렬리액터

(3) 한류리액터

(4) 소호리액터

[해답] (1) 변전소에 설치하여 선로의 페란티 현상을 방지한다.

(2) 고조파를 제거하여 파형을 개선한다.

(3) 단락전류의 크기를 제한한다.

(4) 지락전류의 크기를 제한한다.

핵심 pick

역률 개선

1. 역률 개선용 콘덴서 용량(Q)

$$Q = P(\tan\theta_1 - \tan\theta_2)$$
$$= P\left(\frac{\sin\theta_1}{\cos\theta_1} - \frac{\sin\theta_2}{\cos\theta_2}\right)[\text{kVA}]$$

2. 직렬리액터

① 콘덴서에 의한 제5고조파 제거를 위해서 필요하다.

② 선로의 파형이 찌그러지고 통신선에 유도장해를 일으키므로 이를 제거하기 위해 축전지와 직렬로 리액터를 삽입하여야 한다.

③ 직렬리액터 용량(ωL)

$$5\omega L = \frac{1}{5\omega C} \text{이므로}$$
$$\therefore \ \omega L = \frac{1}{25} \times \frac{1}{\omega C} = 0.04 \times \frac{1}{\omega C}$$

④ 이론상으로는 4[%]이나 일반적으로 6[%] 정도의 직렬리액터를 설치한다.

(5) 안정도

안정하게 운전을 계속할 수 있는가 하는 여부의 능력을 말한다.

① 안정도 종류

㉠ 정태 안정도(steady state stability) : 일반적으로 정상적인 운전상태에서 서서히 부하를 조금씩 증가했을 경우 안정운전을 지속할 수 있는가 하는 능력을 말한다.

㉡ 동태 안정도(dynamic stability) : 고성능의 AVR(자동전압조정기, Automatic Voltage Regulator)에 의한 안정운전 향상 능력

㉢ 과도 안정도(transient stability) : 부하가 급변하거나 고장 시 안정운전 지속 능력

② 안정도 향상 대책

㉠ 발전기나 변압기의 리액턴스를 감소

㉡ 전선로의 병행 회선을 증가하거나 복도체를 사용

㉢ 직렬 콘덴서를 삽입해서 선로의 리액턴스를 보상

③ 전압 변동의 억제대책

㉠ 중간 조상방식을 채용

㉡ 계통을 연계

㉢ 속응여자방식을 채용

④ 계통에 주는 충격의 경감대책

㉠ 재폐로 방식의 채용

㉡ 고속 차단방식을 채용

㉢ 적당한 중성점 접지방식을 채용

핵심 Up

안정도 종류
• 정태 안정도
• 동태 안정도
• 과도 안정도

⑤ 고장 시의 전력 변동의 억제대책

ㄱ 제동 저항기의 설치

ㄴ 조속기 동작을 신속

⑥ 송전전압 계산(Still 식) 🖐꼭!암기

송전전압 $V_s = 5.5\sqrt{0.6l + \dfrac{P}{100}}\ [\text{kV}]$

여기서, l : 송전거리[km]

P : 송전전력[kW]

⑦ 송전용량 계산

ㄱ 고유부하 용량 계산법

송전용량 $P_s = \dfrac{(수전단\ 선간전압)^2}{특성\ 임피던스}[\text{MW}]$

$P_s = \dfrac{V_r^{\,2}}{Z_0} = \dfrac{V_r^{\,2}}{\sqrt{\dfrac{L}{C}}}\ [\text{MW}]$

여기서, V_r : 수전단 선간전압

L : 인덕턴스[H]

C : 정전용량[F]

ㄴ 송전용량 계수법

• 송전전력 $P_s = k\dfrac{(수전전압[\text{kV}])^2}{총\ 길이[\text{km}]}[\text{kW}]$

$P_s = k\dfrac{V_r^{\,2}}{l}\ [\text{kW}]$

여기서, k : 송전용량계수, l : 송전거리[km], V_r : 수전전압

• 국내 송전의 경우 보통 k는 1,200이다.

ㄷ 리액턴스법 🖐꼭!암기

• $P_s = \dfrac{V_s V_r}{X}\sin\delta[\text{MW}]$

• 송전거리가 멀어질수록 유도성 리액턴스(X)가 증가하여 송전전력은 적어진다.

▨2 선로정수 및 코로나 현상

(1) 선로정수

송배전선로는 저항(R), 인덕턴스(L), 정전용량(커패시턴스, C), 누설컨덕턴스(G)로 이루어진 연속적인 전기회로이다.

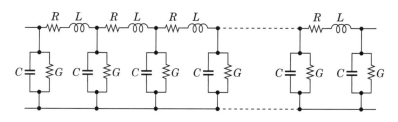

① 저항(R) : 전선의 길이가 l[m], 단면적 A[mm^2]일 때의 전선의 저항

$$R = \rho \frac{l}{A} = \frac{1}{58} \times \frac{100}{C} \times \frac{l}{A} \, [\Omega]$$

여기서, ρ : 고유저항$\left(\dfrac{1}{58} \times \dfrac{100}{C}\right)$ [$\Omega \cdot$ mm^2/m]

   C : 도전율[%]

② 인덕턴스(L)

   ㉠ 단도체 : $L = 0.05 + 0.4605 \log_{10} \dfrac{D}{r}$ [mH/km] 👆꼭!암기

   여기서, r : 반지름[m]

   D : 선간거리[m]

   ㉡ 다도체

   • $L = \dfrac{0.05}{n} + 0.4605 \log_{10} \dfrac{D}{r'}$ [mH/km] 👆꼭!암기

   • $r' = r^{\frac{1}{n}} \cdot s^{\frac{n-1}{n}} = \sqrt[n]{r \cdot s^{n-1}}$

   여기서, r' : 등가 반지름

   s : 소도체 간의 등가 선간거리

   n : 소도체의 수

   • 등가 선간거리(기하학적 평균거리)

   $D' = \sqrt[n]{D_1 \times D_2 \times D_3 \times \cdots \times D_n}$

   − 직선 배열 : $D' = \sqrt[3]{D \times D \times 2D} = \sqrt[3]{2}\, D$

   − 정삼각형 배열 : $D' = \sqrt[3]{D \times D \times D} = D$

   − 정사각형 배열 : $D' = \sqrt[6]{D \times D \times D \times D \times \sqrt{2}\, D \times \sqrt{2}\, D} = \sqrt[6]{2}\, D$

🏠 핵심 **Up**

도전율
• 연동선(구리) : 100[%]
• 경동선(구리+주석) : 95[%]
• 알루미늄선 : 61[%]

🏠 핵심 **Up**

복도체 방식
두 도체 사이에 흡인력이 작용하므로 도체를 고정하는 스페이서가 필요하다.

🌐 넓게 보기

복도체(다도체)의 특징
1. 주목적은 코로나 방지, 코로나 임계전압 상승이다.
2. 소도체 간에 흡인력이 발생한다.
3. 인덕턴스는 감소한다.
4. 정전용량은 증가한다.
5. 소도체 간의 흡인력이 발생하므로 대책으로 스페이서를 설치한다.

③ 정전용량(C)

㉠ 단도체

$$C = \frac{0.02413}{\log_{10} \dfrac{D}{r}} \, [\mu\mathrm{F/km}] \quad \text{꼭!암기}$$

㉡ 다도체

$$C = \frac{0.02413}{\log_{10} \dfrac{D}{r'}} = \frac{0.02413}{\log_{10} \dfrac{D}{\sqrt[n]{r\, s^{n-1}}}} \, [\mu\mathrm{F/km}]$$

㉢ 충전전류(진상 전류)

$$I_c = \frac{E}{X_c} = \frac{E}{\dfrac{1}{\omega C}} = \omega\, CE = \frac{\omega\, CV}{\sqrt{3}} \times 10^{-3} \, [\mathrm{A}]$$

㉣ 충전용량

$$Q_c = 3\,E I_c = 3\,\omega\, CE^2 \times 10^{-3}$$
$$= \omega\, CV^2 \times 10^{-3} = 2\pi f\, C V^2 \times 10^{-3} \, [\mathrm{kVA}]$$

핵심 Up

충전용량
• △결선 시
$Q_c = 3\omega CV^2 \times 10^{-3}$
 [kVA]
• Y결선 시
$Q_c = \omega CV^2 \times 10^{-3}$
 [kVA]

실전 Up문제

05 3개의 전선 a, b, c가 일직선으로 배열되어 있다. 이때 각각의 전선의 사이 거리가 5[m]라 할 때 이 선로의 등가 선간거리는?

해답 등가 선간거리(D')
$$D' = \sqrt[3]{D \times D \times 2D} = \sqrt[3]{2}\, D$$
$$= 5\sqrt[3]{2} \, [\mathrm{m}]$$

06 송전선로의 거리가 길어지면서 송전선로의 전압이 매우 커지고 있다. 따라서 여러 가지 이유에 의하여 단도체 대신 복도체 또는 다도체 방식이 채용되고 있는데 복도체(또는 다도체) 방식을 단도체 방식과 비교할 때 그 장점과 단점을 각각 3가지씩만 쓰시오.

해답 (1) 장점
　① 코로나 방지
　　㉠ 코로나 임계전압 상승
　　㉡ 굵은 전선 사용
　② 인덕턴스 감소 : 리액턴스 감소
　③ 정전용량 증가(∴ 송전용량은 증가한다.)
　④ 안정도 증가
　⑤ 소도체 사이의 흡인력 발생 : 흡인력을 억제하기 위해 스페이서를 설치한다.

(2) 단점
　　① 전선의 진동이 커진다.
　　② 건설비가 상승한다.
　　③ 소도체 간의 흡인력 발생

(2) 전선위치바꿈(연가) 꼭!암기

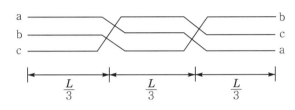

① 전선로 각 상의 선로정수를 평형되도록 선로 전체의 길이를 3등분하여 각 상에 속하는 전선이 전 구간을 통하여 각 위치를 일순
② 전선위치바꿈(연가)의 효과
　　㉠ 선로정수를 평형시켜 통신선에 대한 유도장해 방지
　　㉡ 전선로의 직렬 공진을 방지

(3) 코로나 현상

① 초고압 송전계통에서 전위 경도가 너무 높은 경우 전선의 주위의 공기 절연이 파괴되면서 발생하는 현상을 말한다.
② 임계전압(E_0) : 코로나 임계전압이 높을수록 코로나 현상이 감소한다.

$$E_0 = 24.3\, m_0\, m_1\, \delta\, d \log_{10} \frac{D}{r}\ [\mathrm{kV}]$$

여기서, m_0 : 표면계수
　　· 단선 : 1
　　· 중공연선 : 0.9~0.94
　　m_1 : 날씨계수
　　· 청천 : 1
　　· 흐리거나 비 : 0.8
　　δ : 공기상대밀도
　　d : 전선의 직경[cm]
　　D : 선간거리[cm]
　　r : 반지름[m]

핵심 Up
상대공기밀도(δ)
$$\delta = \frac{0.386b}{273 + t}$$
여기서, b : 기압
　　　　t : 온도

임계전압을 높이는 방법
1. 전선의 직경을 증가시킨다.
2. 온도를 낮게 한다.
3. 기압을 높게 한다.

③ 코로나 현상의 영향
    ㉠ 코로나 손실 발생 : Peek식에 의한 손실 계산(P_c)

$$P_c = \frac{241}{\delta}(f+25)\sqrt{\frac{d}{2D}}(E-E_0)^2 \times 10^{-5}$$

      여기서, E : 전선의 대지전압[V]

               E_0 : 코로나 임계전압[V]

               δ : 상대공기밀도

               D : 선간거리[m]

               d : 전선의 지름[m]

               f : 주파수[Hz]

    ㉡ 코로나 잡음
    ㉢ 전선의 부식 : 오존(O_3)에 의해 전선이 부식된다.
    ㉣ 통신선의 유도장해 : 코로나에 의한 고조파 전류 중 제3고조파 성분은 중성점 전류로서 나타나고 통신선에 유도장해를 일으킬 우려가 있다.
    ㉤ 진행파의 파고값은 감소한다.

④ 방지책
    ㉠ 전선 표면의 금구를 손상하지 않게 한다.
    ㉡ 전선의 직경을 크게 하여 임계전압을 크게 한다.
    ㉢ ACSR, 중공연선, 다도체 방식 채용

📈 실전 **Up** 문제

07 다음은 가공 송전선로의 코로나 임계전압을 나타낸 식이다. 이 식을 보고 다음 각 물음에 답하시오.

$$E_0 = 24.3 m_0 m_1 \delta d \log_{10}\frac{D}{r} \text{[kV]}$$

(1) 기온 $t[℃]$에서의 기압을 $b[\text{mmHg}]$라고 할 때 $\delta = \frac{0.386b}{273+t}$로 나타내는데 이 δ는 무엇을 의미하는지 쓰시오.

(2) m_1이 날씨에 의한 계수라면, m_0는 무엇에 의한 계수인지 쓰시오.

해답 (1) δ : 상대공기밀도
   (2) ① m_0 : 표면계수
      ㉠ 단선 : 0.93 ~ 1
      ㉡ 연선 : 0.8 ~ 0.87
   ② m_1 : 날씨계수
      ㉠ 우천 시 : 0.8
      ㉡ 맑음 : 1

3 전선로

(1) 가공전선로

① 전선
   ㉠ 단선 : 공칭 직경[mm]으로 나타낸다.
   ㉡ 연선
      • 연선을 구성하는 소선의 총수(N)와 소선의 층수(n)
         $N = 3n(1+n)+1$
      • 연선의 바깥지름(D)과 소선의 지름(d)
         $D = (2n+1)d[\text{mm}]$
      • 연선의 전체 단면적(A)
         $A = aN = \pi r^2 N$ (여기서, a : 소선의 단면적)
   ㉢ 전선의 구비조건
      • 도전율이 클 것
      • 기계적 강도가 클 것
      • 가요성이 클 것
      • 내구성이 있을 것
      • 비중이 작을 것
      • 가격이 저렴할 것

② 전선의 종류
   ㉠ 중공연선 : 동일한 동량으로 바깥지름을 크게 한 연선으로 초고압 송전선에서 코로나를 방지하기 위해 사용한다.
   ㉡ 합성연선 : 우리나라에서 사용하는 합성연선은 대표적으로 강심알루미늄연선(ACSR)으로 도전율이 약 61[%]이다.

③ 굵기의 선정 시 고려사항 👆꼭!암기
   ㉠ 코로나
   ㉡ 전압강하
   ㉢ 기계적 강도

핵심 Up
연선의 표시
$\dfrac{N}{d}$
여기서, N : 소선의 총수
       d : 소선의 직경

핵심 Up
강심알루미늄연선(ACSR)
• 비중이 적어서 진동이 발생할 수 있다.
• 기계적 강도가 큰 편이다.
• 도전율은 약 61[%]이다.
• 주로 송전선로에 쓰인다.

ⓔ 허용전류

ⓜ 경제성

④ **처짐정도(이도)(dip)** : 전선 자체의 무게로 인해 전선이 아래로 처지는 정도

ⓖ 처짐정도의 대소 : 지지물의 높이를 좌우한다.

ⓛ 처짐정도가 큰 경우
- 좌우로 크게 진동해서 다른 상의 전선에 접촉한다.
- 지지물의 높이를 좌우한다.
- 바람에 의한 횡진사고가 발생한다.

ⓒ 처짐정도가 작은 경우
- 작은 것만큼 반비례하여 전선의 장력이 증가한다.
- 전선의 장력이 커지므로 안전성이 감소한다.

ⓔ 처짐정도(dip)의 계산 : $D = \dfrac{WS^2}{8T}$ 꼭!암기

여기서, W : 전선의 1[m]당 무게[kg/m]

S : 경간[m]

T : 수평장력[kg]$\left(T = \dfrac{인장하중}{안전율}\right)$

- 안전율이 '1'보다 작으면 전선은 끊어진다.

ⓜ 전선의 실제 길이 : $L = S + \dfrac{8D^2}{3S}$ [m] 꼭!암기

여기서, D : 처짐정도[m]

L : 전선의 실제 길이[m]

ⓑ 전선의 지표상의 평균 높이 : $h = H - \dfrac{2}{3}D$ [m]

여기서, H : 높이[m]

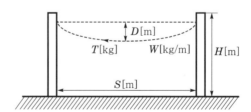

실전 Up 문제

08 전선의 지지점의 높이가 30[m]이고 전선의 처짐정도가 6[m]일 때 전선의 평균 높이는 몇 [m]인가?

해답 전선의 지표상의 평균 높이(h)

$$h = H - \frac{2}{3}D = 30 - \frac{2}{3} \times 30 = 10[\text{m}]$$

⑤ 전선의 하중

　　㉠ 수직하중(W_0) : 전선 자체의 무게

　　㉡ 빙설의 하중(W_i)

$$W_i = 0.9 \times \frac{\pi}{4}\{(d+12)^2 - d^2\} \times 10^{-3} \times 10^{-6}$$

　　여기서, d : 전선의 직경[m]

⑥ 전선의 진동과 도약

　　㉠ 진동 발생

　　　• 전선이 가볍고 긴 경우 바람에 의해서 전선로와 전선로 사이에 혼촉이 일어나는 현상을 말한다.

　　　• 경간, 장력 및 하중 등에 의해 정해지는 고유 진동수와 같게 되면 공진을 일으켜서 진동이 지속하여 단선 등 사고가 발생한다.

　　　• 방지대책 : 댐퍼(damper), 아머로드(armour rod) 등을 시설한다.

　　㉡ 도약

　　　• 전선 주위의 빙설이나 물이 떨어지면서 반동 등으로 전선이 도약하여 상하 전선 간 혼촉에 의해 일어나는 현상을 말한다.

　　　• 전선로가 나선이기 때문에 문제가 발생한다.

　　　• 방지책 : 단락 방지(off set)를 한다.

⑦ 가공전선로의 애자

　　㉠ 구비조건 🔑 꼭! 암기

　　　• 경제적일 것

　　　• 기계적 강도가 클 것

　　　• 절연내력이 클 것

　　　• 절연저항이 클 것

　　　• 정전용량이 작을 것

　　㉡ 애자의 종류

　　　• 핀애자(pin type insulator) : 압축용은 자기편(porcelain shell)이 1개이고, 특고압용은 2~4개의 자기 편을 써서 각기 시멘트로 접착시키고, 핀은 아연도금을 한 강재이다.

핵심 Up

가공전선로의 애자 구비 조건
• 경제적일 것
• 기계적 강도가 클 것
• 절연내력이 클 것
• 절연저항이 클 것
• 정전용량이 작을 것

- 현수애자(disk-type suspension insulator) : 클레비스형(clevis type), 볼·소켓형(ball and soket type)이 있고, 일반적으로 191[mm], 250[mm]의 것이 표준이며, 연결 개수를 가감하여 사용한다. 현수애자는 사용전압에 따라 여러 개를 직렬로 연결해서 하나의 애자련으로 사용하므로 66[kV] 이상의 전선로에 많이 사용한다.

[전압별 애자수]

전압[kV]	22.9	66	154	345	765
애자 수량[개]	2~3	4~6	9~11	19~23	38~43

- 장간애자(long-rod insulator) : 내무성이 좋고 세정이 수월하다.
- 내무애자(for or smong type insulator) : 현수애자와 비슷한 모양을 하고 있으나 연면길이를 길게 한 애자를 말한다. 염분이나 먼지, 공장지대의 매연, 분진이 많은 곳에 사용한다.
- 배전용 애자 : 핀애자, 인류애자, 가지애자 등

ⓒ 애자의 전기적 특성 : 애자의 섬락전압(250[mm] 현수애자 1개 기준) - 절연내력시험

ⓔ 애자련의 효율(연능률)

- 애자의 연능률 $\eta = \dfrac{V_n}{n V_1} \times 100[\%]$

여기서, V_n : 애자련의 섬락전압[kV]

V_1 : 현수애자 1개의 섬락전압[kV]

n : 1연의 애자개수

- 애자련의 전압 부담 : 철탑에서 $\dfrac{1}{3}$ 지점이 가장 적고, 전선에서 제일 가까운 것이 가장 크다.
- 애자련의 보호 : 아킹혼(링), 소호각(환)의 사용

⑧ 가공전선로의 지지물

ㄱ 지지물(supporting structure)의 종류

- 목주(wooden pole) : 말구지름 12[cm], 지름 증가율 $\dfrac{9}{1,000}$
- 철근콘크리트주(reinforced concrete pole) : 길이 16[m] 이하, 하중 700[kg](6.8kN) 이하를 A종이라 하고, A종 이외의 것을 B종이라 한다. 지름 증가율은 $\dfrac{1}{75}$ 이다.
- 철주(steel pole) : 철근콘크리트주 또는 목주로는 필요한 강도와 길이를 얻기 어려운 장소에 사용하고 4각주, 3각주, 강관주 등이 있다.

- 철탑(steel tower) : 철탑은 강도, 내구성, 안정성 등이 다른 지지물에 비해 가장 신뢰성이 높지만 건설비용이 많이 든다.
- ⓛ 철탑의 형상에 의한 분류
  - 4각 철탑(square tower)
  - 방형 철탑(rectangular tower)
  - 문형 철탑(gantry tower)
  - 회전형 철탑(rotated type tower)
- ⓒ 철탑의 사용목적에 의한 분류
  - 직선형 : 수평각도가 적은 곳에 사용(A형)
  - 각도형 : 수평각도가 큰 곳에 사용(B, C형)
  - 잡아당김(인류)형 : 주로 변전소에서 사용(D형)
  - 내장형 : 경간 차가 큰 곳에 사용(E형)
- ⑨ 전주의 근입 🖐꼭!암기
  - ㉠ 전장 15[m] 이하 : 전체 길이의 $\frac{1}{6}$ 이상
  - ㉡ 전장 15[m] 초과 : 2.5[m] 이상
  - ㉢ 전장 16[m] 초과 20[m] 이하 : 30[cm] 가산
- ⑩ 지지선(지선)
  - ㉠ 지지선의 설치목적
    - 지지물의 강도를 보강한다.
    - 전선로의 안정성을 증대한다.
  - ㉡ 지지선의 구비조건
    - 지름 2.6[mm] 아연도금철선
    - 3가닥 이상의 소선으로 이루어진다.
    - 안전율 2.5 이상
    - 최소 인장하중 440[kg](4.31kN) 이상
  - ㉢ 지지선의 종류
    - 보통(인류)지지선 : 일반적으로 사용한다.
    - 수평지지선 : 도로나 하천을 지나는 경우
    - 공동지지선 : 지지물의 상호거리가 비교적 접근해 있을 경우
    - Y지지선 : 다수의 완금이 있는 지지물 또는 장력이 큰 경우
    - 궁지지선 : 비교적 장력이 적고 설치장소가 협소한 경우

🏠|핵심 Up
- 전주버팀대(전주근가)의 근입깊이 : 0.5[m]
- 지지선근가의 근입깊이 : 1.5[m]
- 전주와 지지선롯드와의 간격 : $\frac{1}{2}H$
  (여기서, H : 전주길이)

🏠|핵심 Up
지지선
- 철탑에는 지지선을 설치하지 않는다.
- 지지선의 근가는 지지선의 인장하중에 충분히 견디어야 한다.

＊ 지지선은 최근 출제된 내용으로 꼭 이해하세요!

ⓔ 지지선의 장력 : $T_0 = \dfrac{T}{\cos\theta}$ [kg]

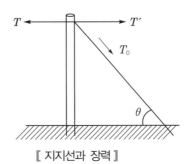

[지지선과 장력]

ⓜ 접지공사에 사용하는 접지선이 사람과 접촉의 우려가 있는 경우의 규정 🖐꼭!암기

- 접지선은 케이블 및 절연전선을 사용한다.
- 접지극은 지하 75[cm] 이상의 깊이에 매설한다.
- 접지선은 지하 75[cm]~지상 2[m]까지 합성수지관으로 보호한다.
- 접지극은 지중에서 금속체와 1[m] 이상 이격한다.
- 접지선을 시설한 접지물에는 피뢰침용 접지선은 시설하지 않는다.

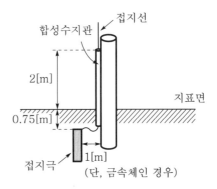

(단, 금속체인 경우)

(2) 지중전선로

① 장점

ⓐ 미관이 좋다.

ⓑ 화재 발생이 적다.

ⓒ 화재 및 폭풍우 등 기상 영향이 적고, 지역 환경과 조화를 이룰 수 있다.

ⓓ 통신선에 대한 유도장해가 적다.

ⓔ 인축에 대한 안전성이 높다.

ⓕ 다회선 설치와 시설 보안이 유리하다.

② 단점

  ㉠ 건설비, 시설비, 유지보수비 등이 많이 든다.

  ㉡ 고장 검출이 쉽지 않고, 복구 시 장시간이 소요된다.

  ㉢ 송전용량이 제한적이다.

  ㉣ 건설작업 시 교통장애, 소음, 분진 등이 있다.

③ 전력케이블의 포설

  ㉠ 직접 매설식

    • 관로식에 비해 공사비가 적고 공사기간이 짧다.

    • 열 발산이 좋아 허용전류를 크게 할 수 있다.

    • 케이블 도중에 접속이 가능하므로 융통성이 있다.

    • 케이블 외상을 받을 우려가 있다.

    • 증설 시 재시공이 불리하고, 보수점검이 불편하다.

    • 차량 등의 압력을 받지 않을 경우 0.6[m] 깊이에 매설한다.

    • 차량 등의 압력을 받을 경우 1.0[m] 깊이에 매설한다.

  ㉡ 관로 인입식

    • 케이블의 재시공, 증설이 용이하다.

    • 케이블 외상을 받을 우려가 없다.

    • 보수점검 고장 복구가 비교적 용이하다.

    • 초기 시공비가 직매식에 비해 많이 든다.

    • 융통성이 불리하다.

    • 보통 100~300[m] 간격으로 맨홀을 설치한다.

  ㉢ 암거식

    • 열 발산이 좋아 허용전류를 크게 할 수 있다.

    • 다수의 케이블을 시공할 수 있다.

    • 공사비가 많이 들고, 공사기간이 길다.

    • 대규모 시설에 이용된다.

    • 신도시에 시설한다.

    • 공동구를 설치하게 된다.

④ 전력케이블의 전기적 특성

  ㉠ 지중전선로의 인덕턴스는 가공전선로에 비하면 $\frac{1}{6}$ 정도이다.

  ㉡ 지중전선로의 정전용량은 가공전선로에 비해 100배 정도이다.

핵심 Up

고장점 검출방법

• 펄스법

• 머레이 루프법

• 정전용량법

• 수색 코일법

09 지중전선로의 시설에 관한 다음 각 물음에 답하시오.

(1) 지중전선로는 어떤 방식에 의하여 시설하여야 하는지 3가지만 쓰시오.

(2) 지중전선로의 전선으로는 어떤 것을 사용하는가?

해답 (1) 지중전선로 매설방식

① 직접 매설식

㉠ 한번 공사하면 교체가 힘들다.

㉡ 중량물의 압력을 받을 시에는 1.0[m] 깊이에 매설한다.

㉢ 그 외의 경우에는 0.6[m] 깊이에 매설한다.

② 관로식

㉠ 맨홀을 설치한다.

㉡ 케이블의 교체 및 증설이 용이하다.

③ 암거식

㉠ 주로 신도시에 시설한다.

㉡ 공동구를 시설한다.

(2) 케이블 사용

① VV : 비닐절연 비닐시스 케이블

② CE : 가교폴리에틸렌 절연 폴리에틸렌시스 케이블

③ BV : 부틸고무 절연 비닐시스 케이블

④ RV : 고무절연 비닐시스 케이블

⑤ EV : 폴리에틸렌 절연 비닐시스 케이블

⑥ CV : 가교폴리에틸렌 절연 비닐시스 케이블

기출·예상문제

★★★
01 배전선로에서 고조파 발생 시 고조파가 전기설비에 미치는 영향, 발생원인, 그리고 고조파 발생 억제대책은?

해답 (1) 전기설비에 미치는 영향
    ① 공진현상 유발
    ② 통신선에 유도장해 발생
    ③ 제어기기의 오동작
(2) 발생원인
    ① 변압기
    ② 과도현상
    ③ 변환장치
(3) 억제대책
    ① 계통 분리
    ② 콘덴서 설치
    ③ 필터 설치

★
02 배전설계 시 분기 차단기의 정격전류에 따른 분기회로의 종류는?

해답 (1) 16[A] 분기회로
(2) 20[A] 분기회로
(3) 30[A] 분기회로
(4) 40[A] 분기회로
(5) 50[A] 분기회로
(6) 50[A] 초과 분기회로

★★
03 부하전력 및 역률을 일정하게 유지하고 전압을 2배로 승압하면 전압강하, 전압강하율, 선로손실은 승압 전에 비교하여 각각 어떻게 되는가?
(1) 전압강하
(2) 전압강하율
(3) 선로손실

해답 (1) 전압강하(e)

$$e = \frac{P}{V}(R + X\tan\theta)$$

$$e \propto P \propto R \propto X \propto \frac{1}{V}$$

∴ 전압이 2배가 되면 전압강하는 $\frac{1}{2}$ 배가 된다.

(2) 전압강하율(δ)

$$\delta = \frac{P}{V^2}(R + X\tan\theta)$$

$$\delta \propto P \propto R \propto X \propto \frac{1}{V^2}$$

∴ 전압이 2배가 되면 전압강하율은 $\frac{1}{2^2} = \frac{1}{4}$ 배가 된다.

(3) 선로손실(P_l)

$$P_l = \frac{P^2 R}{V^2\cos^2\theta} = \frac{P^2 \rho l}{V^2\cos^2\theta A}$$

$$P_l \propto \frac{1}{V^2} \propto \frac{1}{A} \propto P^2$$

∴ 전압이 2배가 되면 선로손실은 $\frac{1}{2^2} = \frac{1}{4}$ 배가 된다.

_★04 전선로 부근이나 애자 부근(애자와 전선의 접속 부근)에 임계전압 이상이 가해지면 전선로나 애자 부근에 발생하는 코로나 현상에 대하여 다음 각 물음에 답하시오.

(1) 코로나 현상이란?

(2) 코로나 현상이 미치는 영향에 대하여 4가지만 쓰시오.

(3) 코로나 방지대책 중 2가지만 쓰시오.

해답 (1) 코로나 현상은 전선로 주위의 전위 경도가 상승하여 공기의 부분적으로 절연이 파괴되면서 발생하는 빛이나 소리를 말한다.

(2) ① 코로나 손실이 발생한다.

코로나 손실(P_c)

$$P_c = \frac{241}{\delta}(f+25)\sqrt{\frac{d}{2D}}(E-E_0)^2 \times 10^{-5}[\text{kW/km/line}]$$

여기서, δ : 상대공기밀도 $\left(\delta = \frac{0.386b}{273+t}\right)$

b : 기압

f : 주파수

t : 온도

d : 전선의 지름

D : 선간거리

E : 대지전압

E_0 : 코로나 임계전압

② 코로나 잡음 발생

③ 통신선에 유도장해 발생

④ 전선의 부식이 발생

(3) ① 굵은 전선을 사용

② 다도체, 복도체 사용

③ 가선 금구류의 개량

④ 중공연선을 사용

★★
05 3상 3선식 배전선로의 출력이 180[kW], 역률 0.8인 3상 평형부하가 접속되어 있다. 부하측의 수전단 전압이 6,000[V], 배전선 1조의 저항 $R=6\,[\Omega]$, 유도성 리액턴스 $X_L=4\,[\Omega]$이라면 송전단 전압[V]은 얼마인가?

> **해답 ☜** 송전단 전압 $V_s = V_r + \sqrt{3}\,I(R\cos\theta + X\sin\theta)$
>
> 전류 $I = \dfrac{P_r}{\sqrt{3}\,V_r\cos\theta}$
>
> $\quad = \dfrac{180 \times 10^3}{\sqrt{3} \times 6,000 \times 0.8} ≒ 21.65[\text{A}]$
>
> $\therefore\ V_s = 6,000 + \sqrt{3} \times 21.65(6 \times 0.8 + 4 \times 0.6) ≒ 6,270[\text{V}]$

★★
06 분로리액터, 직렬리액터, 소호리액터, 한류리액터의 설치목적에 대해서 간략히 서술하시오.

> **해답 ☜** (1) 분로리액터 : 송전단 전압보다 수전단 전압이 커지는 현상을 페란티 현상이라 하며, 이 현상을 방지하기 위해 설치한다.
>
> (2) 직렬리액터 : 고조파를 제거하여 파형을 개선하기 위해 설치한다.
>
> (3) 소호리액터 : 지락전류의 크기를 조절하여 아크를 소호한다.
>
> (4) 한류리액터 : 단락전류의 크기를 제한한다.

★
07 다음 물음에 대한 표시를 하시오. (단, 맞으면 O, 틀리면 ×로 표시하시오.)

(1) 버스덕트는 3[m] 이하의 간격으로 지지한다.

(2) 애자사용공사 시 전선 상호 간의 간격(이격거리)은 6[cm] 이상이다.

(3) 콘크리트 매설 시 금속관의 두께는 1.2[mm] 이상으로 한다.

(4) 금속덕트공사는 옥내의 건조한 장소로서 노출된 장소 또는 점검이 가능한 은폐된 장소에 한해 사용이 가능하다.

(5) 점검이 불가능한 장소에 케이블공사, 가요전선관공사, 금속관공사를 한다.

(6) 방폭구조설비공사는 합성수지관공사로 한다.

> **해답 ☜** (1) 버스덕트는 3[m] 이하의 간격으로 지지한다. (O)
>
> (2) 애자사용공사 시 전선 상호 간의 간격(이격거리)은 6[cm] 이상이다. (O)
>
> (3) 콘크리트 매설 시 금속관의 두께는 1.2[mm] 이상으로 한다. (O)
>
> (4) 금속덕트공사는 옥내의 건조한 장소로서 노출된 장소 또는 점검이 가능한 은폐된 장소에 한해 사용이 가능하다. (O)
>
> (5) 점검이 불가능한 장소에 케이블공사, 가요전선관공사, 금속관공사를 한다. (×)
>
> (6) 방폭구조설비공사는 합성수지관공사로 한다. (×)

08 다음은 지지물 설치 중 지선공사에 대한 설명이다. 접지공사에서 사용하는 접지선이 사람이 접촉할 우려가 있을 때 다음과 같이 시설한다. (   )의 설명에 대하여 채워 넣으시오.

(1) 접지선에는 (①)을 사용한다.

(2) 접지선은 지상 2[m]에서 지하 (②)[cm]까지의 부분은 합성수지관으로 덮어야 한다.

(3) 접지극은 지하 (③)[cm] 이상 깊이 매설하되 동결깊이를 감안하여 매설한다.

(4) 접지선을 시설한 접지물에는 (④) 접지선을 시설하지 않는다.

(5) 접지선을 철주 기타 금속체를 따라서 시설하는 경우에는 접지극을 철주의 밑면으로부터 (⑤)[cm] 이상 깊이에 매설하는 경우 이외에는 접지극을 지중에서 그 금속체로부터 (⑥)[m] 이상 떼어서 매설하여야 한다.

해답 ① 절연전선 또는 케이블
② 75
③ 75
④ 피뢰침용
⑤ 30
⑥ 1

09 다음 그림은 일반 개소에 적용되는 보통 지지선(지선)을 나타낸 도면이다. 다음 물음에 답하시오. (단, 전주의 길이는 10[m], 철근콘크리트주이다.)

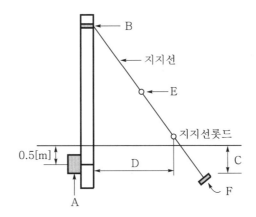

(1) A의 명칭은?

(2) C의 깊이는 최소 몇 [m] 이상인가?

(3) 철근콘크리트주의 길이가 10[m]인 경우 지지선롯드와의 간격 D는 몇 [m]인가?

(4) 철근콘크리트주의 길이가 10[m]인 경우 땅에 묻히는 최소 깊이는 몇 [m]인가?

(5) E의 명칭은?

(6) F의 명칭은?

(7) B의 명칭은?

해답 ☞ (1) 전주버팀대
(2) 1.5[m]
(3) 5[m]
(4) 1.67[m]
(5) 지지선애자
(6) 지지선근가
(7) 지지선밴드

10 다음 전선을 금속덕트에 채울 경우 덕트의 내부 단면적의 몇 [%]까지 설치할 수 있는가?
(1) 케이블인 경우
(2) 제어용 전선인 경우

해답 ☞ (1) 20[%]
(2) 50[%]

11 다음 물음에 답하시오.
(1) 단순 부하인 경우 부하 입력 500[kW], 역률 90[%]일 때 비상용일 경우 발전기 출력은?
(2) 발전기 병렬운전 조건을 쓰시오.
(3) 발전기와 부하 사이에 설치하는 기기를 3개만 서술하시오.

해답 ☞ (1) 발전기 출력(P)
$$P = \frac{\Sigma W_L \times L}{\cos\theta} = \frac{500 \times 1.0}{0.9} = 555.56[\text{kVA}]$$
여기서, L : 수용률
$\cos\theta$: 역률
ΣW_L : 부하용량의 합[kW]
(2) ① 기전력의 크기가 같을 것
② 기전력의 위상이 같을 것
③ 기전력의 주파수가 같을 것
④ 기전력의 파형이 같을 것
(3) ① 과전류 차단기
② 전류계
③ 전압계

★
12 비상용 자가발전기를 구입하고자 한다. 부하는 단일 부하로서 유도전동기이며, 기동 용량이 1,800[kVA]이고, 기동 시 전압강하는 25[%]까지 허용되며, 발전기의 과도 리액턴스는 30[%]로 본다면 자가발전기의 용량은 이론(계산)상 몇 [kVA] 이상의 것 을 선정하여야 하는가?

해답 기동용량이 큰 부하인 경우의 발전기 용량(P)

$$P = \left(\frac{1}{e} - 1\right) \times X_d \times P_s$$

여기서, e : 허용전압 강하[%]
X_d : 과도 리액턴스[%]
P_s : 기동용량[kVA]

$$P = \left(\frac{1}{0.25} - 1\right) \times 0.3 \times 1,800 = 1,620 [\text{kVA}]$$

★
13 어떤 공장에 예비전원설비로 발전기를 설계하고자 한다. 다음 조건을 이용하여 각 물음에 답하시오.

[조건]
- 부하는 전동기 부하 150[kW] 2대, 100[kW] 2대, 55[kW] 3대, 45[kW] 1대이며, 전등 부하는 50[kW]이다.
- 전동기 부하의 역률은 모두 0.9이고, 전등 부하의 역률은 1이다.
- 동력 부하의 수용률은 용량이 최대인 전동기 1대는 100[%], 나머지 전동기는 그 용량 의 합계를 80[%]로 계산하며, 전등 부하는 100[%]로 계산한다.
- 발전기 용량의 여유율은 10[%]를 주도록 한다.
- 발전기 과도 리액턴스는 30[%]를 적용한다.
- 허용전압 강하는 20[%]를 적용한다.
- 시동용량은 750[kVA]를 적용한다.
- 기타 주어지지 않은 조건은 무시하고 계산하도록 한다.

(1) 발전기에 걸리는 부하의 합계로부터 발전기 용량을 구하시오.
- 계산 :
- 답 :
(2) 부하 중 가장 큰 전동기 기동 시의 용량으로부터 발전기의 용량을 구하시오.
- 계산 :
- 답 :
(3) 위의 (1)과 (2)에서 계산된 값 중 어느 쪽 값을 기준하여 발전기 용량을 정하는지 그 값을 쓰고, 실제 필요한 발전기 용량을 정하시오.

해답 (1) 발전기 용량(P_1)

$$P_1 = \frac{\Sigma W_L HK}{\cos\theta}$$

$$= \left(\frac{150 + (150 + 100 \times 2 + 55 \times 3 + 45) \times 0.8}{0.9} + \frac{50}{1.0} \right) \times 1.1$$

$$= 785.89[\text{kVA}]$$

(2) 발전기 용량(P_2)

$$P_2 = \left(\frac{1}{e} - 1 \right) \times P_s \times X_d$$

$$= \left(\frac{1}{0.2} - 1 \right) \times 0.3 \times 750 \times 1.1$$

$$= 990[\text{kVA}]$$

(3) 발전기 용량은 (1), (2)를 비교하여 용량이 큰 990[kVA]를 기준으로 정하며, 표준용량은 1,000[kVA]를 적용한다.

14 송전단 전압 66[kV], 수전단 전압 61[kV]인 송전선로에서 수전단의 부하를 끊은 경우 수전단 전압이 63[kV]라 할 때 다음 각 물음에 답하시오.

(1) 전압강하율을 구하시오.

(2) 전압변동률을 구하시오.

해답 (1) 전압강하율(ε)

$$\varepsilon = \frac{V_s - V_r}{V_r} \times 100 = \frac{66 - 61}{61} \times 100 = 8.2[\%]$$

(2) 전압변동률(δ)

$$\delta = \frac{V_0 - V_n}{V_n} \times 100[\%] = \frac{63 - 61}{61} \times 100 = 3.28[\%]$$

15 초고압 송전전압이 345[kV], 선로거리가 200[km]인 경우 1회선당 가능한 송전전력 [kW]을 Still식을 이용하여 구하시오.

해답 스틸식에서의 전압 $V = 5.5\sqrt{0.6l + \dfrac{P}{100}}$ [kV]이며, 여기서 P를 구하려면 양변을 제곱하여야 한다.

주어진 조건을 적용하면 다음과 같다.

$$345^2 = 5.5^2 \left(0.6 \times 200 + \frac{P}{100} \right)$$

$$P = \left(\frac{345^2}{5.5^2} - 0.6 \times 200 \right) \times 100 = 381471.07[\text{kW}]$$

$\therefore$ 송전전력 $P = 381471.07[\text{kW}]$

16 가공전선로의 이도가 너무 크거나 너무 작을 시에 전선로에 미치는 영향을 3가지만 서술하시오.

해답 ☞ (1) 지지물의 높이를 좌우한다.
(2) 바람에 의한 횡진사고가 발생한다.
(3) 전선의 장력이 커지므로 안전성이 감소한다.

17 지중전선로의 매설방법에 대하여 3가지만 서술하시오.

해답 ☞ (1) 직접 매설식
(2) 관로식
(3) 암거식

18 경제적인 전선의 굵기 선정방법에 대해 간략히 서술하시오.

해답 ☞ (1) 경제적인 전선의 굵기 선정방법은 캘빈의 법칙을 말한다.
(2) 전선의 굵기를 선정하는 기준은 다음과 같다.
① 허용전류
② 기계적 강도
③ 전압강하

19 전선의 진동과 도약에 대해서 간략히 서술하시오.
(1) 전선의 진동
(2) 전선의 도약

해답 ☞ (1) 전선의 진동 : 전선이 가볍고 긴 경우 바람 등에 의해서 전선로와 전선로 사이에 혼촉이 일어나는 현상을 말한다.
(2) 전선의 도약 : 전선이 빙설에 의한 도약으로 인해서 상하의 전선들이 혼촉이 일어나는 현상을 말한다.

20 애자의 구비조건 및 애자의 종류에 대해서 각각 3가지씩만 서술하시오.
(1) 애자의 구비조건
(2) 애자의 종류

해답 ☞ (1) ① 절연내력이 클 것
② 경제적일 것
③ 기계적 강도가 클 것
(2) ① 현수애자
② 내무애자
③ 장간애자

★★
21 다음은 연선을 나타내었다. 이때의 연선의 직경, 총 소선수, 연선의 바깥지름은? (단, 연선은 [19/2.0]이다.)

(1) 소선의 직경(d)

(2) 총 소선수(N)

(3) 연선의 바깥지름(D)

해답 (1) 연선의 표시에서 $\left[\dfrac{N}{d}\right]$에서 N(소선의 총수), d(소선의 직경)을 나타낸다.

그러므로 $\left[\dfrac{19}{2.0}\right]$에서 $N=19$, $d=2.0$이 된다.

$\therefore\ d=2.0[\mathrm{mm}]$

(2) $N=19$가닥

(3) $D=(2n+1)d=(2\times2+1)\times2=10[\mathrm{mm}]$

★
22 복도체(다도체)의 특징에 대하여 간략히 3가지만 서술하시오.

해답 (1) 소도체 간에 흡인력이 발생한다.

(2) 인덕턴스는 감소한다.

(3) 코로나 임계전압이 상승한다.

★
23 코로나 현상의 영향에 대해서 3가지만 간략히 서술하시오.

해답 (1) 코로나 손실 발생

(2) 코로나 잡음

(3) 전선의 부식

★
24 전압의 승압 시의 특징 3가지만 서술하시오.

해답 (1) 전압강하가 감소

(2) 공급전력은 증가

(3) 전력손실이 감소

★
25 송전용량을 계산하는 방법 3가지만 나열하시오.

해답 (1) 고유부하법

(2) 송전용량 계수법

(3) 리액턴스법

MEMO

심벌 및 측정

01 심벌
02 전기설비기술기준 및 측정

출제경향

☑ 기본적인 심벌은 암기하여야 한다.
☑ 이 단원은 주로 계산문제 위주로 출제된다.

07 심벌 및 측정

학습 TIP ● 중요 심벌 및 특징은 꼭 외울 것

기출 keyword ● 차단기, 저항 측정, 실효값, 평균값, 2전력계법, 콜라우시 브리지법

01 심벌

1 옥내 배선용 그림기호(KSC 0301)

일반 배선(배관 · 덕트 · 금속선 홈통 등을 포함)의 그림기호는 다음과 같다.

명 칭	그림기호	적 요
천장 은폐 배선	———	• 천장 은폐 배선 중 천장 속의 배선을 구별하는 경우는 천장 속의 배선에 —·——— 를 사용하여도 좋다.
바닥 은폐 배선	— — —	• 노출 배선 중 바닥면 노출 배선을 구별하는 경우는 바닥면 노출 배선에 —··——··— 를 사용하여도 좋다.

노출 배선	--------	• 전선의 종류를 표시할 필요가 있는 경우는 기호를 기입한다.
		  – 600[V] 비닐절연전선 : IV
		  – 600[V] 2종 비닐절연전선 : HIV
		  – 가교 폴리에틸렌 절연비닐시스 케이블 : CV
		  – 600[V] 비닐절연시스 케이블(평형) : VVF
		  – 내화 케이블 : FP
		  – 내열전선 : HP
		  – 통신용 PVC 옥내선 : TIV

접지 단자	⊕ H	의료용인 것은 H를 표기한다.
접지 센터	EC H	
접지극	⏚	필요에 따라 재료의 종류, 크기, 필요한 접지 저항치 등을 표기한다.

2 기기 심벌

명 칭	그림기호	적 요
전동기	(M)	필요에 따라 전기방식, 전압, 용량을 표기한다. (M) 3ϕ 200[V] 　　 3.7[kW]
콘덴서	⊟	전동기의 적요를 준용한다.
전열기	(H)	
환기팬 (선풍기를 포함)	∞	필요에 따라 종류 및 크기를 표기한다.
룸 에어컨	RC	• 옥외 유닛에는 0을, 옥내 유닛에는 1을 표기한다. 　　RC $_0$　　　　RC $_1$ • 필요에 따라 전동기, 전열기의 전기방식, 전압, 용량 등을 표기한다.
소형 변압기	(T)	• 필요에 따라 용량, 2차 전압을 표기한다. • 필요에 따라 벨 변압기는 B, 리모컨 변압기는 R, 네온 변압기는 N, 형광등용 안정기는 F, HID등(고효율 방전등)용 안정기는 H를 표기한다. 　(T)$_B$　(T)$_R$　(T)$_N$　(T)$_F$　(T)$_H$ • 형광등용 안정기 및 HID등용 안정기로서 기구에 넣는 것은 표기하지 않는다.
정류장치	▶⊢	필요에 따라 종류, 용량, 전압 등을 표기한다.
축전기	⊣⊢	
발전기	(G)	전동기의 적요를 준용한다.

3 전등기구 및 전력설비 심벌

(1) 조명기구

명 칭	그림기호	적 요
일반용 조명, 백열등, HID등	○	• 벽붙이는 벽 옆을 칠한다. 　◗ • 기구 종류를 표시하는 경우는 ○ 안이나 또는 표기로 글자명, 숫자 등의 문자기호를 기입하고 도면의 비고 등에 표시한다.

명 칭	그림기호	적 요
일반용 조명, 백열등, HID등	○	ⓝ ○나 ① ○₁ Ⓐ ○ₐ 같은 방에 같은 기구를 여러 개 시설하는 경우는 통합하여 문자기호와 기구 수를 기입하여도 좋다. • HID등의 종류를 표시하는 경우는 용량 앞에 다음 기호를 붙인다. 　– 수은등 : H 　– 메탈할로이드등 : M 　– 나트륨등 : N 　예 H 400
형광등	⊏○⊐	• 용량을 표시하는 경우는 램프의 크기(형)×램프 수로 표시한다. 또, 용량 앞에 F를 붙인다. 　예 F 40, F 40×2 • 용량 외에 기구 수를 표시하는 경우는 램프의 크기(형)×램프 수 – 기구 수로 표시한다. 　예 F 40-2, F 40×2-3

비상용 조명 (건축 기준법에 따르는 것)	백열등	●	• 일반용 조명 백열등의 적요를 준용한다. 다만, 기구의 종류를 표시하는 경우는 표기한다. • 일반용 조명 형광등에 조립하는 경우는 다음과 같다. 　⊏○●⊐
	형광등	◂●▸	• 일반용 조명 백열등의 적요를 준용한다. 다만, 기구의 종류를 표시하는 경우는 표기한다. • 계단에 설치하는 통로 유도등과 겸용인 것은 ■⊗■로 한다.

유도등 (소방법에 따르는 것)	백열등	⊗	• 일반용 조명 백열등의 적요를 준용한다. 다만, 기구의 종류를 표시하는 경우는 표기한다. • 객석 유도등인 경우는 필요에 따라 S를 표기한다. 　⊗ₛ
	형광등	⊏⊗⊐	• 일반용 조명 백열등의 적요를 준용한다. • 기구의 종류를 표시하는 경우는 표기한다. 　⊏⊗⊐중 • 통로 유도등인 경우는 필요에 따라 화살표를 기입한다. 　←⊗→　　⊏⊗⊐→ • 계단에 설치하는 비상용 조명과 겸용인 것은 ■⊗■로 한다.

명 칭		그림기호	적 요
불멸 또는 비상용등 (건축법, 소방법에 따르지 않는 것)	백열등	⊗	• 벽붙이는 벽 옆을 칠한다. ⊗ • 일반용 조명 백열등의 적요를 준용한다. 다만, 기구의 종류를 표시하는 경우는 표기한다.
	형광등	⊏⊗⊐	• 벽붙이는 벽 옆을 칠한다. ⊏⊗⊐ • 일반용 조명 형광등의 적요를 준용한다. 다만, 기구의 종류를 표시하는 경우는 표기한다.

(2) 콘센트

명 칭	그림기호	적 요

콘센트	⚇	• 그림기호는 벽붙이를 표시하고 벽 옆을 칠한다.
		• 그림기호 ⚇는 ⊜로 표시하여도 좋다.
		• 천장에 부착하는 경우는 다음과 같다.
		⊙⊙
		• 바닥에 부착하는 경우는 다음과 같다.
		⊙⊙▲
		• 용량의 표시방법은 다음과 같다.
		  – 15[A]는 표기하지 않는다.
		  – 20[A] 이상은 암페어 수를 표기한다.
		  ⚇ 20[A]
		• 2구 이상인 경우는 구수를 표기한다.
		  ⚇₂
		• 3극 이상인 것은 극수를 표기한다.
		  ⚇₃P
		• 종류를 표시하는 경우는 다음과 같다.
		  – 빠짐방지형 ⚇LK
		  – 걸림형 ⚇T
		  – 접지극붙이 ⚇E
		  – 접지단자붙이 ⚇ET
		  – 누전차단기붙이 ⚇EL

명 칭	그림기호	적 요
콘센트	⊕	• 방수형은 WP를 표기한다. 　⊕$_{WP}$ • 방폭형은 EX를 표기한다. 　⊕$_{EX}$ • 타이머붙이, 덮개붙이 등 특수한 것은 표기한다. • 의료용은 H를 표기한다. 　⊕$_H$ • 전원 종별을 명확히 하고 싶은 경우는 그 뜻을 표기한다.
개폐기	S	• 상자들이인 경우는 상자의 재질 등을 표기한다. • 극수, 정격전류, 퓨즈 정격전류 등을 표기한다. 　S 2P 300[A] 　　f 15[A] • 전류계붙이는 Ⓢ를 사용하고 전류계의 정격전류를 표기한다. 　Ⓢ 2P 30[A] 　　f 15[A] 　　A 5
배선차단기	B	• 상자들이인 경우는 상자의 재질 등을 표기한다. • 극수, 정격전류, 퓨즈 정격전류 등을 표기한다. 　B 3P 　　225AF 　　150[A] • 모터 브레이커를 표시하는 경우는 ⓑ를 사용한다. • B 를 S$_{MCB}$로서 표시하여도 좋다.
누전차단기	E	• 상자들이인 경우는 상자의 재질 등을 표기한다. • 과전류 소자붙이는 극수, 프레임의 크기, 정격전류, 정격감도전류 등, 과전류 소자 없음은 극수, 정격전류, 정격감도전류 등을 표기한다. 　– 과전류 소자붙이 　　E 2P 　　　30AF 　　　15[A] 　　　30[mA] 　– 과전류 소자 없음 　　E 2P 　　　15[A] 　　　30[mA] • 과전류 소자붙이는 BE 를 사용하여도 좋다. • E 를 S$_{ELB}$로 표시하여도 좋다.

(3) 배전반 · 분전반 · 제어반

명 칭	그림기호	적 요
배전반, 분전반 및 제어반	☐	• 종류를 구별하는 경우는 다음과 같다. – 배전반 ☒ – 분전반 ◪ – 제어반 ▣ • 직류용은 그 뜻을 표기한다. • 재해 방지 전원회로용 배전반 등인 경우는 2중 틀로 하고, 필요에 따라 종별을 표기한다. ☒1종 ◪2종

4 경보 · 호출 · 표시장치

명 칭	그림기호	적 요
누름버튼스위치	▣	• 벽붙이는 벽 옆을 칠한다. ▣ • 2개 이상인 경우는 버튼 수를 표기한다. ▣3 • 간호부 호출용은 ▣N 또는 [N]으로 한다. • 복귀용은 다음에 따른다. ●
손잡이 누름버튼	◉	간호부 호출용은 ◉N 또는 Ⓝ으로 한다.
벨	⎕	경보용, 시보용을 구별하는 경우는 다음과 같다. • 경보용 [A] • 시보용 [T]
버저	◺	경보용, 시보용을 구별하는 경우는 다음과 같다. • 경보용 [A] • 시보용 [T]
경보 수신반	▰▱	필요에 따라 급별을 표기한다.
간호부 호출용 수신반	[N C]	창수를 표기한다. [N C]10
표시기(반)	▯▯▯▯	창수를 표기한다. ▯▯▯▯10

명 칭	그림기호	적 요
표시스위치 (발신기)	▣	표시 스위치반은 다음에 따라 표시하고 스위치를 표기한다. [●●●]10
표시등	◎	벽붙이는 벽 옆을 칠한다. ◉

5 소화설비

명 칭	그림기호	적 요
기동버튼	Ⓔ	가스계 소화설비는 G, 수계 소화설비는 W를 표기한다.
경보벨	Ⓑ	자동화재경보설비의 경보 벨 적요를 준용한다.
경보 버저	⒝	
사이렌	◁	
제어반	▤	─
표시반	▤	필요에 따라 창수를 표기한다. ▤3
표시등	◑	시동 표시등과 겸용인 것은 ◉로 한다.

6 피뢰설비

명 칭	그림기호	적 요
돌침부	⊙	평면도용
	⬥	입면도용
피뢰도선 및 지붕 위 도체	───	• 필요에 따라 재료의 종류, 크기 등을 표기한다. • 접속점은 다음과 같다. ●─── ┬─
접지저항 측정용 단자	⊗	접지용 단자 상자에 넣는 경우는 다음과 같다. ⊠

7 전기 기본 소자 심벌(KS C 0102)

(1) 전류

번 호	명 칭	그림기호	적 요
Ⅱ.1.1	직류	——	Ⓐ Ⓖ
Ⅱ.1.2	교류	∿	Ⓐ∼ Ⓖ∼
Ⅱ.1.3	고주파	⋀⋁⋀⋁	Ⓐ⋀⋁

(2) 전원 및 장치

번 호	명 칭	심 벌	적 요
Ⅱ.5.1	전지 또는 직류 전원	⊣⊢	• 혼동될 때에는 ⊣⊢ 으로 해도 된다. • 극성은 긴 선을 양극, 짧은 선을 음극으로 한다. • 다수 연결할 때는 (a) ⊣∣∣∣⊢ (b) ⊣⊦⋅⊦⊢ 로 해도 된다.
Ⅱ.5.2	정류기	▶⊢	화살표는 정삼각형으로 하고 직류가 통하는 방향을 나타낸다.
Ⅱ.5.3	교류 전원	Ⓧ	상수 및 주파수를 나타낼 경우에는 다음에 따른다. 예 3φ∼60[Hz] 　(상수) (주파수)
Ⅱ.5.4	전원 플러그	(a) (b)	• (a)는 2극을 나타낸다. • (b)는 3극을 나타낸다.

(3) 개폐기류

번 호	명 칭	심 벌	적 요
Ⅱ.6.1	개폐기	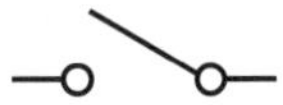	−
Ⅱ.6.2	절환개폐기	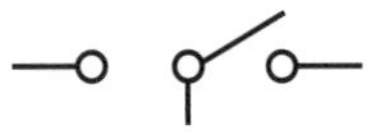	−
Ⅱ.6.3	회전개폐기 (로터리 스위치)	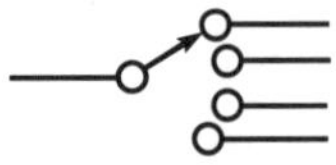	−
Ⅱ.6.4	잘린 조각붙이 로터리 스위치	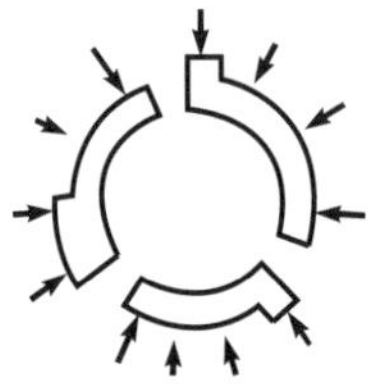	• 잘린 조각의 모양은 한 보기를 나타낸다. • 스위치의 절환 접점(화살표)의 위치는 절환 개시의 접점 위치로 한다.

(4) 계측기 및 열전대

번 호	명 칭	심 벌	적 요

Ⅱ.7.1	계기
	또는
	측정기
			• ◯ 속에 종류를 나타내는 문자 또는 심벌을 넣는다.
			  − 전류계 : Ⓐ
			  − 전압계 : Ⓥ
			  − 전력계 : Ⓦ
			  − 오실로스코프 : ⓞₛ꜀
			  − 오실로그래프  :
			• 특히 직류, 교류, 고주파의 경우를 구별할 때는 다음 그림과 같이 한다.
			  − 직류  :
			  − 교류  :
			  − 고주파  :
			• 지침의 한쪽 진동 또는 양쪽 진동을 나타낼 경우에는 다음과 같이 한다.
			  − 한쪽 진동인 경우  :
			  − 양쪽 진동인 경우  :

(5) 보호장치 및 램프

번호	명칭	심벌	적요
Ⅱ.8.1	피뢰기 (접지할 경우)	(a) (b)	3극 피뢰기는 다음 그림과 같이 표시한다.
Ⅱ.8.3	퓨즈	─○◠○─	특히 개방형, 포장형을 구별하고 싶을 경우에는 다음과 같이 한다. • 개방형 : ─○◠○─ • 포장형 : ─⊏▱⊐─

02 전기설비기술기준 및 측정

1 전기설비기술기준

(1) 절연내력 시험전압

종류(최대 사용전압을 기준으로)	시험전압
최대 사용전압 7[kV] 이하인 권선	최대 사용전압×1.5배
7[kV]를 넘고 25[kV] 이하의 권선으로서 중성선	최대 사용전압×0.92배
7[kV]를 넘고 60[kV] 이하의 권선 (중성선 다중 접지 제외)	최대 사용전압×1.25배
60[kV]를 넘는 권선으로서 중성점 비접지식 전로에 접속되는 것	최대 사용전압×1.25배
60[kV]를 넘는 권선으로서 중성점 접지식 전로에 접속하고 또한 성형 결선의 권선의 경우에는 그 중성점에 T좌 권선과 주좌 권선의 접속점에 피뢰기를 시설하는 것(단, 시험전압이 75[kV] 미만으로 되는 경우에는 75[kV])	최대 사용전압×1.1배
60[kV]를 넘는 권선으로서 중성점 직접 접지식 전로에 접속하는 것. 다만, 170[kV]를 초과하는 권선에는 그 중성점에 피뢰기를 시설하는 것	최대 사용전압×0.72배
170[kV]를 넘는 권선으로서 중성점 직접 접지식 전로에 접속하고 또는 그 중성점을 직접 접지하는 것	최대 사용전압×0.64배

핵심 Up
• 정전이 어려운 경우 등 절연저항 측정이 곤란한 경우 누설전류를 1[mA] 이하로 유지하여야 한다.
• 표에서 정한 시험전압을 전로와 대지 사이에 연속 10분간 가하여 절연내력을 시험 시 이에 견디어야 한다.

(2) 발전소 등의 울타리, 담

사용전압[kV]	울타리 높이와 울타리부터 충전부까지의 거리의 합계[m]
35 이하	5
35~160 이하	6
160 초과	$6 + 0.12N$ (여기서, N : 단수)

(3) 특고압용 변압기의 보호장치

뱅크용량[kVA]	조 건	보호장치의 종류
5,000 이상 10,000 미만	변압기 내부 고장	자동차단장치 또는 경보장치
10,000 이상	변압기 내부 고장	자동차단장치
타냉식 변압기	냉각장치 고장	경보장치

(4) 전류 감소계수

관내의 전선수(가닥수)	전류 감소계수
3 이하	0.7
4	0.63
5 ~ 6	0.56
7~15	0.49

(5) 타임스위치

① 주택, 아파트 : 3분 이내 소등
② 호텔, 여관 : 1분 이내 소등

(6) 회전기 및 정류기의 절연내력

구 분			시험전압
회전기	회전변류기		직류측 1배
	변류기 이외	7[kV] 이하	1.5배
		7[kV] 초과	1.25배
정류기	60[kV] 이하		직류측 1배
	60[kV] 초과		직류측 1.1배
			교류측 1.1배

(7) 정격감도전류에 따른 접지저항값 🖐꼭!암기

🔺 핵심 Up
정격감도전류 × 접지저항
= 15[V]

정격감도전류[mA]	접지저항값[Ω]	
	물기 있는 장소, 전기적 위험도가 높은 장소	그 외
30	500	500
50	300	500
100	150	500
200	75	250
300	50	166
500	30	100

(8) 아크를 발생하는 기구의 시설(이격거리[m])

구 분	이격거리[m]
고압용	1 이상
특고압용	2 이상

(9) 전기안전관리자의 직무

① 전기설비의 확인 및 점검
② 전기설비의 운전, 조작 그리고 이에 대한 업무의 감독
③ 중대 사고의 통보의 의무
④ 전기설비의 사용 전 검사 및 정기검사의 의무
⑤ 공사계획의 인가신청 및 신고에 필요한 서류의 검토

＊ 전기안전관리자의 직무는
최근 출제된 내용으로 꼭 이
해하세요!

2 측 정

(1) 지시계기의 계급

계 급	허용오차[%]	주요 용도
0.2급	±0.2	초정밀급
0.5급	±0.5	정밀급
1.0급	±1.0	준정밀급
1.5급	±1.5	보통급

📌 핵심 Up

2전력계법
• 유효전력
  $P = P_1 + P_2$
• 무효전력
  $P_r = \sqrt{3}(P_1 - P_2)$
• 피상전력
  $P_a = 2\sqrt{P_1^2 + P_2^2 - P_1 P_2}$

(2) 전압계와 전류계를 이용한 전력 측정

① 3전압계법

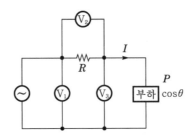

㉠ $V_1 = \sqrt{V_2^2 + V_3^2 + 2V_2 V_3 \cos\theta}$ 에서 양변을 제곱하면 다음과 같다.

$$V_1^2 = V_2^2 + V_3^2 + 2V_2 V_3 \cos\theta$$

㉡ 역률 $\cos\theta = \dfrac{V_1^2 - V_2^2 - V_3^2}{2V_2 V_3}$

㉢ 소비전력 $P = V_3 I \cos\theta$

$$= \frac{1}{2R}(V_1^2 - V_2^2 - V_3^2)[\text{W}]$$ 👆꼭!암기

② 3전류계법

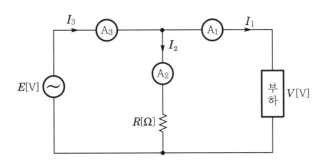

㉠ $I_3 = \sqrt{I_1^2 + I_2^2 + 2I_1 I_2 \cos\theta}$ 에서 양변을 제곱하면 다음과 같다.

$$I_3^2 = I_1^2 + I_2^2 + 2I_1 I_2 \cos\theta$$

㉡ 역률 $\cos\theta = \dfrac{I_3^2 - I_2^2 - I_1^2}{2I_1 I_2}$

㉢ 소비전력 $P = V I_1 \cos\theta$

$$= \frac{R}{2}(I_3^2 - I_2^2 - I_1^2)[\text{W}]$$ 👆꼭!암기

📈실전 Up 문제

01 그림과 같은 회로에서 각각의 전류계 A_1, A_2 및 A_3의 지시값은 18 [A], 20 [A] 및 34 [A]이었다. 다음 물음에 답하시오.

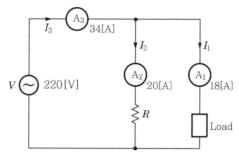

(1) 이 부하의 무효전력 P_r는 약 몇 [kVar]인가?

(2) 이 부하의 소비전력 P는 약 몇 [kW]인가?

해답 (1) $P_r = VI_1\sin\theta$ 이므로 $\cos\theta$를 구해서 $\sin\theta$를 구한다.

$$\cos\theta = \frac{I_3^{\,2} - I_2^{\,2} - I_1^{\,2}}{2I_1I_2} = \frac{34^2 - 20^2 - 18^2}{2 \times 18 \times 20} = 0.6 \text{에서 } \sin\theta = 0.8$$

$$\therefore \ P_r = VI_1\sin\theta = 220 \times 18 \times 0.8 = 3,168[\text{Var}]$$

$$\doteqdot 3.17[\text{kVar}]$$

(2) $P = VI_1\cos\theta$ 이므로

$$\cos\theta = \frac{I_3^{\,2} - I_2^{\,2} - I_1^{\,2}}{2I_1I_2} = \frac{34^2 - 20^2 - 18^2}{2 \times 18 \times 20} = 0.6$$

$$\therefore \ P = VI_1\cos\theta = 220 \times 18 \times 0.6 = 2,376[\text{W}]$$

$$\doteqdot 2.38[\text{kW}]$$

(3) 저항의 측정 👆꼭!암기

① 저저항 측정
   ㉠ 전위차계법
   ㉡ 캘빈 더블 브리지법
   ㉢ 전압강하법

② 중저항 측정
   ㉠ 저항계법
   ㉡ 휘트스톤 브리지법

🏠 핵심 Up
휘트스톤 브리지법
• 평형조건이란 중간지점 검류계 저항에 흐르는 전류가 0인 경우
→ 서로 마주보고 있는 저항끼리의 곱은 같다.

③ 고저항 측정
  ㉠ 전압계법
  ㉡ 절연 메거

(4) 특수 저항의 측정
  ① 전지의 내부 저항 측정
    ㉠ 맨스법
    ㉡ 콜라우시 브리지법
  ② 접지저항 측정
    ㉠ 접지저항계
    ㉡ 콜라우시 브리지법
      • 접지저항 측정 시 이용한다.
      • 구하고자 하는 접지판 G_1 외에 보조 접지판 2개 G_2, G_3를 설치한다.
      • G_1, G_2, G_3를 서로의 간격 10[m]가 되게 하며 정삼각형으로 시설한다.

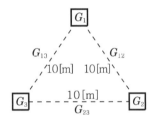

위의 그림에서 다음과 같은 식을 유도할 수 있다.

$G_1 + G_2 = G_{12}$ ·· ⓐ

$G_2 + G_3 = G_{23}$ ·· ⓑ

$G_3 + G_1 = G_{31}$ ·· ⓒ

또한 ⓐ + ⓑ + ⓒ를 하면 다음과 같다.

$2(G_1 + G_2 + G_3) = G_{12} + G_{23} + G_{31}$ 이며

$$G_1 = \frac{1}{2}(G_{12} + G_{31} - G_{23})[\Omega]$$ 꼭!암기

$$G_2 = \frac{1}{2}(G_{12} + G_{23} - G_{31})[\Omega]$$ 꼭!암기

$$G_3 = \frac{1}{2}(G_{23} + G_{31} - G_{12})[\Omega]$$ 꼭!암기

실전 Up문제

02 3개의 접지판 상호간의 저항을 측정한 값이 그림과 같다면, G_3의 접지저항값은 몇 [Ω]인지 구하시오.

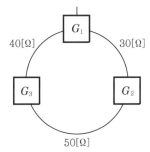

해답 접지저항 $G_3 = \dfrac{1}{2}(G_{23} + G_{31} - G_{12})$

$= \dfrac{1}{2}(50 + 40 - 30) = 30[\Omega]$

③ 지중 케이블의 사고점 측정

  ㉠ 수색 코일법

  ㉡ 펄스 레이더법

  ㉢ 머레이 루프법

    • 휘트스톤 브리지 회로의 평형상태를 이용하여 고장지점까지의 거리를 구할 수 있다.

    • 측정 원리

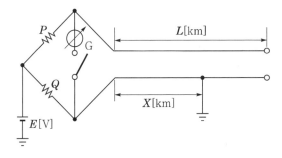

위 회로에서 검류계 G에 전류가 흐르지 않는다면 이 회로는 평형상태가 되어 $PX = Q(2L - X)$이 되며 여기서 X를 구하면 다음과 같다.

$$X = \frac{Q}{P+Q} \times 2L[\text{m}]$$

여기서, X : 고장지점까지의 거리[m], Q : 저항[Ω]

L : 선로의 길이[m], P : 저항[Ω]

📊 실전 Up 문제

03 머레이 루프법(Murray loop)으로 선로의 고장지점을 찾고자 한다. 선로의 길이가 8[km]이고, 1[km]당 저항이 0.2[Ω]인 선로에 그림과 같이 지락 고장이 발생할 경우 고장점까지의 거리를 구하시오. (단, $P = 360[Ω]$, $Q = 120[Ω]$에서 브리지 회로가 평형이 되었다.)

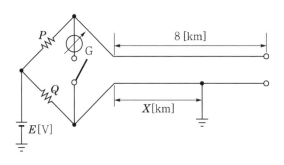

해답 머레이 루프법

고장점까지의 거리 $X = \dfrac{Q}{P+Q} \times 2L$

$$= \dfrac{120}{360+120} \times 2 \times 8$$

$$= 4[km]$$

🏠 핵심 Up

양수 펌프 출력(P)

$P = \dfrac{9.8QH}{\eta}K$

여기서, Q [m³/s]

＊ 양수 펌프용 전동기 용량은
최근 출제된 내용으로 꼭
이해하세요!

(5) 용량 계산

① 권상기(엘리베이터)의 출력(용량)

출력 $P = \dfrac{WV}{6.12\eta} \times K[\mathrm{kW}]$

여기서, W : 권상기 하중[ton]

V : 권상 속도[m/min]

K : 여유계수

② 양수 펌프용 전동기 용량(P)

㉠ $P = \dfrac{QHK}{6.12\eta}[\mathrm{kW}]$

여기서, Q : 양수량[m³/분], H : 높이[m], K : 여유계수

㉡ $P = \dfrac{9.8QHK}{\eta}[\mathrm{kW}]$

여기서, Q : 양수량[m³/초], H : 높이[m], K : 여유계수

③ 전열기 용량

$P = \dfrac{mCT}{860\eta t}[\mathrm{kW}]$

여기서, m : 질량[kg]

C : 비열[kcal/kg · ℃]

T : 온도차[℃]

📊 실전 *Up* 문제

04 1시간에 20[m³]로 솟아나오는 지하수를 12[m]의 높이에 배수하고자 한다. 이때 5[kW]의 전동기를 사용한다면 매 시간당 몇 분씩 운전하면 되는지 구하시오. (단, 펌프의 효율은 75[%]로 하고, 관로의 손실계수는 1.1로 한다.)

해답 양수 펌프용 전동기 출력(P)

주어진 양수량 Q가 1시간에 20[m³]이므로 분당 양수량은 $\dfrac{20}{t}$이 된다.

$$P = \frac{K\dfrac{Q}{t}H}{6.12\eta} \text{에서} \ t = \frac{KQH}{6.12\eta P}$$

$$\therefore \ t = \frac{KQH}{6.12\eta P} = \frac{20 \times 12 \times 1.1}{6.12 \times 0.75 \times 5} = 11.50분$$

3 교류 회로

(1) 실효값 · 평균값

① 평균값(I_{av})

$$I_{av} = \frac{1}{T}\int_0^T i(t)dt \ (\text{여기서}, \ T : \text{주기})$$

② 실효값(I)

$$I = \sqrt{\frac{1}{T}\int_0^T i^2(t)dt} \ (\text{여기서}, \ T : \text{주기})$$

③ 여러 파형들의 평균값 · 실효값의 비교

명 칭	평균값	실효값
정현파	$\dfrac{2}{\pi}I_m$	$\dfrac{I_m}{\sqrt{2}}$
전 파	$\dfrac{2}{\pi}I_m$	$\dfrac{I_m}{\sqrt{2}}$
반 파	$\dfrac{I_m}{\pi}$	$\dfrac{I_m}{2}$

핵심 *Up*

• 평균값
주어진 파형의 1주기 동안의 면적을 구해서 주기로 나누어서 구한다.
• 실효값
직류를 인가 시 발생하는 열량과 교류를 인가시의 열량과 같아질 때의 교류값을 뜻한다.

명 칭	평균값	실효값
구형파	I_m	I_m
구형 반파	$\dfrac{I_m}{2}$	$\dfrac{I_m}{\sqrt{2}}$
3각파	$\dfrac{I_m}{2}$	$\dfrac{I_m}{\sqrt{3}}$
톱니파	$\dfrac{I_m}{2}$	$\dfrac{I_m}{\sqrt{3}}$

핵심 ÚP

공진 조건
• 직렬공진 조건
  직렬 임피던스를 구해서
  허수부분이 "0" 상태일
  때의 조건
• 병렬공진 조건
  어드미턴스를 구해서 허
  수부분을 "0" 상태로 만
  들 때의 조건

(2) 공 진

① 직렬공진 ☞꼭!암기

ㄱ 회로도

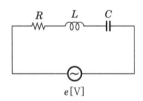

ㄴ 직렬공진 조건

$$\omega L = \frac{1}{\omega C}, \quad \omega^2 LC = 1$$

ㄷ 공진주파수(f)

$$f = \frac{1}{2\pi \sqrt{LC}} \ [\text{Hz}]$$

ㄹ 양호도(전압 확대율)(Q)

$$Q = \frac{f_0}{B} = \frac{\omega L}{R} = \frac{1}{R}\sqrt{\frac{L}{C}} = \frac{1}{\omega CR}$$

② 이상적인 병렬공진

ㄱ 회로도

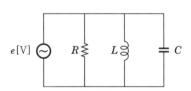

ㄴ 병렬공진 조건

$$\omega C = \frac{1}{\omega L}, \quad \omega^2 LC = 1$$

㉢ 공진 주파수(f)

$$f = \frac{1}{2\pi\sqrt{LC}}\ [\text{Hz}]$$

㉣ 양호도(전압 확대율)(Q)

$$Q = \frac{f_0}{B} = \frac{R}{\omega L} = R\sqrt{\frac{C}{L}} = \omega CR$$

4 대칭좌표법

불평형 상태의 결과를 대칭좌표법을 이용하여 대칭성분(영상분, 정상분, 역상분)으로 해석하는 방법을 말한다.

3상 평형일 때의 합은 "0" 상태이다.

(1) 대칭 전압(V_a, V_b, V_c는 각 상전압) 꼭!암기

① 영상분 전압(V_0)

$$V_0 = \frac{1}{3}(V_a + V_b + V_c)$$

② 정상분 전압(V_1)

$$V_1 = \frac{1}{3}(V_a + aV_b + a^2 V_c)$$

③ 역상분 전압(V_2)

$$V_2 = \frac{1}{3}(V_a + a^2 V_b + aV_c)$$

핵심 Up

각 상의 전압

$V_a = V_0 + V_1 + V_2$

$V_b = V_0 + a^2 V_1 + aV_2$

$V_c = V_0 + aV_1 + a^2 V_2$

넓게 보기

1. 직각좌표 형식 : $A = a + jb$
2. 극좌표 형식 : $A = |A|\angle\theta$
3. 3각함수 형식 : $A = |A|(\cos\theta + j\sin\theta)$
4. 지수함수 형식 : $A = |A|e^{j\theta}$
5. 벡터 연산자(a)

① $a = 1\angle 120° = \cos 120° + j\sin 120° = -\frac{1}{2} + j\frac{\sqrt{3}}{2}$

② $a^2 = 1\angle 240° = \cos 240° + j\sin 240° = -\frac{1}{2} - j\frac{\sqrt{3}}{2}$

(단, $a^2 + a + 1 = 0$, $a^2 + a = -1$)

③ $a^3 = 1\angle 360° = \cos 360° + j\sin 360° = 1$

(2) 고장 계산

① 1선 지락 고장(a상 지락 시)

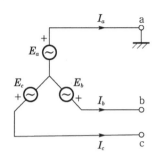

㉠ 지락조건 : $V_a = 0$, $I_b = I_c = 0$

㉡ $I_0 = I_1 = I_2$

② 2선 지락 고장(b, c상 지락 시)

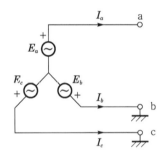

㉠ 지락조건 : $I_a = 0$, $V_b = V_c = 0$

㉡ $V_0 = V_1 = V_2$

5 분포정수 회로

(1) 분포정수

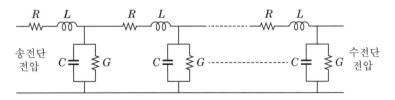

① 직렬 임피던스(Z) : $Z = R + j\omega L$

② 병렬 어드미턴스(Y) : $Y = G + j\omega C$

③ 특성 임피던스(Z_0) : $Z_0 = \sqrt{\dfrac{Z}{Y}} = \sqrt{\dfrac{R + j\omega L}{G + j\omega C}}$ 꼭! 암기

④ 전파정수(r) : $r = \sqrt{YZ} = \sqrt{(R+j\omega L)(G+j\omega C)} = \alpha + j\beta$

　여기서, α : 감쇠정수, β : 위상정수

(2) 무손실 선로 🖐️꼭!암기

① 무손실 선로의 조건 : $R = G = 0$

② 특성 임피던스(Z_0) : $Z_0 = \sqrt{\dfrac{Z}{Y}} = \sqrt{\dfrac{R+j\omega L}{G+j\omega C}} = \sqrt{\dfrac{L}{C}}$

③ 전파정수(r) : $r = \sqrt{YZ} = \sqrt{(R+j\omega L)(G+j\omega C)}$
$$= j\omega\sqrt{LC} = \alpha + j\beta \text{이므로} \ \alpha = 0, \ \beta = \omega\sqrt{LC}$$

④ 전파속도 $v = \dfrac{1}{\sqrt{LC}}$

(3) 무왜형 선로

① 무왜형 선로의 조건 : $\dfrac{L}{R} = \dfrac{C}{G}$ 또는 $LG = RC$

② 특성 임피던스(Z_0) : $Z_0 = \sqrt{\dfrac{Z}{Y}} = \sqrt{\dfrac{R+j\omega L}{G+j\omega C}} = \sqrt{\dfrac{L}{C}}$

③ 전파정수(r) : $r = \sqrt{YZ} = \sqrt{(R+j\omega L)(G+j\omega C)}$
$$= \sqrt{RG} + j\omega\sqrt{LC} = \alpha + j\beta$$
$$\therefore \ \alpha = \sqrt{RG}, \ \beta = \omega\sqrt{LC}$$

④ 전파속도 $v = \dfrac{1}{\sqrt{LC}}$

(4) 반사계수(m)

$$m = \frac{\text{반사파}}{\text{입사파}} = \frac{Z_L - Z_0}{Z_L + Z_0}$$

여기서, Z_L : 부하저항[Ω], Z_0 : 특성 임피던스[Ω]

(5) 정재파비(S)

$$S = \frac{1+m}{1-m}, \ m = \frac{S-1}{S+1}$$

📙 핵심 Up
투과계수(ρ)
$$\rho = \frac{\text{투과파}}{\text{입사파}} = \frac{2Z_L}{Z_L + Z_0}$$

6️⃣ 발전기와 전동기

(1) 직류기

① 구조의 3요소 🖐️꼭!암기

　㉠ 전기자 : 유기기전력이 발생한다.

　㉡ 계자 : 자속을 공급한다.

　㉢ 정류자 : 교류를 직류로 변성한다.

② 현재 사용되고 있는 권선법

　ㄱ 고상권

　ㄴ 폐로권

　ㄷ 이층권

　ㄹ 중권/파권

[중권과 파권의 비교]

비 교	중 권	파 권
전기자의 병렬회로수 a	$a = P$(극수)	$a = 2$
브러시수 b	$b = a = P$	$b = 2$
용 도	저전압, 대전류	고전압, 소전류

③ 유기기전력(E) : $E = \dfrac{Z}{a} P\phi \dfrac{N}{60} = K\phi N [\mathrm{V}]$ 👉꼭!암기

　여기서, Z : 도체수

　　　　　P : 극수

　　　　　N : 분당 회전수[rpm]

　　　　　a : 병렬회로수

　　　　　$K = \dfrac{ZP}{60a}$

④ 전기자 반작용

　ㄱ 전기자 전류에 의한 전기자 기자력이 계자 기자력에 영향을 미쳐서 주자속이
　　감소하는 현상을 말한다.

　ㄴ 반작용의 방지책

　　• 계자 기자력을 크게 한다.

　　• 보상권선을 설치한다(전기자 전류와 반대방향이 되도록 권선을 감는다).

　　• 보극을 설치한다.

⑤ 전압변동률(ε) : $\varepsilon = \dfrac{V_0 - V_n}{V_n} \times 100 [\%]$ 👉꼭!암기

⑥ 직류 발전기의 종류

　ㄱ 분권 발전기

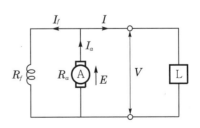

- 잔류 자기가 존재
- 유기기전력 $E = V + I_a R_a$ (단, $I_a = I + I_f$)

ⓒ 직권 발전기

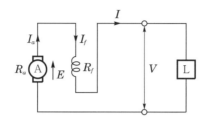

핵심 **Up**

포화곡선
- 무부하 포화곡선 : 유기기전력과 계자전류의 관계 곡선
- 부하 포화곡선 : 단자전압과 계자전류의 관계 곡선

- 부하가 없으면 동작하지 않는다.
- 유기기전력 $E = V + I_a(R_a + R_s)$ (단, $I_a = I = I_f$)

ⓒ 복권 발전기

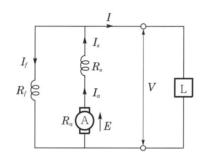

- 유기기전력 $E = V + I_a(R_a + R_s)$ (단, $I_a = I + I_f$)
- 분권 발전기로 사용하려면 직권 계자권선을 단락한다.
- 직권 발전기로 사용하려면 분권 계자권선을 개방한다.

⑦ **직류 전동기**

㉠ 유기기전력 $E = V - I_a R_a [\text{V}]$

㉡ 토크 $T = \dfrac{P}{\omega} = \dfrac{P}{2\pi \dfrac{N}{60}} [\text{N} \cdot \text{m}]$ 꼭암기

$$= \frac{1}{9.8} \frac{P}{2\pi \dfrac{N}{60}} = 0.975 \frac{P}{N} [\text{kg} \cdot \text{m}]$$

㉢ 직류 전동기의 종류
- 분권 전동기
  - 정속도의 특성을 갖는다.
  - $T \propto I \propto \dfrac{1}{N}$

- 직권 전동기
  - 변속도의 특성을 갖는다.
  - $T \propto I^2 \propto \dfrac{1}{N^2}$

ㄹ 직류 전동기의 속도제어
- $n = k \dfrac{V - I_a R_a}{\phi}$

여기서, n : 회전속도[bps]

k : 상수

V : 단자전압[V]

I_a : 전기자 전류[A]

R_a : 전기자 저항[Ω]

ϕ : 자속[Wb]

- 저항 제어법 : 효율이 가장 저하되어 거의 사용하지 않는다.
- 계자 제어법 : 정출력 제어방식이다.
- 전압 제어법 🖐꼭!암기
  - 효율이 가장 뛰어나다.
  - 광범위한 속도제어가 가능하다.
  - 워드레오나드 방식(소형 부하)
  - 일그너 방식(대형 부하)

(2) 동기 발전기

① 동기 발전기의 분류

ㄱ 회전에 의한 분류
- 회전 전기자형(회전자 : 전기자, 고정자 : 계자)
- 회전 계자형(회전자 : 계자, 고정자 : 전기자)
- 유도자형(고정자 : 전기자, 계자)

ㄴ 냉각방식에 의한 분류
- 공기냉각방식
- 수소냉각방식

ㄷ 원동기에 의한 분류
- 터빈 발전기(비돌극형)
- 수차 발전기(돌극형)

② 유기기전력(E) : $E = 4.44 f N k \phi$ [V]

여기서, f : 주파수[Hz], N : 권수

k : 결합계수, ϕ : 자속[Wb]

🔼 핵심 Up

동기속도(N_s)

- $N_s = \dfrac{120f}{P}$

여기서, f : 주파수

P : 극수

- 동기속도는 극수에 반비례한다.

③ 동기 발전기의 1상의 출력(P)

　　㉠ $P = VI\cos\theta = \dfrac{EV}{X}\sin\delta[\text{W}]$

　　㉡ 최대 출력($\delta = 90°$) $P_m = \dfrac{EV}{X}[\text{W}]$

넓게 보기

1. 발전기 출력(P)

$$P = \dfrac{\Sigma W_L \times L}{\cos\theta}[\text{kVA}]$$

　여기서, L : 수용률

　　　　$\cos\theta$: 역률

　　　　ΣW_L : 부하용량의 합[kW]

2. 기동 용량이 큰 부하인 경우의 발전기 용량(P)

$$P = \left(\dfrac{1}{e} - 1\right) \times X_d \times P_s$$

　여기서, e : 허용전압 강하

　　　　X_d : 과도 리액턴스

　　　　P_s : 기동 용량[kVA]

④ 동기 발전기의 병렬운전 조건

　　㉠ 기전력의 크기는 같아야 한다.

　　　• 다를 때에는 무효순환 전류(I_c)가 흐른다.

　　　• $I_c = \dfrac{E_0}{2Z_s}[\text{A}]$

　　　여기서, Z_s : 동기 임피던스

　　㉡ 기전력의 위상(δ)은 같아야 한다.

　　　• 다를 때에는 동기화 전류(I_s)가 흐른다.

　　　• $I_s = \dfrac{E}{Z_s}\sin\dfrac{\delta}{2}[\text{A}]$

　　　• 수수전력 : 위상이 앞서는 발전기에서 뒤지는 발전기로 전력을 공급한다.

　　㉢ 기전력의 주파수가 같아야 한다.

　　　• 다를 때에는 난조가 발생한다.

　　㉣ 기전력의 파형이 같아야 한다.

　　㉤ 상회전 방향이 일치할 것

핵심 Up

발전기와 부하 사이에 설치하는 기기

• 과전류 차단기
• 전류계
• 전압계
• 개폐기

＊ 동기 발전기의 병렬운전 조건은 최근 출제된 내용으로 꼭 이해하세요!

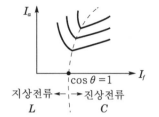

지상전류 ← | → 진상전류
L   C

(3) 유도전동기

① 종류

ㄱ 농형
 • 소형이고 구조가 간단하다.
 • 취급이 간단하고 효율이 양호하다.
 • 기동이 어렵다.

ㄴ 권선형
 • 중대형에 주로 이용된다.
 • 기동이 쉽고, 속도 조정이 용이하다.
 • 구조가 복잡하다.

② 슬립(Slip)

ㄱ 고정자 속도(N_s)와 회전자 속도(N)의 비를 나타낸다.

$$s = \frac{N_s - N}{N_s}$$

ㄴ 유도전동기의 슬립 : $0 < s < 1$

ㄷ 유도제동기의 슬립 : $1 < s < 2$

③ 2차 입력 · 출력 · 손실의 관계 👈꼭!암기

ㄱ 2차 동손(P_{c_2}) : $P_{c_2} = sP_2$ (여기서, P_2 : 2차 입력)

ㄴ 2차 출력(P_0) : $P_0 = P_2 - P_{c_2} = P_2 - sP_2 = (1-s)P_2$

ㄷ 2차 입력(P_2) : $P_2 = \frac{1}{1-s}P_0$

ㄹ 2차 효율(η_2) : $\eta_2 = \frac{P_0}{P_2} = (1-s) = \frac{N}{N_s}$

④ 토크(T)와 전압(V)의 관계 : $T \propto V^2$, $s \propto \frac{1}{V^2}$

⑤ 비례추이

ㄱ 2차 저항이 N배가 되면 슬립도 N배가 된다.

ㄴ 권선형 유도전동기에 적용된다.

ㄷ 최대 토크는 불변한다(2차 저항과는 무관).

ㄹ 기동 토크는 증가한다.

ㅁ 비례추이 가능한 특성 : 역률, 동기와트, 1 · 2차 전류

ⓑ 비례추이 불가능한 특성 : 2차 동손, 효율, 출력

ⓢ 최대 토크 특성 곡선

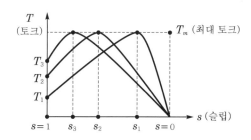

⑥ 원선도 🖱️꼭!암기

 ㉠ 유도전동기의 효율 및 역률 등을 구하기 위해 하이랜드-원선도를 이용한다.

 ㉡ 원선도를 그리기 위한 시험방법

  • 구속시험 : 동손, 임피던스 전압 등을 구한다.

  • 무부하시험 : 철손, 여자전류 등을 구한다.

  • 저항측정시험

 ㉢ 원선도에서 구할 수 있는 것 : 1·2차 입력, 1·2차 동손, 철손

 ㉣ 원선도에서 구할 수 없는 것 : 기계적 손실, 기계적 출력

⑦ 기동법(농형 유도전동기)

 ㉠ 전전압 기동(직입 기동) : 5[kW] 이하의 소형

 ㉡ Y-△ 기동

  • 기동전류 제한을 위해 사용

  • 5~15[kW] 정도

  • 기동전류는 $\frac{1}{3}$, 기동전압은 $\frac{1}{\sqrt{3}}$

 ㉢ 기동 보상기법에 의한 기동

  • 단권 변압기를 이용한 감전압 기동을 하므로 경제적이다.

  • 15[kW] 이상

 ㉣ 리액터 기동

⑧ 속도제어

 ㉠ 농형 유도전동기

  • 전압 제어법

  • 주파수 변환법

  • 극수 변환법

 ㉡ 권선형 유도전동기

  • 2차 여자법

  • 2차 저항법

  • 종속 접속법(직렬 종속법, 병렬 접속법, 차동 접속법)

핵심 Up

기동기 사용 시 주의사항 (내선 규정)

• 유도전동기는 기동 시에 큰 전류가 흐른다.

• 정격전류의 10배 이상의 기동전류가 흐르면 주변 부하에 악영향을 미치게 되므로 전원용량의 $\frac{1}{10}$ 이상의 전동기는 기동장치를 사용하여야 한다.

• Y-△ 기동기를 사용하는 경우 기동기와 전동기 사이의 배선은 해당 전동기 분기로 배선의 60[%] 이상의 허용전류를 가지는 전선을 사용하여야 한다.

집중공략 기출 · 예상문제

01 ★★★

접지사항을 측정하고자 한다. 다음 각 물음에 답하시오.

(1) 접지저항을 측정하기 위하여 사용되는 계기나 측정방법을 2가지 쓰시오.

(2) 그림과 같이 본 접지 E에 제1보조접지 P, 제2보조접지 C를 설치하여 본 접지 E의 접지저항값을 측정하려고 한다. 본 접지 E의 접지저항은 몇 [Ω]인가? (단, 본 접지와 P 사이의 저항값은 86[Ω], 본 접지와 C 사이의 접지저항값은 92[Ω], P와 C 사이의 접지저항값은 160[Ω]이다.)

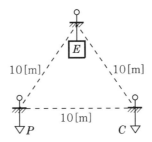

해답 (1) ① 콜라우시 브리지법

② 접지저항계법

(2) 접지저항(G_E)

$$G_E = \frac{1}{2}(G_{EP} + G_{EC} - G_{PC})$$

$$= \frac{1}{2}(86 + 92 - 160) = 9[Ω]$$

02 ★

연동선을 사용한 코일의 저항이 0[℃]에서 3,000[Ω]이었다. 이 코일에 전류를 흘렸더니 그 온도가 상승하여 코일의 저항이 3,600[Ω]으로 되었다고 한다. 이때 연동선의 온도를 구하시오.

해답 온도(T)

$t[℃]$에서 $T[℃]$ 온도가 변할 때의 저항 $R_T = R_t[1 + \alpha_t(T-t)]$이다.

이 문제에서는 0[℃]에서 $T[℃]$로의 변화 시의 T를 구해야 하므로

$3,600 = 3,000\left[1 + \frac{1}{234.5}(T-0)\right]$에서 T를 구하면 $T = 46.9[℃]$이다.

03 단자전압 3,000[V]인 선로에 전압비가 3,300/220[V]인 승압기를 접속하여 60[kW], 역률 0.9의 부하에 공급할 때 몇 [kVA]의 승압기를 사용하여야 하는가?

해답 단권 변압기

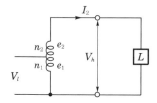

(1) 전압비 $\dfrac{V_h}{V_l} = \left(1 + \dfrac{n_2}{n_1}\right)$에서 $V_h = \left(1 + \dfrac{220}{3,300}\right)V_l = 3,200$

(2) $\dfrac{\text{자기용량}}{\text{부하용량}} = \dfrac{V_h - V_l}{V_h}$에서 자기용량 $= \dfrac{V_h - V_l}{V_h} \times$ 부하용량

(3) 자기용량(승압기 용량) $= e_2 I_2$에서 $e_2 = 220[V]$는 주어져 있으므로 I_2를 구하기 위해서

$I_2 = \dfrac{P}{V_h \cos\theta} = \dfrac{60,000}{3,200 \times 0.9} = 20.83$

(4) 승압기 용량 $= 220 \times 20.83 \times 10^{-3} \fallingdotseq 4.58[kVA]$이므로 $5[kVA]$를 선정한다.

04 디젤 발전기를 5시간 전부하 운전할 때 연료 소비량이 285[kg]이었다. 이 발전기의 용량은 몇 [kVA]인가? (단, 중유의 열량은 10,000[kcal/kg], 기관 효율은 36.3[%], 발전기 효율은 83[%], 전부하 시 발전기 역률은 80[%]이다.)

해답 발전기 용량 $P = \dfrac{mH\eta_1\eta_2}{860t\cos\theta}[kVA]$

여기서, m : 연료량[kg]

H : 발열량[kcal/kg]

η_1 : 기관효율

η_2 : 발전기 효율

t : 시간

$\therefore P = \dfrac{285 \times 10,000 \times 0.363 \times 0.83}{860 \times 5 \times 0.8} \fallingdotseq 249.62[kVA]$

05 가로 20[m], 세로 30[m]인 사무실에서 평균 조도 500[lx]를 얻고자 형광등 40[W] 2등용을 사용하고 있다. 다음 각 물음에 답하시오. (단, 40[W] 2등용 형광등 기구의 전체 광속은 4,800[lm], 조명률은 0.55, 감광 보상률은 1.3, 전기방식은 단상 2선식 200[V]이며, 40[W] 2등용 형광등의 전체 입력 전류는 0.76[A]이고, 1회로의 최대 전류는 15[A]로 한다.)

(1) 형광등 기구수를 구하시오.

(2) 최소 분기회로수를 구하시오.

(1) 형광등수(N)

$FUN = EAD$에서

형광등수 $N = \dfrac{EAD}{FU} = \dfrac{500 \times (20 \times 30) \times 1.3}{4,800 \times 0.55} ≒ 147.73$

∴ 형광등 기구수는 148등이다.

(2) 분기회로수(n)

분기회로수 $n = \dfrac{148 \times 0.76}{15} ≒ 7.5$

∴ 15[A] 분기 8회로가 된다.

06 전동기 부하를 사용하는 곳의 역률 개선을 위하여 회로에 병렬로 역률 개선용 저압 콘덴서를 설치하여 전동기의 역률을 개선하여 91[%] 이상으로 유지하려고 한다. 주어진 표를 이용하여 다음 물음에 답하시오.

[부하에 대한 콘덴서 용량 산출표]

구 분		개선 후의 역률														
		1.0	0.99	0.98	0.97	0.96	0.95	0.94	0.93	0.92	0.91	0.9	0.875	0.85	0.825	0.8
개선 전의 역률	0.5	173	159	153	148	144	140	137	134	130	128	125	118	111	104	93
	0.525	162	148	142	137	133	129	126	122	119	117	114	107	100	93	87
	0.55	152	138	132	127	123	119	116	112	109	106	104	97	90	83	77
	0.575	142	128	122	117	114	110	106	103	99	96	94	87	80	73	67
	0.6	133	119	113	108	104	101	97	94	91	88	85	78	71	65	58
	0.625	125	111	105	100	96	92	89	85	82	79	77	70	63	56	50
	0.65	116	103	97	92	88	84	81	77	74	71	69	62	55	48	42
	0.675	109	95	89	84	80	76	73	70	66	64	61	54	47	40	34
	0.7	102	88	81	77	73	69	66	62	59	56	54	46	40	33	27
	0.725	95	81	75	70	66	62	59	55	52	49	46	39	33	26	20
	0.75	88	74	67	63	58	55	52	49	45	43	40	33	26	19	13
	0.775	81	67	61	57	52	49	45	42	39	36	33	26	19	12	6.5
	0.8	75	61	54	50	46	42	39	35	32	29	27	19	13	6	6
	0.825	69	54	48	44	40	36	32	29	26	23	21	14	7	–	–
	0.85	62	48	42	37	33	29	26	22	19	16	14	7	–	–	–
	0.875	55	41	35	30	26	23	19	16	13	10	7	–	–	–	–
	0.9	48	34	28	23	19	16	12	9	6	2.8	–	–	–	–	–

(비고) [kVA] 용량과 [μF] 용량 간의 환산은 다음의 계산식이나 환산표를 이용한다.

$$C = \dfrac{\text{kVA} \times 10^9}{\omega E^2} = \dfrac{\text{kVA} \times 10^9}{2\pi f E^2} = \dfrac{\text{kVA} \times 10^9}{376.98 \times E^2} \ [\text{kVA}]$$

$$= \dfrac{CE^2 \times 376.98}{10^9} = 376.98 \times CE^2 \times 10^{-9}$$

정격전압 200[V], 정격출력 7.5[kW], 역률 77.5[%]인 전동기의 역률을 91[%]로 개선하고자 하는 경우 필요한 3상 콘덴서의 용량[kVA]을 구하시오.

해답 표에서 개선 전후의 역률을 이용해서 $K = 36$을 구한다.

$\therefore$ 콘덴서 용량 $Q_c = 0.36 \times 7.5 = 2.7[\text{kVA}]$

07 지표면상 10[m] 높이에 수조가 있다. 이 수조에 초당 1[m³]의 물을 양수하는 데 사용되는 펌프용 전동기에 3상 전력을 공급하기 위하여 단상 변압기 2대를 V결선하였다. 펌프 효율이 80[%]이고, 펌프 축동력에 20[%]의 여유를 두는 경우 다음 각 물음에 답하시오. (단, 펌프용 3상 농형 유도전동기의 역률을 90[%]로 가정한다.)

(1) 펌프용 전동기의 소요동력은 몇 [kW]인가?

(2) 변압기 1대의 용량은 몇 [kVA]인가?

해답 (1) 펌프용 전동기의 소요동력(P)

$$P = \frac{9.8QHK}{\eta}$$

여기서, Q : 양수량[m³/초]

H : 양정[m]

K : 여유계수

η : 효율

$\therefore P = \frac{9.8 \times 1 \times 10 \times 1.2}{0.8} \fallingdotseq 147[\text{kW}]$

(2) 변압기 1대의 용량(P_1)

V결선 시의 용량 $P_V = \frac{9.8QHK}{\eta\cos\theta} = \frac{9.8 \times 1 \times 10 \times 1.2}{0.8 \times 0.9} \fallingdotseq 163.33[\text{kVA}]$

$P_V = \sqrt{3}\,P_1$에서 P_1을 구하면 다음과 같다.

$P_1 = \frac{P_V}{\sqrt{3}} = \frac{163.33}{\sqrt{3}} \fallingdotseq 94.3[\text{kVA}]$

08 지표면상 18[m] 높이의 수조가 있다. 이 수조에 30[m³/min]의 물을 양수하는 데 필요한 펌프용 전동기의 소요동력은 몇 [kW]인가? (단, 펌프의 효율은 75[%]로 하고, 여유계수는 1.15로 한다.)

해답 펌프용 전동기의 소요동력(P)

$P = \frac{QHK}{6.12\eta} = \frac{30 \times 18 \times 1.15}{6.12 \times 0.75} \fallingdotseq 135.29[\text{kW}]$

09 지표면상 10[m] 높이에 수조가 있다. 이 수조에 분당 15[m³]의 물을 양수하는데 펌프용 전동기에 3상 전력을 공급하기 위해서 단상 변압기 2대를 V결선하였다. 펌프 효율이 70[%]이고, 펌프 축동력에 20[%]의 여유를 두는 경우 다음 각 물음에 답하시오. (단, 펌프용 3상 농형 유도전동기의 역률은 80[%]라 한다.)

(1) 펌프용 전동기의 소요동력은 몇 [kW]인가?

(2) 변압기 1대의 용량은 몇 [kVA]인가?

해답 (1) 펌프용 전동기의 소요동력(P)

$$P = \frac{QHK}{6.12\eta}$$

여기서, Q : 양수량[m³/분]

H : 양정[m]

K : 여유계수

η : 효율

$$\therefore\ P = \frac{15 \times 10 \times 1.2}{6.12 \times 0.7} = 42[\text{kW}]$$

(2) 변압기 1대의 용량(P_1)

V결선 시의 용량 $P_V = \dfrac{QHK}{6.12\eta\cos\theta} = \dfrac{15 \times 10 \times 1.2}{6.12 \times 0.7 \times 0.8} = 52.52[\text{kVA}]$

$P_V = \sqrt{3}\,P_1$에서 P_1을 구하면 다음과 같다.

$$P_1 = \frac{P_V}{\sqrt{3}} = \frac{52.52}{\sqrt{3}} = 30.32[\text{kVA}]$$

10 측정범위 1[mA], 내부 저항 20[kΩ]의 전류계에 분류기를 붙여서 5[mA]까지 측정하고자 한다. 몇 [kΩ]의 분류기를 사용하여야 하는지 계산하시오.

해답 분류기(R_s)

$$R_s = \frac{r_a}{m-1}$$

여기서, m : 배율

r_a : 전류계 내부 저항[Ω]

주어진 조건에서 $m = 5$이므로

$$R_s = \frac{r_a}{m-1} = \frac{20 \times 10^3}{5-1} = 5[\text{k}\Omega]$$

11 피뢰기 접지공사를 실시한 후 접지저항을 보조접지 2개(A와 B)를 시설하여 측정하였더니 본 접지와 A 사이의 저항은 86[Ω], A와 B 사이의 저항은 156[Ω], B와 본 접지 사이의 저항은 80[Ω]이었다. 이때 피뢰기의 접지저항값을 구하시오.

해답 $R_C = \frac{1}{2}(R_{CA} + R_{CB} - R_{AB})$

$$= \frac{1}{2}(86 + 80 - 156) = 5[\Omega]$$

여기서, $R_{CA} = 86[\Omega]$, $R_{CB} = 80[\Omega]$, $R_{AB} = 156[\Omega]$

12 개폐기 중에서 다음 기호(심벌)가 의미하는 것은 무엇인지 모두 쓰시오.

해답 (1) 3P50A : 3극 50[A] 전류계 붙이 개폐기
(2) f20A : 퓨즈 정격전류 20[A]
(3) A5 : 전류계 정격전류 5[A]

13 다음 그림기호는 일반 옥내 배선에서 배선 및 전등·전력용 기기 및 부착위치, 부착 방법을 표시하는 도면에 사용하는 그림기호이다. 각 그림기호의 명칭을 쓰시오.

(1) $\boxed{\text{E}}$ (2) $\boxed{\text{B}}$

(3) $\boxed{\text{EC}}$ (4) $\boxed{\text{S}}$

해답 (1) $\boxed{\text{E}}$: 누전차단기
(2) $\boxed{\text{B}}$: 배선차단기
(3) $\boxed{\text{EC}}$: 접지센터
(4) $\boxed{\text{S}}$: 개폐기

14 다음 회로의 저항 R은 아는 값이다. 전압계 3대를 사용하여 부하의 역률을 구하는 방법에 대해 쓰시오.

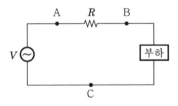

해답 3전압계를 이용한 역률
V_1 : A − C 사이의 측정전압
V_2 : A − B 사이의 측정전압
V_3 : B − C 사이의 측정전압

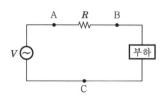

$V_1 = \sqrt{V_2{}^2 + V_3{}^2 + 2V_2 V_3 \cos\theta}$ 에서 양변을 제곱하면 다음과 같다.

$V_1{}^2 = V_2{}^2 + V_3{}^2 + 2V_2 V_3 \cos\theta$ 가 된다.

$\therefore$ 역률 $\cos\theta = \dfrac{V_1{}^2 - V_2{}^2 - V_3{}^2}{2V_2 V_3}$

15 다음 그림은 콘센트의 종류를 표시한 옥내 배선용 그림기호이다. 각 그림기호는 어떤 의미를 가지고 있는지 설명하시오.

(1) LK

(2) ET

(3) EL

(4) E

(5) T

해답

(1) LK : 빠짐 방지형

(2) ET : 접지단자 붙이

(3) EL : 누전차단기 붙이형

(4) E : 접지극 붙이형

(5) T : 걸림형

16 일반용 조명 및 콘센트의 그림기호에 대해 다음 각 물음에 답하시오.

(1) ⊗ 로 표시되는 등은 어떤 등인가?

(2) HID등을 ① ○H400, ② ○M400, ③ ○N400으로 표시하였을 때 각 등의 명칭은?

(3) 콘센트의 그림기호는 ⚫이다.
　　① 천장에 부착하는 경우의 그림기호는?
　　② 바닥에 부착하는 경우의 그림기호는?

(4) 다음 그림기호를 구분하여 설명하시오.

① ◐$_2$

② ◐$_{3P}$

해답 (1) ⊗ : 옥외등

(2) ① ○$_{H400}$: 수은등 400[W]

② ○$_{M400}$: 메탈할라이드등 400[W]

③ ○$_{N400}$: 나트륨등 400[W]

(3) ① 천장에 부착 : ⨀

② 바닥에 부착 : ⨀▲

(4) ① ◐$_2$: 2구 콘센트

② ◐$_{3P}$: 3극 콘센트

★

17 점멸기의 그림기호에 대한 다음 각 물음에 답하시오.

[그림기호] 점멸기 : ●

(1) 용량 몇 [A] 이상은 전류치를 방기하는가?

(2) ① ●$_{2P}$ 과 ② ●$_4$ 은 어떻게 구분되는지 설명하시오.

(3) ① 방수형과 ② 방폭형은 어떤 문자를 방기하는가?

해답 (1) 15[A]

(2) ① ●$_{2P}$: 2극 스위치

② ●$_4$: 4로 스위치

(3) ① 방수형 : WP

② 방폭형 : EX

★★

18 3상 4선식 선로의 선로전류가 39[A], 제3고조파 성분이 40[%]일 때 중성선 전류 및 굵기를 다음 표에서 선정하시오.

[굵 기]

[mm^2]	[A]
6	41
10	57
16	76

해답 중성선 전류(고조파 전류)(I_m)

$I_m = K_m \times nI_1[\text{A}] = 0.4 \times 39 \times 3 = 46.8[\text{A}]$

∴ 중성선 전류는 57[A], 굵기는 10[mm²]이다.

19 분산형 전원의 배전 계통 연계기술기준이다. 빈칸을 채우시오.

발전용량 합계[kVA]	주파수차 f[Hz]	전압차(Δ[%])	위상각차($\Delta[\theta]$)
0 ~ 500	(①)	10	20
500 ~ 1,500	0.2	(②)	15
1,500 ~ 10,000	(③)	3	(④)

해답 ① 0.3
② 5
③ 0.1
④ 10

20 태양광 연료전지 모듈 개방전압 측정 시 감전 보호대책 3가지만 쓰시오.

해답 (1) 강우 시 작업을 금지한다.
(2) 절연 처리된 공구를 사용한다.
(3) 작업 전 태양전지 모듈에 입사되는 태양광을 차단한다.

21 내선 규정에 명시된 3상 유도전동기의 기동장치에 대한 설명이다. 다음 물음에서 ( ) 안에 알맞은 내용을 서술하시오.

(1) 전동기의 정격출력이 수전용 변압기 용량[kVA]의 (①)을 초과하는 경우 3상 유도전동기(2대 이상을 동시에 기동하는 것은 그 합계 출력)는 기동장치를 사용하여 기동전류를 억제하여야 한다(단, 기동장치의 설치가 기술적으로 곤란한 경우로 다른 것에 지장을 초래하지 않도록 하는 경우에는 적용하지 않는다).

(2) 전항의 기동장치 중 Y-△ 기동기를 사용하는 경우 기동기와 전동기 사이의 배선은 해당 전동기 분기회로 배선의 (②)[%] 이상의 허용전류를 가지는 전선을 사용하여야 한다. 펌프용 전동기 등 자동운전을 행하는 전동기에 사용하는 Y-△ 기동장치는 1차측의 전자개폐기부 등으로 하여 전동기를 사용하지 않는 경우에는 전동기 권선에 전압이 가해지지 않는 것과 같은 조치를 강구하는 것으로 한다.

해답 ① 10배
② 60[%]

$\overset{\star}{22}$ 전기안전관리자의 직무에 대하여 5가지만 서술하시오.

> **해답** (1) 전기설비의 확인 및 점검
> (2) 전기설비의 운전, 조작 그리고 이에 대한 업무의 감독
> (3) 중대 사고의 통보의 의무
> (4) 전기설비의 사용 전 검사 및 정기검사의 의무
> (5) 공사계획의 인가신청 및 신고에 필요한 서류의 검토

$\overset{\star}{23}$ 3상 4선식 회로에서 a상에 200[A], b상에 160[A], c상에 180[A]의 전류가 흐르고 있을 때 중성선에 흐르는 전류는 몇 [A]인가?

> **해답** 중성선에 흐르는 전류는 각 상에 흐르는 전류의 합과 같다. 또한 a, b, c상의 관계는 서로 120°, 240°의 위상차를 갖는다.
> $\therefore\ I_N = I_a\underline{/0°} + I_b\underline{/-120°} + I_c\underline{/-240°}$ 가 된다.
> 극좌표 형식과 3각함수 형식을 이용하여 표시하면 다음과 같다.
> $I_N = I_a\underline{/0°} + I_b\underline{/-120°} + I_c\underline{/-240°}$ ⋯⋯⋯⋯⋯⋯⋯⋯⋯⋯ 극좌표 형식
> $= 200(\cos 0° + j\sin 0°) + 160[\cos(-120°) + j\sin(-120°)]$
> $\quad + 180[\cos(-240°) + j\sin(-240°)]$ ⋯⋯⋯⋯⋯⋯⋯⋯⋯⋯ 3각함수 형식
> $= 200 + (-80 - j80\sqrt{3}) + (-90 + j90\sqrt{3})$
> $= 30 + j10\sqrt{3}$
> $\therefore\ I_N$의 크기를 구하면 $\sqrt{30^2 + (10\sqrt{3})^2} ≒ 34.64[A]$

$\overset{\star}{24}$ 그림과 같이 3상 농형 유도전동기 4대가 있다. 이에 대한 MCC반을 구성하고자 할 때 다음 각 물음에 답하시오.

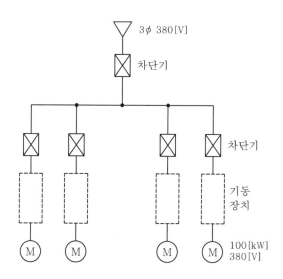

(1) 전동기 기동방식을 기기의 수명과 경제적인 면을 고려한다면 어떤 방식이 적합한가?

(2) 콘덴서 설치 시 제5고조파를 제거하고자 한다. 그 대책에 대해 간단히 설명하시오.

해답 (1) 기동 보상기법

(2) 이론적으로는 4[%], 주파수 변동 등을 감안하여 약 6[%] 정도의 직렬리액터를 설치한다.

★25 다음 참고자료를 이용하여 전선굵기가 6[mm²]인 PVC 절연전선 3가닥을 주위온도 40[℃]인 장소에서 B1 공사방법으로 기중 배선할 경우 전선의 허용전류를 구하시오.

[공사방법에 따른 전선의 허용전류]

PVC 절연, 3개 부하전선, 동 또는 알루미늄, 전선 온도(절연물의 최고허용온도) 70[℃], 주위온도 기중 30[℃], 지중 20[℃] 기준

전선의 공칭 단면적 [mm²]	공사방법					
	A1	A2	B1	B2	C	D1
1	2	3	4	5	6	7
동	—	—	—	—	—	—
1.5	13.5	13	15.5	15	17.5	18
2.5	18	17.5	21	20	24	24
4	24	23	28	27	32	30
6	31	29	36	34	41	38
10	42	39	50	46	57	50

해답 허용전류 감소계수(K)

$$K = \sqrt{\frac{\text{절연물의 최고허용온도} - \text{주위온도}}{\text{주위온도}}}$$

$$= \sqrt{\frac{70-40}{40}}$$

$$= 0.87$$

∴ 전선의 허용전류(I)

$$I = 36 \times 0.87 = 31.32[\text{A}]$$

26 ★

그림과 같은 2 : 1 로핑의 기어레스 엘리베이터에서 적재 하중은 1,000[kg], 속도는 150[m/min]이다. 구동 로프 바퀴의 직경은 760[mm]이며, 기체의 무게는 1,200[kg]인 경우 다음 각 물음에 답하시오. (단, 평형률은 0.6, 엘리베이터의 효율은 기어레스에서 1 : 1 로핑인 경우는 80[%], 2 : 1 로핑인 경우는 75[%]이다.)

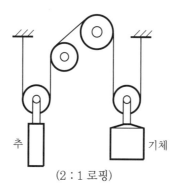

(2 : 1 로핑)

(1) 권상 소요동력은 몇 [kW]인지 계산하시오.

(2) 평형률이란?

해답 (1) 권상 소요동력(P)

$$P = \frac{WVC}{6.12\eta}[\text{kW}] = \frac{1,000 \times 10^{-3} \times 150 \times 0.6}{6.12 \times 0.75} = 19.61[\text{kW}]$$

(2) 평형률은 물체에 어떤 힘이 작용 시 물체가 이동하거나 회전하지 않고 정지상태에 있으려는 정도를 말한다.

27 ★★

전동기 부하를 사용하는 곳의 역률 개선을 위하여 회로에 병렬로 역률 개선용 저압 콘덴서를 설치하여 전동기의 역률을 개선하여 91[%] 이상으로 유지하려고 한다. 주어진 표를 이용하여 다음 물음에 답하시오.

[표-1 부하에 대한 콘덴서 용량 산출표]

구 분		개선 후의 역률														
		1.0	0.99	0.98	0.97	0.96	0.95	0.94	0.93	0.92	0.91	0.9	0.875	0.85	0.825	0.8
개선 전의 역률	0.5	173	159	153	148	144	140	137	134	130	128	125	118	111	104	93
	0.525	162	148	142	137	133	129	126	122	119	117	114	107	100	93	87
	0.55	152	138	132	127	123	119	116	112	109	106	104	97	90	83	77
	0.575	142	128	122	117	114	110	106	103	99	96	94	87	80	73	67
	0.6	133	119	113	108	104	101	97	94	91	88	85	78	71	65	58
	0.625	125	111	105	100	96	92	89	85	82	79	77	70	63	56	50
	0.65	116	103	97	92	88	84	81	77	74	71	69	62	55	48	42
	0.675	109	95	89	84	80	76	73	70	66	64	61	54	47	40	34
	0.7	102	88	81	77	73	69	66	62	59	56	54	46	40	33	27

구 분		개선 후의 역률														
		1.0	0.99	0.98	0.97	0.96	0.95	0.94	0.93	0.92	0.91	0.9	0.875	0.85	0.825	0.8
개선 전의 역률	0.725	95	81	75	70	66	62	59	55	52	49	46	39	33	26	20
	0.75	88	74	67	63	58	55	52	49	45	43	40	33	26	19	13
	0.775	81	67	61	57	52	49	45	42	39	36	33	26	19	12	6.5
	0.8	75	61	54	50	46	42	39	35	32	29	27	19	13	6	6
	0.825	69	54	48	44	40	36	32	29	26	23	21	14	7	−	−
	0.85	62	48	42	37	33	29	26	22	19	16	14	7	−	−	−
	0.875	55	41	35	30	26	23	19	16	13	10	7	−	−	−	−
	0.9	48	34	28	23	19	16	12	9	6	2.8	−	−	−	−	−

(비고) 1. [kVA] 용량과 [μF] 용량 간의 환산은 다음의 계산식이나 환산표를 이용한다.

$$C = \frac{\text{kVA} \times 10^9}{\omega E^2} = \frac{\text{kVA} \times 10^9}{2\pi f E^2} = \frac{\text{kVA} \times 10^9}{376.98 \times E^2} [\text{kVA}]$$

2. [kVA] 용량과 [μF] 용량 간의 환산표

전압[V]	주파수	1[kVA]당 [μF] 용량	1[μF]당 [kVA] 용량
110	60	219.22815	0.00456146
200	60	66.31652	0.0150792
220	60	54.80704	0.01824583
380	60	18.37023	0.05443591
440	60	13.70176	0.07298333
460	60	12.53620	0.07976897
3,300	60	0.243587	4.1053122
6,600	60	0.0608967	16.4212488
22,900	60	0.00505837	197.6920818

[표−2 저압(220[V])용 콘덴서 규격표(정격 주파수 : 60[Hz])]

상 수	단상 및 3상								
정격용량[μF]	10	20	30	40	50	75	100	125	150

(1) 정격전압 200[V], 정격출력 7.5[kW], 역률 77.5[%]인 전동기의 역률을 91[%]로 개선하고자 하는 경우 필요한 3상 콘덴서의 용량[kVA]을 구하시오.

(2) (1)에서 구한 3상 콘덴서의 용량 [kVA]를 [μF]으로 환산한 용량으로 구하고, [표−2 저압(220[V])용 콘덴서 규격표]를 이용하여 적합한 콘덴서를 선정하시오.

해답 Σ (1) [표-1]에서 개선 전과 후의 역률을 이용해서 계수를 구하면 36[%]이다.

콘덴서 용량 $Q_c = 7.5 \times 0.36 = 2.7[\text{kVA}]$ ∴ 3[kVA]

(2) ① (비고) 1에서 C를 구하면 다음과 같다.

$$C = \frac{\text{kVA} \times 10^9}{\omega E^2} = \frac{\text{kVA} \times 10^9}{2\pi f E^2} = \frac{\text{kVA} \times 10^9}{376.98 \times E^2} = \frac{2.7 \times 10^9}{376.98 \times 220^2} = 147.98[\mu\text{F}]$$

② (비고) 2에서 C를 구하면 다음과 같다.

$$C = 54.80704 \times 2.7 = 147.98[\mu\text{F}]$$

∴ [표-2]에서 150[μF]를 선정한다.

★★
28 지표면상 15[m] 높이에 수조가 설치되어 있다. 이 수조에 분당 10[m³]의 물을 양수한다고 할 때 펌프용 전동기의 용량은 몇 [kW]인가? (단, 여유계수 1.15, 효율 65[%])

해답 Σ 양수 펌프용 전동기 용량(P)

$$P = \frac{QHK}{6.12\eta}[\text{kW}]$$

$$= \frac{10 \times 15 \times 1.15}{6.12 \times 0.65} ≒ 43.36[\text{kW}]$$

MEMO

부록 I

실전 모의고사
문제 및 해답

출제의도

☑ 최근의 출제유형에 맞는 문제를 선별하여 모의고사로 구성하였다.

☑ 기사시험과 비슷한 듯 하지만 기능장만의 출제경향에 맞는 문제를 엄선
하여 출제하였다.

01 지중전선로의 시설에 관한 다음 각 물음에 답하시오.

(1) 지중전선로는 어떤 방식에 의하여 시설하여야 하는지 3가지만 쓰시오.

①

②

③

(2) 지중전선로의 전선으로는 어떤 것을 사용하는가?

02 인텔리전트 빌딩(Intelligent building)은 빌딩 자동화 시스템, 사무 자동화 시스템, 정보통신 시스템, 건축 환경을 총망라한 건설과 유지관리의 경제성을 추구하는 빌딩이라 할 수 있다. 이러한 빌딩의 전산 시스템을 유지하기 위하여 비상전원으로 사용되고 있는 UPS에 대해서 각 물음에 답하시오.

(1) UPS를 우리말로 하면 어떤 것을 뜻하는가?

(2) UPS에서 AC → DC부와 DC → AC부로 변환하는 부분의 명칭을 각각 무엇이라 부르는가?

① AC → DC 변환부 :

② DC → AC 변환부 :

(3) UPS가 동작되면 전력 공급을 위한 축전지가 필요한데 그때의 축전지 용량을 구하는 공식을 쓰시오.

03 조명설비에 대한 다음 각 물음에 답하시오.

(1) 평면이 15[m]×10[m]인 사무실에 40[W], 전광속 2,500[lm]인 형광등을 사용하여 평균 조도를 300[lx]로 유지하도록 설계하고자 한다. 이 사무실에 필요한 형광등 수를 산정하시오. (단, 조명률은 0.8이고, 감광 보상률은 1.3이다.)

(2) 비상용 조명을 건축기준법에 따른 형광등으로 하고자 할 때 이것을 일반적인 경우의 그림기호로 표시하시오.

(3) 배선 도면에 $\bigcirc_{H400}$으로 표현되어 있다. 이것의 의미를 쓰시오.

04 선로나 간선에 고조파 전류를 발생시키는 발생기가 있을 경우 그 대책을 적절히 세워야 한다. 이 고조파 억제대책을 3가지만 쓰시오.

(1)

(2)

(3)

05 그림과 같은 단상 3선식 수전인 경우 2차측이 폐로되어 있다고 할 때 설비 불평형률은 몇 [%]인가?

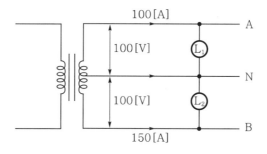

06 그림과 같은 부하 특성일 때 사용 축전지의 보수율 $L = 0.8$, 최저 축전지 온도 5[℃], 허용최저전압 90[V]일 때 축전지 용량 C를 계산하여라. (단, $K_1 = 1.17$, $K_2 = 0.93$)

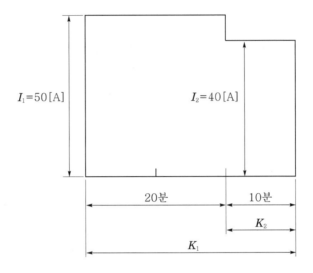

07 수용가들의 일부하 곡선이 그림과 같을 때 다음 각 물음에 답하시오. (단, 실선은 A수용가, 점선은 B수용가이다.)

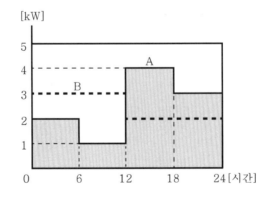

(1) A, B 각 수용가의 수용률은 얼마인가? (단, 설비용량은 수용가 모두 10×10^3[kW] 이다.)

　① A수용가 :

　② B수용가 :

(2) A, B 각 수용가의 일부하율은 얼마인가?

    ① A수용가 :

    ② B수용가 :

(3) A, B 각 수용가 상호간의 부등률을 계산하시오.

08 수·변전설비에 설치하고자 하는 전력퓨즈(Power Fuse)에 대해서 다음 각 물음에 답하시오.

(1) 전력퓨즈(PF)의 기능상 장점 2가지를 쓰시오.

    ①

    ②

(2) 전력퓨즈(PF)의 가장 큰 단점을 쓰시오.

(3) 전력퓨즈(PF)를 구입하고자 할 때 고려해야 할 주요 사항을 5가지만 쓰시오.

    ①

    ②

    ③

    ④

    ⑤

09 어떤 인텔리전트 빌딩에 대한 등급별 추정 전원용량 표를 이용하여 각 물음에 답하시오.

[등급별 추정 전원용량 [VA/m^2]]

내용 \ 등급별	0등급	1등급	2등급	3등급
조 명	32	22	22	29
콘센트	–	13	5	5
사무자동화(OA)기기	–	–	34	36
일반동력	38	45	45	45
냉방동력	40	43	43	43
사무자동화(OA)동력	–	2	8	8
합 계	110	125	157	166

(1) 연면적 10,000[m²]인 인텔리전트 2등급인 사무실 빌딩의 전력설비 부하용량을 다음 표에 의하여 구하시오.

부하 내용	면적을 적용한 부하용량[kVA]
조 명	
콘센트	
OA기기	
일반동력	
냉방동력	
OA동력	
합 계	

(2) 물음 (1)에서 조명, 콘센트, 사무자동화기기의 적정 수용률은 0.7, 일반동력 및 사무자동화동력의 적정 수용률은 0.5, 냉방동력의 적정 수용률은 0.8이고, 주변압기의 부등률은 1.2로 적용한다. 변압기 용량에 따른 변전설비의 용량을 산출하시오. (단, 조명, 콘센트, 사무자동화기기를 3상 변압기 1대, 일반동력 및 사무자동화동력을 3상 변압기 1대, 냉방동력을 3상 변압기 1대로 구성하고, 상기 부하에 대한 주변압기 1대를 사용하도록 하며, 변압기 용량은 다음 3상 변압기 용량 규격 표에서 정하도록 한다.)

변압기[kVA]
100, 150, 200, 250, 300, 350, 400, 450, 500, 600, 750, 1,000

① 조명, 콘센트, 사무자동화기기에 필요한 변압기 용량 산정
② 일반동력, 사무자동화동력에 필요한 변압기 용량 산정
③ 냉방동력에 필요한 변압기 용량 산정
④ 주변압기 용량 산정

10 다음 표는 누전차단기의 시설 예에 따른 표이다. 표의 빈칸에 누전차단기의 시설에 관하여 주어진 표시기호로 표시하시오. (단, 사람이 조작하고자 할 때 조작하는 장소의 조건과 시설 장소의 조건은 같다고 한다.)

[표시기호]

- ○ : 누전차단기를 시설하는 곳
- △ : 주택에 기계 · 기구를 시설하는 경우에는 누전차단기를 시설할 곳
- □ : 주택 구내 또는 도로에 접한 면에 룸 에어컨디셔너, 아이스박스, 진열창, 자동판매기 등 전동기를 부품으로 한 기계 · 기구를 시설하는 경우에는 누전차단기를 시설하는 것이 바람직한 곳
- × : 누전차단기를 시설하지 않아도 되는 곳

전로의 대지전압 \ 기계 · 기구의 시설 장소	옥 내		옥 측		옥 외	물기가 있는 장소
	건조한 장소	습기가 많은 장소	우선 내	우선 외		
150[V] 이하						
150[V] 초과 300[V] 이하						

01 단상 유도전동기에 대한 다음 각 물음에 답하시오.

(1) 기동방식을 5가지만 쓰시오.

①

②

③

④

⑤

(2) 단상 유도전동기의 절연을 E종 절연물로 하였을 경우 허용최고온도는 몇 [℃]인가?

02 선로나 간선에 고조파 전류를 발생시키는 발생기기가 있을 경우 그 대책을 적절히 세워야 한다. 이 고조파 억제대책을 3가지만 쓰시오.

(1)

(2)

(3)

03 부하의 역률 개선에 대한 다음 각 물음에 답하시오.

(1) 역률을 개선하는 원리를 간단히 설명하시오.

(2) 부하설비 역률이 저하하는 경우 발생할 수 있는 문제점(단점)을 쓰시오.

①

②

③

④

(3) 어느 공장의 3상 부하가 30[kW]이고, 역률이 80[%]이다. 이것의 역률을 100[%]로 개선하려면 전력용 콘덴서 몇 [kVA]가 필요한가?

04 예비전원설비를 축전지 설비로 하고자 할 때, 다음 각 물음에 답하시오.

(1) 부동 충전방식에서의 2차 전류를 구하는 식을 쓰시오.

(2) 연축전지와 알칼리 축전지를 비교할 때, 알칼리 축전지의 장점 4가지와 단점 2가지를 쓰시오. (단, 수명과 가격은 제외할 것)

   ① 장점

      ㉠

      ㉡

      ㉢

      ㉣

   ② 단점

      ㉠

      ㉡

05 그림과 같은 논리회로의 명칭과 논리식을 쓰고, 진리표를 완성하시오.

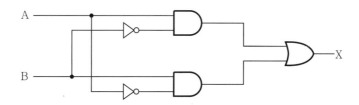

(1) 명칭

(2) 논리식

(3) 진리표

A	B	X
0	0	
0	1	
1	0	
1	1	

06 백열전등이나 형광등 점등 시 플리커 현상이 발생할 수 있는데 플리커 현상의 발생 원인과 이러한 현상을 경감시키기 위한 대책에 대해 설명하시오.

(1) 플리커 현상의 발생원인

    ①

    ②

(2) 경감대책

    ①

    ②

    ③

    ④

07 사무실로 사용하는 건물에 110/220[V], 단상 3선식을 채용하고, 변압기가 설치된 수전실로부터 50[m] 되는 곳의 부하를 다음 표와 같이 배분하는 분전반을 시설하고 자 한다. 다음 조건을 이용하여 물음에 답하시오.

[조건]

- 전압강하율 2[%] 이하가 되도록 하고, 배선공사는 B1 공사방법으로 할 것
- 3선 모두 같은 전선으로서 450/750[V] 일반용 단심 PVC 절연전선으로 할 것
- 부하의 수용률은 100[%]로 적용할 것
- 후강 전선관 내 전선의 점유율은 60[%] 이내를 유지할 것

[부하 집계표]

회로번호	부하명칭	부하[VA]	부하분담[VA]		비 고
			A	B	
1	전등	3,500	1,750	1,750	
2	〃	2,400	1,200	1,200	
3	콘센트	1,500	1,500	—	
4	〃	1,400	1,400	—	
5	〃	600	—	600	
6	〃	1,500	—	1,500	
7	팬코일	900	900	—	
8	〃	900	—	900	
합 계		12,700	6,750	5,950	

(1) 설비 불평형률은?

(2) 분전반의 복선 결선도를 완성하시오.

08 가로 12[m], 세로 16[m], 천장 높이 3[m], 작업면 높이 0.8[m]인 사무실이 있다. 여기에 천장 직부 형광등 기구(40[W]×2등용)를 설치하고자 한다. 다음 물음에 답하시오.

[조건]
- 작업면 요구 조도 500[lx], 천장 반사율 50[%], 벽면 반사율 50[%], 바닥면 반사율 10[%]이고, 보수율 0.7, 40[W] 1개 광속은 2,400[lm]으로 본다.
- 조명률 표 기준

반사율	천장	70[%]				50[%]				30[%]			
	벽	70	50	30	20	70	50	30	10	70	50	30	10
	바닥	10				10				10			
실지수		조명률[%]											
1.5		64	55	49	43	58	51	45	41	52	46	42	38
2.0		69	61	55	50	62	56	51	47	57	52	48	44
2.5		72	66	60	55	65	60	56	52	60	55	52	48
3.0		74	69	64	59	68	63	59	55	62	58	55	52
4.0		77	73	69	65	71	67	64	61	65	62	59	56
5.0		79	75	72	69	73	70	67	64	67	64	62	60

(1) 실지수를 구하시오.

(2) 조명률을 구하시오.

(3) 설치 등기구 수량을 구하고, 실제 배치 시 효율적인 배치를 위한 등기구수를 산정하시오.

09 보조 릴레이 A, B, C의 계전기로 출력(H레벨)이 생기는 유접점 회로와 무접점 회로를 그리시오. (단, 보조 릴레이의 접점은 모두 a접점만을 사용하도록 한다.)

(1) A와 B를 같이 ON하거나 C를 ON할 때 X_1 출력

　① 유접점 회로

　② 무접점 회로

(2) A를 ON하고 B 또는 C를 ON할 때 X_2 출력

　① 유접점 회로

　② 무접점 회로

10 다음 표에 나타낸 어느 수용가들 사이의 부등률을 1.2로 한다면 이들의 합성 최대 수용전력은 몇 [kW]인가?

수용가	설비용량[kW]	수용률[%]
A	300	60
B	200	70
C	150	80

01 다음과 같은 규모의 아파트 단지를 계획하고 있다. 주어진 조건을 이용하여 다음 각 물음에 답하시오.

[규모]

• 아파트 동수 및 세대수 : 2개 동, 300세대

• 세대당 면적과 세대수

동 별	세대당 면적[m²]	세대수	동 별	세대당 면적[m²]	세대수
1동	50	50	2동	50	60
	70	40		70	20
	90	30		90	40
	110	30		110	30

• 계단, 복도, 지하실 등의 공용면적

1동 – 1,700[m²], 2동 – 1,700[m²]

[조건]

• 면적의 [m²]인 상정부하는 다음과 같다.

- 아파트 : 40[VA/m²]

- 공용면적 부분 : 7[VA/m²]

• 세대당 추가로 가산하여야 할 피상전력[VA]은 다음과 같다.

- 80[m²] 이하인 세대 : 750[VA]

- 150[m²] 이하인 경우 : 1,000[VA]

• 아파트 동별 수용률은 다음과 같다.

- 70세대 이하인 경우 : 65[%]

- 100세대 이하인 경우 : 60[%]

- 150세대 이하인 경우 : 55[%]

- 200세대 이하인 경우 : 50[%]

• 공용 부분의 수용률은 100[%]로 한다.

• 역률은 100[%]로 계산한다.

• 주변전실로부터 1동까지는 150[m]이며, 동 내부의 전압강하는 무시한다.

• 각 세대의 공급방식은 110/220[V]의 단상 3선식으로 한다.

• 변전실의 변압기는 단상 변압기 3대로 구성한다.

• 동간 부등률은 1.4로 한다.

• 주변전실에서 각 동까지의 전압강하는 3[%]로 한다.

(1) 1동의 상정부하는 몇 [VA]인가?

(2) 2동의 수용부하는 몇 [VA]인가?

(3) 1, 2동의 변압기 용량을 계산하기 위한 부하는 몇 [kVA]인가?

02 수ㆍ변전설비에 설치하고자 하는 전력퓨즈(Power Fuse)에 대해서 다음 각 물음에 답하시오.

(1) 전력퓨즈(PF)의 가장 큰 단점은 무엇인가?

(2) 전력퓨즈(PF)를 구입하고자 할 때 고려해야 할 주요 사항을 쓰시오.
　　①
　　②
　　③
　　④

03 어느 수용가에서 하루 중 250[kW] 5시간, 120[kW] 8시간, 나머지 시간은 80[kW], 설비용량 450[kVA], 역률 80[%]인 경우 수용률과 일부하율을 구하시오.

(1) 수용률 :

(2) 일부하율 :

04 옥내 배선에서 사용전압 220[V]이고, 소비전력 40[W], 역률 80[%]인 2등용 형광등 기구 70개를 설치할 경우 15[A] 분기회로 몇 회로가 필요한가? (단, 안정기 손실은 고려하지 않고, 1회로의 부하전류는 분기회로 용량의 80[%]로 한다.)

05 가스절연개폐설비(GIS)에 대한 다음 물음에 답하시오.

(1) GIS에 사용되는 가스의 명칭은?

(2) SF_6의 특징은?

06 평형 3상 회로에 변류비 100/4인 변류기 2개를 그림과 같이 접속하였을 때 전류계에 6[A]의 전류가 흘렀다. 1차 전류의 크기는 몇 [A]인가?

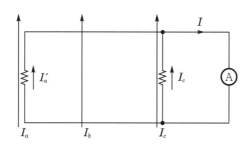

07 그림은 고압 진상용 콘덴서 설계도이다. 다음 물음에 답하시오.

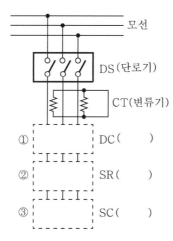

(1) ①, ②, ③의 명칭을 우리말로 쓰시오.

　①

　②

　③

(2) ①, ②, ③의 용도는?

　①

　②

　③

08 유도전동기는 농형과 권선형으로 구분된다. 각 형식별 기동법을 아래 빈칸에 쓰시오.

전동기 형식	기동법	기동법의 특징
농형	(1)	전동기에 직접 전동기 정격전압을 가하여 기동하는 방식으로 5[kW] 이하의 소용량 전동기에 사용
	(2)	1차 권선을 Y접속으로 하여 전동기를 기동 시 감압한 상전압을 가하여 기동함으로써 기동전류를 제한하고, 전동기 속도가 상승, 운전속도에 가깝게 도달하였을 때 △결선으로 바꿔 운전하는 방식으로 보통 5.5~37[kW] 정도의 용량에 사용
	(3)	전동기 기동 시 기동전압을 떨어뜨려서 기동전류를 제한하는 기동방식으로 고전압, 대용량 농형 유도전동기를 기동할 때 사용
권선형	(4)	유도전동기의 비례추이 특성을 이용하여 기동하는 방법으로 회전자 회로에 슬립링과 브러시를 이용하여 외부에서 가변저항을 접속하고 속도의 상승과 더불어 그 저항을 순차적으로 단락, 제거하면서 기동하는 방법

(1)

(2)

(3)

(4)

09 다음 변압기 냉각방식 약호에 대한 명칭을 우리말로 쓰시오. (단, AF : 건식 풍냉식)

(1) OA, ONAN

(2) FA, ONAF

(3) OW, ONWF

(4) OFAN

(5) FOA, OFAF

(6) FOW, OFWF

10 변압기의 △–△ 전선연결(결선)방식의 장점과 단점을 3가지씩 쓰시오.

   (1) 장점

      ①

      ②

      ③

   (2) 단점

      ①

      ②

      ③

제4회 실전 모의고사

01 3상 4선식 Y접속 시 전등과 동력을 공급하는 옥내 배선의 경우는 상별 부하전류가 평형으로 유지되도록 상별로 결선하기 위하여 전압측 전선에 색별 배선을 하거나 색테이프를 감는 등의 방법으로 표시를 하여야 한다. 다음 그림의 L1, L2, N, L3의 ( ) 안에 알맞은 색을 쓰시오. (단, 상별 색이 1가지 이상인 경우 해당 색을 모두 쓰시오.)

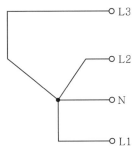

(1) L1 (   )

(2) L2 (   )

(3) N (   )

(4) L3 (   )

02 매분 10[m³]의 물을 높이 15[m]인 탱크에 양수하는 데 필요한 전력을 V결선한 변압 기로 공급한다면, 여기에 필요한 단상 변압기 1대의 용량은 몇 [kVA]인가? (단, 펌 프와 전동기의 합성 효율은 75[%]이고, 전동기의 전부하 역률은 85[%]이며, 펌프와 축동력은 15[%]의 여유를 준다고 한다.)

03 부하전력 및 역률을 일정하게 유지하고 전압을 2배로 승압하면 전압강하, 전압강하율, 선로손실은 승압 전에 비교하여 각각 어떻게 되는가?

  (1) 전압강하 :

  (2) 전압강하율 :

  (3) 선로손실 :

04 계약 부하설비에 의한 계약 최대 전력을 정하는 경우에 부하설비 용량이 1,000[kW]인 경우 전력회사와의 계약 최대 전력은 몇 [kW]인가? (단, 계약 최대 전력 환산표는 다음과 같다.)

구 분	승 률	비 고
처음 75[kW]에 대하여	100[%]	계산의 합계치 단수가 1[kW] 미만일 경우 소수점 이하 첫째자리에서 4사 5입한다.
다음 75[kW]에 대하여	85[%]	
다음 75[kW]에 대하여	75[%]	
다음 75[kW]에 대하여	65[%]	
300[kW] 초과분에 대하여	60[%]	

05 지중 배전선로에서 사용하는 대부분의 전력 케이블은 합성수지의 절연체를 사용하고 있어 사용기간의 경과에 따라 충격전압 등의 영향으로 절연 성능이 떨어진다. 이러한 전력 케이블의 고장점 측정을 위해 사용되는 방법을 3가지만 쓰시오.

  (1)
  (2)
  (3)

06 3상 배전선로의 말단에 늦은 역률 80[%]인 평형 3상의 집중 부하가 있다. 변전소 인출구의 전압이 6,600[V]인 경우 부하의 단자전압을 6,000[V] 이하로 떨어뜨리지 않으려면 부하전력은 얼마인가? (단, 전선 1선의 저항은 1.5[Ω], 리액턴스는 2[Ω]으로 하고 그 이외의 선로정수는 무시한다.)

07 전선로 부근이나 애자 부근(애자와 전선의 접속 부근)에 임계전압 이상이 가해지면 전선로나 애자 부근에 발생하는 코로나 현상에 대하여 다음 각 물음에 답하시오.

(1) 코로나 현상이란?

(2) 코로나 현상이 미치는 영향에 대하여 4가지만 쓰시오.
　　①
　　②
　　③
　　④

(3) 코로나 방지대책
　　①
　　②

08 불평형 부하의 제한에 관련된 다음 물음에 답하시오.

(1) 저압, 고압 및 특고압 수전의 3상 3선식 또는 3상 4선식에서 불평형 부하의 한도는 단상 접속 부하로 계산하여 설비 불평형률을 몇 [%] 이하로 하는 것을 원칙으로 하는가?

(2) 부하설비가 그림과 같을 때 설비 불평형률은 몇 [%]인가? (단, Ⓗ는 전열기 부하이고, Ⓜ은 전동기 부하이다.)

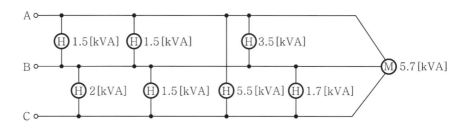

09 다음 전압의 종별(저압, 고압, 특고압)에 대하여 서술하시오.

(1) 저압

(2) 고압

(3) 특고압

10 변압기 본체 탱크 내에 발생한 가스 또는 이에 따른 유류를 검출하는 방식을 이용한 것으로 변압기와 콘서베이터 사이에 설치하는 계전기는?

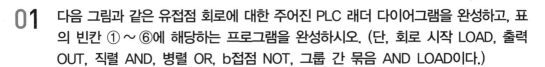

01 다음 그림과 같은 유접점 회로에 대한 주어진 PLC 래더 다이어그램을 완성하고, 표의 빈칸 ① ~ ⑥에 해당하는 프로그램을 완성하시오. (단, 회로 시작 LOAD, 출력 OUT, 직렬 AND, 병렬 OR, b접점 NOT, 그룹 간 묶음 AND LOAD이다.)

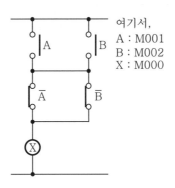

여기서,
A : M001
B : M002
X : M000

(1) PLC 래더 다이어그램 완성

(2) 프로그램

차 례	명 령	번 지
0	LOAD	M001
1	①	M002
2	②	③
3	④	⑤
4	⑥	—
5	OUT	M000

02 전압 V[V]를 측정하는데 측정값이 V_1[V]이었다. 이 경우의 다음 각 물음에 답하시오.

(1) 오차 :

(2) 오차율 :

(3) 보정(값) :

(4) 보정률 :

03 다음은 가공 송전선로의 코로나 임계전압을 나타낸 식이다. 이 식을 보고 다음 각 물음에 답하시오.

$$E_0 = 24.3 m_0 m_1 \delta d \log_{10} \frac{D}{r} \,[\text{kV}]$$

(1) 기온 t[℃]에서의 기압을 b[mmHg]라고 할 때 $\delta = \dfrac{0.386b}{273+t}$ 로 나타내는데 이 δ는 무엇을 의미하는지 쓰시오.

(2) m_1이 날씨에 의한 계수라면, m_0는 무엇에 의한 계수인지 쓰시오.

(3) 코로나에 의한 장해의 종류를 2가지만 쓰시오.
　①
　②

04 다음 물음에 답하시오.

(1) 변압기의 호흡작용이란 무엇인가?

(2) 호흡작용으로 인하여 발생되는 문제점 2가지를 쓰시오.
　①
　②

(3) 호흡작용으로 발생되는 문제점을 방지하기 위한 대책 2가지를 쓰시오.
　①
　②

05 가로 20[m], 세로 30[m]인 사무실에서 평균 조도 500[lx]를 얻고자 형광등 40[W] 2등용을 사용하고 있다. 다음 각 물음에 답하시오. (단, 40[W] 2등용 형광등 기구의 전체 광속은 4,800[lm], 조명률은 0.55, 감광 보상률은 1.3, 전기방식은 단상 2선식 200[V]이며, 40[W] 2등용 형광등의 전체 입력전류는 0.86[A]이고, 1회로의 최대 전류는 15[A]로 한다.)

(1) 형광등 기구수를 구하시오.

(2) 최소 분기회로수를 구하시오.

06 다음 논리식에 대한 물음에 답하시오. (단, A, B, C는 입력, X는 출력이다.)

$$X = A + B \cdot \overline{C}$$

(1) 논리식을 로직 시퀀스도로 나타내시오.

(2) (1)에서 로직 시퀀스도로 표현된 것을 2입력 NAND Gate를 최소로 사용하여 동일한 출력이 나오도록 회로를 변환하시오.

(3) (1)에서 로직 시퀀스도로 표현된 것을 2입력 NOR Gate를 최소로 사용하여 동일한 출력이 나오도록 회로를 변환하시오.

07 점포가 붙어 있는 주택이 그림과 같을 때 주어진 참고자료를 이용하여 예상되는 설비부하 용량을 상정하고, 분기회로수는 원칙적으로 몇 회로로 하여야 하는지를 산정하시오. (단, 사용전압은 220[V]라고 한다.)

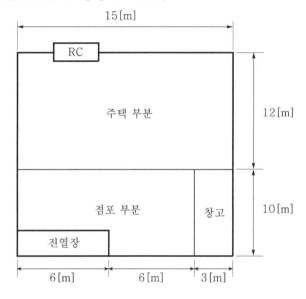

[조건]
- RC는 룸 에어컨디셔너로 2.5[kW] 용량이다.
- 주어진 [참고자료]의 수치 적용은 최댓값을 적용하도록 한다.

[참고자료]
- 설비부하 용량은 다음 표에 표시하는 건축물 종류 및 그 부분에 해당하는 표준부하에 바닥면적을 곱한 후 참고자료 "표준부하에 따라 산출한 수치에 가산하여야 할 [VA] 수"에 표시하는 건축물 등에 대응하는 표준부하[VA]를 더한 값으로 할 것

[표준부하]

건축물의 종류	표준부하 [VA/m²]
공장, 공회당, 사원, 교회, 극장, 영화관, 연회장 등	10
기숙사, 여관, 호텔, 병원, 학교, 음식점, 다방, 대중 목욕탕	20
사무실, 은행, 상점, 이발소, 미장원	30
주택, 아파트	40

(비고) 1. 건물이 음식점과 주택 부분의 2종류로 될 때는 각각 그에 따른 표준부하를 사용할 것
  2. 학교와 같이 건물의 일부분이 사용되는 경우에는 그 부분만을 적용할 것

- 건물(주택, 아파트 제외) 중 별도 계산할 부분의 표준부하

[부분적인 표준부하]

건축물의 부분	표준부하 [VA/m²]
복도, 계단, 세면장, 창고, 다락	5
강당, 관람석	10

- 표준부하에 따라 산출한 수치에 가산하여야 할 [VA] 수
  - 주택, 아파트(1세대마다)에 대하여는 1,000~500[VA]
  - 상점의 진열장에 대하여는 진열장 폭 1[m]에 대하여 300[VA]
  - 옥외의 광고등, 전광 사인등의 [VA] 수
  - 극장, 댄스홀 등의 무대 조명, 영화관 등의 특수전등 부하의 [VA] 수

(1) 부하용량 산정

(2) 분기회로수

08 송전단 전압 66[kV], 수전단 전압 61[kV]인 송전선로에서 수전단의 부하를 끊은 경우 수전단 전압이 63[kV]라 할 때 다음 각 물음에 답하시오.

(1) 전압강하율을 구하시오.

(2) 전압변동률을 구하시오.

09 다음에 주어진 진리표를 보고 물음에 답하시오.

A	B	C	X
0	0	0	0
0	0	1	0
0	1	0	0
0	1	1	0
1	0	0	1
1	0	1	0
1	1	0	0
1	1	1	1

(1) 출력식을 쓰시오.

(2) 무접점 논리회로를 그리시오.

(3) 유접점 논리회로를 그리시오.

10 어느 수용가에서 3상 3선식 6.6[kV]로 수전하고 있다. 수전점에서 계산한 차단기의 정격차단용량이 70[MVA]일 경우 차단기의 정격차단전류 I_s[kA]를 구하시오.

01 금속관공사 시 필요한 부속자재에 대한 다음 표를 보고 해당되는 부품명을 쓰시오.

부품명	특 징
(1)	박스나 캐비닛에 금속관을 접속, 고정시킬 때 사용하는 강철제 접속기구로 6각형과 기어형이 있다.
(2)	전선관 끝단에 설치하여 전선의 인입이나 인출 시 전선의 피복을 보호하기 위한 보호기구로 금속제와 합성수지제 2종류가 있다.
(3)	금속관 상호간이나 금속관과 노멀밴드와의 접속 시 사용하며, 금속관이 고정되어 있어 회전시킬 수 없는 경우는 유니언 커플링을 사용하여 접속한다.
(4)	노출배관공사 시 관을 지지, 고정하기 위한 것으로 금속관공사 뿐만 아니라 합성수지관공사, 가요전선관공사에서도 이용한다.
(5)	매입이나 노출배관에서 금속관의 굴곡부에서의 관 상호간을 접속하기 위한 접속기구로 양단에 나사가 있어 관과의 접속 시 커플링을 이용한다.
(6)	박스나 캐비닛에 금속관 고정 시 녹아웃 지름이 금속관의 지름보다 클 경우 박스나 캐비닛 양측에 부착하여 사용하는 보조 접속기구이다.
(7)	노출형 배관공사 시 스위치나 콘센트를 설치, 고정할 때 사용하는 주철제함으로 1개용, 2개용 등이 있다.

(1)

(2)

(3)

(4)

(5)

(6)

(7)

02 다음 카르노도 표를 보고 논리식과 무접점 논리회로를 작성하시오. (단, 0 : L(low level), 1 : H(high level)이며, 입력은 A, B, C, 출력은 X이다.)

A \ BC	00	01	11	10
0	0	1	0	1
1	0	1	0	1

(1) 논리식 :

(2) 무접점 논리회로

03 어떤 변압기에서 전부하 시 전압이 3,300[V], 전류가 43.5[A], 권선저항이 0.66[Ω], 무부하손이 1,000[W]이다. 전부하, 반부하 각각에 대해서 역률이 100[%], 80[%]일 때의 효율을 구하시오.

(1) 전부하 시 효율을 구하시오.

① 역률 100[%]인 경우 :

② 역률 80[%]인 경우 :

(2) 반부하 시 효율을 구하시오.

① 역률 100[%]인 경우 :

② 역률 80[%]인 경우 :

04 수전전압 6,600[V], 가공전선로의 %임피던스가 60.5[%]일 때 수전점의 3상 단락 전류가 7,000[A]인 경우 기준용량을 구하고 수전용 차단기의 차단용량을 선정하시오.

차단기의 정격용량 [MVA]										
10	20	30	50	75	100	750	250	300	400	500

(1) 기준용량 :

(2) 차단용량 :

05 총 양정 15[m], 50[m³/min] 물을 양수하는 데 필요한 펌프용 전동기의 소요동력은 몇 [kW]인가? (단, 펌프의 효율은 70[%]로 하고, 여유계수는 1.1로 한다.)

06 도로 양쪽에 폭 15[m], 등간격 20[m] 대칭 배열에서 한 등당 광속 3,500[lm], 조명률 45[%]에서 평균 조도를 계산하시오.

07 다음의 논리식을 간단히 하시오.

(1) $Z = (A + B + C)A$

(2) $Z = \overline{A}C + BC + AB + \overline{B}C$

08 분전반에서 20[m] 거리에 있는 단상 2선식, 전류 10[A]인 부하에 배전설계의 전압강하를 0.5[V] 이하가 되도록 하려고 한다. 여기에 필요한 전선의 굵기를 구하시오. (단, DV 규격은 6, 10, 16[mm^2]이고 전선에 사용되는 도체는 구리이다.)

09 전력용 콘덴서의 설치목적을 쓰시오.

(1)

(2)

(3)

(4)

10 어떤 공장의 어느 날 부하 실적이 1일 사용 전력량이 192[kWh]이며, 1일의 최대전력이 12[kW]이고, 최대 전력일 때 전류가 32[A]인 경우 다음 각 물음에 답하시오. (단, 이 공장은 220[V], 11[kW]인 3상 유도전동기를 부하설비로 사용한다고 한다.)

(1) 일부하율은 얼마인가?

(2) 최대공급전력일 때 역률은 몇 [%]인가?

FINAL 제7회 실전 모의고사

01 변압기 손실과 효율에 대하여 다음 각 물음에 답하시오.

(1) 변압기의 손실에 대하여 설명하시오.

① 무부하손 :

② 부하손 :

(2) 변압기의 효율을 구하는 공식을 쓰시오.

(3) 최고 효율조건을 쓰시오.

02 가로 12[m], 세로 18[m], 천장 높이 3[m], 작업면 높이 0.8[m]인 사무실이 있다. 여기에 천장 직부 형광등 기구(T5 22[W]×2등용)를 설치하고자 한다. 다음 각 물음에 답하시오.

[조건]

작업면 요구 조도 500[lx], 천장 반사율 50[%], 벽면 반사율 50[%], 바닥 반사율 10[%]이고, 보수율 0.7, T5 22[W] 1등의 광속은 2,500[lm]으로 본다.

[조명률 기준표]

반사율	천장	70[%]				50[%]				30[%]			
	벽	70	50	30	20	70	50	30	20	70	50	30	20
	바닥	10				10				10			
실지수		조명률[%]											
1.5		64	55	49	43	58	51	45	41	52	46	42	38
2.0		69	61	55	50	62	56	51	47	57	52	48	44
2.5		72	66	60	55	65	60	56	52	60	55	52	48
3.0		74	69	64	59	68	63	59	55	62	58	55	52
4.0		77	73	69	65	71	67	64	61	65	62	59	56
5.0		79	75	72	69	73	70	67	64	67	64	62	60

(1) 실지수를 구하시오.

(2) 조명률을 구하시오.

(3) 설치 등기구의 최소 수량을 구하시오.

03 단권 변압기는 1차, 2차 양 회로에 공통된 권선 부분을 가진 변압기이다. 이러한 단권 변압기의 장점과 단점을 쓰시오.

(1) 장점(3가지)
　　①
　　②
　　③

(2) 단점(2가지)
　　①
　　②

04 부하가 유도전동기이고, 기동용량이 500[kVA]이다. 기동 시 전압강하는 20[%]이며, 발전기의 과도 리액턴스가 25[%]이다. 이 전동기를 운전할 수 있는 자가 발전기의 최소 용량은 몇 [kVA]인지 구하시오.

05 전등 수용가의 최대 전력이 각각 200[W], 300[W], 400[W], 1,600[W] 및 2,500[W] 일 때 주상 변압기의 용량을 결정하시오. (단, 부등률은 1.14, 역률은 0.9로 하며, 표준 변압기 용량으로 선정한다.)

[단상 변압기 표준 용량]

표준 용량[kVA]
1, 2, 3, 5, 7.5, 10, 15, 20, 30, 50, 100, 150, 200

06 다음 단상 3선식 220/440[V] 부하설비에서 공장 구내 변압기가 설치된 변전실로부터 60[m] 되는 지점에 분기회로를 설계하고자 할 때 물음에 답하시오. (단, 전압강하는 2[%]로 하고, 전선관은 후강 전선관으로 한다.)

[부하 집계표]

회로번호	부하 명칭	부하분담 [VA]		MCCB 규격		
		A선	B선	극수	AF	AT
No.1	전등	4,920	—	1	50	20
No.2	전등	—	3,920	1	50	20
No.3	팬 코일	4,000(AB간)		2	50	20
No.4	팬 코일	2,000(AB간)		2	30	15
합 계		14,840		—	—	—

[후강 전선관 굵기 선정]

도체 단면적 [mm²]	전선 본수									
	1	2	3	4	5	6	7	8	9	10
	전선관의 최소 굵기 [mm]									
2.5	16	16	16	16	22	22	22	28	28	28
4	16	16	16	22	22	22	28	28	28	28
6	16	16	22	22	22	28	28	28	36	36
10	16	22	22	28	28	36	36	36	36	36
16	16	22	28	28	36	36	36	42	42	42
25	22	28	28	36	36	42	54	54	54	54
35	22	28	36	42	54	54	54	70	70	70
50	22	36	54	54	70	70	70	82	82	82
70	28	42	54	54	70	70	70	82	82	82
95	28	54	54	70	70	82	82	92	92	104
120	36	54	54	70	70	82	82	92	—	—
150	36	70	70	82	92	92	104	104	—	—
185	36	70	70	82	92	104	—	—	—	—
240	42	82	82	92	104	—	—	—	—	—

(비고) 1. 전선 1본수는 접지선 및 직류 회로의 전선에도 적용한다.

2. 이 표는 실험결과와 경험을 기초로 하여 결정한 것이다.

3. 이 표는 KS C IEC 60227-3의 450/750[V] 일반용 단심 비닐절연전선을 기준한 것이다.

(1) 복선도를 나타내시오.

(2) 설비 불평형률을 구하시오.

07 교류 발전기에 대한 다음 각 물음에 답하시오.

(1) 다음 ① ~ ⑥에 알맞은 (   ) 안의 내용을 크다(고), 적다(고), 높다(고), 낮다(고) 등으로 답란에 쓰시오.

> 단락비가 큰 교류 발전기는 일반적으로 기계의 치수가 (①), 가격이 (②), 풍손, 마찰손, 철손이 (③), 효율은 (④), 전압변동률은 (⑤), 안정도는 (⑥).

①	②	③	④	⑤	⑥

(2) 비상동력 동기 발전기의 병렬운전 조건 4가지만 쓰시오.
①
②
③
④

08 주택의 콘센트 설치수는 방의 면적에 따라 표준적으로 몇 개를 설치해야 하는지 쓰시오.

방의 크기	표준적인 설치수
$5[m^2]$ 미만	(1)
$5[m^2]$ 이상 $10[m^2]$ 미만	(2)
$10[m^2]$ 이상 $15[m^2]$ 미만	(3)
$15[m^2]$ 이상 $20[m^2]$ 미만	(4)
부 엌	(5)

(1)
(2)
(3)
(4)
(5)

09 다음 용어에 대한 명칭과 역할을 쓰시오.

(1) MOF :

(2) LA :

(3) ZCT :

(4) OCB :

10 22.9[kV]/380[V] 변압기에서 용량은 500[kVA], $\%Z$는 5[%]일 때 저압 배선차단기의 차단전류를 구하시오. (단, 정격차단전류는 주어진 값에서 선정하시오.)

정격차단전류[kA]				
5	10	15	20	25

FINAL 실전 모의고사 해답

제1회 실전 모의고사

01 전선로
(1) 지중전선로 매설방식
  ① 암거식
  ② 관로식
  ③ 직접 매설식
(2) 케이블

02 전원장치
(1) 무정전 전원공급장치
(2) ① 정류기
   ② 인버터
(3) $C = \dfrac{1}{L}KI[\text{Ah}]$
   여기서, C : 축전지 용량[Ah]
        L : 보수율(보통 0.8 기준)
        K : 용량환산시간
        I : 방전전류[A]

03 조명설비
(1) $FUN = EAD$에서
   $N = \dfrac{EAD}{FU} = \dfrac{300(15 \times 10) \times 1.3}{2{,}500 \times 0.8} ≒ 29.35$
   ∴ 30등
(2)
(3) 400[W] 수은등

04 고조파 억제대책
(1) 리액터 설치
(2) 필터 설치
(3) 콘덴서 설치

05 불평형률

$$불평형률 = \frac{부하설비\ 용량의\ 차}{총\ 부하설비\ 용량의\ \frac{1}{2}} \times 100$$

$$= \frac{100 \times 150 - 100 \times 100}{(100 \times 100 + 100 \times 150) \times \frac{1}{2}} \times 100 = 40[\%]$$

06 축전지 용량(C)

$$C = \frac{1}{L}[K_1 I_1 + K_2(I_2 - I_1)]$$

$$= \frac{1}{0.8}[1.17 \times 50 + 0.93 \times (40 - 50)] = 61.5[\text{Ah}]$$

07 일부하 곡선

(1) 수용률

① A수용가 : 수용률 $= \dfrac{최대수용전력}{수용설비용량} \times 100$

$$= \frac{4 \times 10^3}{10 \times 10^3} \times 100 = 40[\%]$$

② B수용가 : 수용률 $= \dfrac{최대수용전력}{수용실비용량} \times 100$

$$= \frac{3 \times 10^3}{10 \times 10^3} \times 100 = 30[\%]$$

(2) 부하율

$$평균수용전력 = \frac{(2+1+4+3) \times 10^3 \times 6}{24} = 2.5 \times 10^3[\text{kW}]$$

① A수용가 : 부하율 $= \dfrac{평균수용전력}{최대수용전력} \times 100$

$$= \frac{2.5 \times 10^3}{4 \times 10^3} \times 100 = 62.5[\%]$$

② B수용가 : 부하율 $= \dfrac{평균수용전력}{최대수용전력} \times 100$

$$= \frac{2.5 \times 10^3}{3 \times 10^3} \times 100 = 83.33[\%]$$

(3) 부등률 $= \dfrac{수용설비\ 각각의\ 최대수용전력의\ 합}{합성\ 최대수용전력}$

$$= \frac{(3+4) \times 10^3}{6 \times 10^3} \fallingdotseq 1.17$$

08 전력퓨즈

(1) 장점
    ① 전로나 기기 보호
    ② 부하전류의 안전한 통전
(2) 단점 : 재투입이 불가능하다.
(3) 구입 시 고려사항
    ① 설치장소
    ② 정격차단용량
    ③ 정격차단전류
    ④ 정격전압
    ⑤ 정격전류

09 인텔리전트 빌딩

(1) 부하용량

부하 내용	면적을 적용한 부하용량[kVA]
조 명	$22 \times 10,000 \times 10^{-3} = 220$
콘센트	$5 \times 10,000 \times 10^{-3} = 50$
OA기기	$34 \times 10,000 \times 10^{-3} = 340$
일반동력	$45 \times 10,000 \times 10^{-3} = 450$
냉방동력	$43 \times 10,000 \times 10^{-3} = 430$
OA동력	$8 \times 10,000 \times 10^{-3} = 80$
합 계	$157 \times 10,000 \times 10^{-3} = 1,570$

(2) 변압기 용량 = 부하설비 용량의 합×수용률×여유율
    ① $(220 + 50 + 340) \times 0.7 = 427$
        ∴ 450[kVA]
    ② $(450 + 80) \times 0.5 = 265$
        ∴ 300[kVA]
    ③ $430 \times 0.8 = 344$
        ∴ 350[kVA]
    ④ $\dfrac{427 + 265 + 344}{1.2} ≒ 863.33$
        ∴ 1,000[kVA]

10 누전차단기 시설

기계·기구의 시설 장소 / 전로의 대지전압	옥 내		옥 측		옥 외	물기가 있는 장소
	건조한 장소	습기가 많은 장소	우선 내	우선 외		
150[V] 이하	X	X	X	□	□	O
150[V] 초과 300[V] 이하	△	O	X	O	O	O

01 단상 유도전동기

(1) 기동방식
① 반발 기동형
② 반발 유도형
③ 콘덴서 기동형
④ 분상 기동형
⑤ 세이딩 기동형

(2) 절연물의 최고허용온도[℃]

Y종	A종	E종	B종	F종	H종	C종
90	105	120	130	155	180	180 초과

∴ E종 절연물 : 120[℃]

02 고조파 억제대책

(1) 필터 설치
(2) 리액터 설치
(3) 콘덴서 설치

03 부하의 역률 개선

(1) 원리 : 유도성 부하에 병렬로 콘덴서를 연결하여 진상의 전류를 흐르게 하여 무효전력을 감소함으로써 역률을 개선한다.

(2) 역률이 저하하는 경우의 단점
① 전기요금이 증가한다.
② 전력손실이 커진다.
③ 설비용량이 커진다.
④ 변압기 동손이 증가한다.

(3) 전력용 콘덴서(Q)

$$Q = P(\tan\theta_1 - \tan\theta_2) = P\left(\frac{\sin\theta_1}{\cos\theta_1} - \frac{\sin\theta_2}{\cos\theta_2}\right)$$

$$= 30\left(\frac{3}{4} - \frac{0}{1}\right) = 22.5[\text{kVA}]$$

∴ 용량 $Q = 22.5[\text{kVA}]$

04 축전지 설비

(1) 2차 전류 $= \dfrac{\text{정격용량}}{\text{정격 방전율}} + \dfrac{\text{상시 부하}}{\text{표준전압}}$

(2) 알칼리 축전지

    ① 장점

        ㉠ 수명이 길다.

        ㉡ 진동에 강하다.

        ㉢ 과방전에 강하다.

        ㉣ 방전 특성이 우수하다.

    ② 단점

        ㉠ 값이 비싸다.

        ㉡ 기전력이 낮다.

05 논리회로

(1) 배타 논리합 회로

(2) 논리식 $X = \overline{A}B + A\overline{B}$

(3) 진리표

A	B	X
0	0	0
0	1	1
1	0	1
1	1	0

06 형광등

(1) 플리커 현상의 발생원인

    ① 공급 전압에 고조파 성분이 포함 시

    ② 공급 전압이 정격 이하로 낮아질 때

(2) 경감대책

    ① 전용 변압기 설치

    ② 전압의 승압

    ③ 직렬 콘덴서 설치

    ④ 동기 조상기 시설

07 부하 집계표

(1) 설비 불평형률 $= \dfrac{3{,}800 - 3{,}000}{12{,}700 \times \frac{1}{2}} \times 100 \fallingdotseq 12.6[\%]$

(2) 복선 결선도

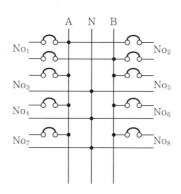

08 조명

(1) 실지수

$$R_I = \frac{(X \cdot Y)}{H(X+Y)} = \frac{12 \times 18}{(3-0.8)(12+18)} ≒ 3.27$$

(2) 조명률 63[%]

(3) 등기구수 $N = \dfrac{EAD}{FU}$

$$= \frac{500 \times (12 \times 16) \times \dfrac{1}{0.7}}{(2,400 \times 2) \times 0.63} ≒ 45.35$$

∴ 등기구수는 46등, 실제 배치 등기구수는 48등이다.

09 유접점 · 무접점 회로

(1) A와 B를 같이 ON하거나 C를 ON할 때 X₁ 출력

① 유접점 회로

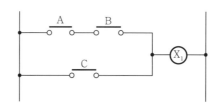

② 무접점 회로

(2) A를 ON하고 B 또는 C를 ON할 때 X₂ 출력
　① 유접점 회로

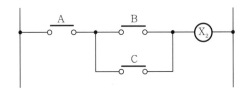

　② 무접점 회로

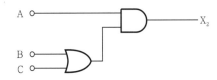

10 합성 최대수용전력

　합성 최대수용전력 $= \dfrac{300 \times 0.6 + 200 \times 0.7 + 150 \times 0.8}{1.2} ≒ 366.67[\mathrm{kW}]$

제3회 실전 모의고사

01 아파트 수용부하

(1) 1동의 상정부하(P_1)

$P_1 = (50 \times 50 \times 30 + 70 \times 40 \times 30 + 90 \times 30 \times 30 + 110 \times 30 \times 30) + (50 \times 750 + 40 \times 750$
$+ 30 \times 1{,}000 + 30 \times 1{,}000) + (7 \times 1{,}700) = 478{,}400[\mathrm{VA}]$

(2) 2동의 수용부하(P_2)

$P_2 = [(50 \times 60 \times 30 + 70 \times 20 \times 30 + 90 \times 40 \times 30 + 110 \times 30 \times 30) + (60 \times 750 + 20 \times 750$
$+ 40 \times 1{,}000 + 30 \times 1{,}000) + (7 \times 1{,}700)] \times 0.55 + 11{,}900 = 269{,}850[\mathrm{VA}]$

(3) 변압기 용량(P)

$P = \dfrac{268{,}475 + 269{,}850}{1.4} \times 10^{-3} = 384.52[\mathrm{kVA}]$

02 전력퓨즈

(1) 단점 : 재투입 불가능

(2) 구입 시 고려사항

　① 정격차단용량

　② 정격차단전류

　③ 정격전압

　④ 정격전류

03 수용률 / 부하율

(1) 수용률 $= \dfrac{\text{최대수용전력[kW]}}{\text{수용설비용량[kW]}} \times 100 = \dfrac{250}{450 \times 0.8} \times 100 \fallingdotseq 69.44[\%]$

(2) 평균 수용전력 $= \dfrac{250 \times 5 + 120 \times 8 + 80 \times 11}{24} \fallingdotseq 128.75$

부하율 $= \dfrac{\text{평균수용전력}}{\text{최대수용전력}} \times 100 = \dfrac{128.75}{250} \times 100 = 51.5[\%]$

04 분기회로수

분기회로수 $n = \dfrac{\dfrac{40 \times 2}{0.8} \times 70}{220 \times 15 \times 0.8} \fallingdotseq 2.92$

∴ 15[A] 분기회로는 3회로이다.

05 GIS에 이용되는 가스

(1) 육불화유황(SF_6)

(2) 특징
   ① 무색, 무취
   ② 소호 능력이 공기의 100배 정도이다.
   ③ 절연 능력이 공기의 2~3배 정도이다.

06 가동 결선의 1차 전류(I_1)

$I_1 = $ 변류비 $\times$ 전류계 전류

$= \dfrac{100}{4} \times 6 = 150[A]$

07 진상용 콘덴서 설비

(1) 명칭
   ① 방전 코일
   ② 직렬리액터
   ③ 전력용 콘덴서

(2) 용도
   ① 방전 코일 : 잔류 전하를 방전하여 감전 방지
   ② 직렬리액터 : 제5고조파를 제거하여 파형 개선
   ③ 전력용 콘덴서 : 역률 개선의 목적

08 유도전동기

(1) 전전압 기동(직입 기동)법

(2) Y-△ 기동법

(3) 기동보상기법

(4) 2차 저항기동법

09 변압기 냉각방식 약호의 명칭(단, AF : 건식 풍냉식)

(1) OA, ONAN : 유입 자냉식

(2) FA, ONAF : 유입 풍냉식

(3) OW, ONWF : 유입 수냉식

(4) OFAN : 송유 자냉식

(5) FOA, OFAF : 송유 풍냉식

(6) FOW, OFWF : 송유 수냉식

10 △-△ 변압기 결선

(1) 장점

① 통신장해 발생이 없다.

② 대전류 부하에 적합하다.

③ 변압기 1대 고장 시에도 V결선을 이용한 전력 공급이 가능하다.

(2) 단점

① 이상전압에 의한 전압 상승이 크다.

② 지락사고 시 고장전류 검출이 힘들다.

③ 보호계전기 동작이 불확실하다.

제4회 실전 모의고사

01 옥내 배선 색상

(1) L1(갈색)

(2) L2(흑색)

(3) N(백색 또는 청색)

(4) L3(회색)

참고

전선 구분	KEC 식별 색상
상선(L1)	갈색
상선(L2)	검은색
상선(L3)	회색
중성선(N)	파란색

02 전동기 V결선 시 출력(P)

$$P = \frac{QHK}{6.12\eta}[\text{kW}] = \frac{QHK}{6.12\eta\cos\theta}[\text{kVA}]$$

$$= \frac{10 \times 15 \times 1.15}{6.12 \times 0.75 \times 0.85} = 44.20[\text{kVA}]$$

$$\therefore \text{ 변압기 1대 용량} = \frac{P}{\sqrt{3}} = \frac{44.2}{\sqrt{3}} \fallingdotseq 25.53 [\text{kVA}]$$

03 승압 후의 선로의 비교(2배의 전압 승압)

(1) 전압강하(e)

$$e \propto \frac{1}{V} \text{ 이므로 } \frac{e_2}{e_1} = \frac{\frac{1}{2V}}{\frac{1}{V}} = \frac{1}{2} \text{ 배}$$

(2) 전압강하율(δ)

$$\delta \propto \frac{1}{V^2} \text{ 이므로 } \frac{\delta_2}{\delta_1} = \frac{\left(\frac{1}{2V}\right)^2}{\frac{1}{V^2}} = \frac{1}{4} \text{ 배}$$

(3) 선로손실(P_l)

$$P_l \propto \frac{1}{V^2} \text{ 이므로 } \frac{P_{l_2}}{P_{l_1}} = \frac{\left(\frac{1}{2V}\right)^2}{\frac{1}{V^2}} = \frac{1}{4} \text{ 배}$$

04 계약전력

부하설비 용량이 1,000[kW]이므로 주어진 표를 적용하여 환산하면 다음과 같다.

계약전력 $= 75 \times 1 + 75 \times 0.85 + 75 \times 0.75 + 75 \times 0.65 + 700 \times 0.6 = 663.75$[kW]

$\therefore$ 계약전력은 664[kW]이다.

05 케이블 고장 측정방법

(1) 머레이 루프법

(2) 정전용량법

(3) 수색 코일법

(4) 펄스법

06 부하(수전)전력(P_r)

$$P_r = \frac{eV_r}{R + X\tan\theta} \times 10^{-3}$$

$$= \frac{600 \times 6,000}{\left(1.5 + 2 \times \frac{0.6}{0.8}\right)} \times 10^{-3} = 1,200 [\text{kW}]$$

07 코로나

(1) 코로나 현상 : 전선로 표면의 전위 경도가 높아져 전선 주변의 공기의 부분적인 절연파괴로 인해 빛과 소리를 내는 현상을 말한다.

(2) 코로나가 미치는 영향
  ① 통신선에 유도장해 발생
  ② 코로나 잡음 발생
  ③ 손실 발생
  ④ 전선의 부식이 발생
(3) 코로나 방지대책
  ① 복도체, 다도체 사용
  ② 굵은 전선 사용
  ③ 가선금구 개량

08 불평형률
(1) 원칙 : 30[%] 이하

(2) 불평형률 $= \dfrac{(1.5+1.5+3.5)-(2+1.5+1.7)}{(1.5+1.5+3.5+2+1.5+5.5+1.7+5.7)\times\frac{1}{3}} \times 100 ≒ 17.03[\%]$

09 전압 종별
(1) 저압 : 직류 1.5[kV] 이하, 교류 1[kV] 이하
(2) 고압 : 직류 1.5[kV] 초과, 7[kV] 이하의 전압, 교류 1[kV] 초과 7[kV] 이하의 전압
(3) 특고압 : 7[kV]를 초과하는 전압

10 부흐홀츠계전기
변압기와 콘서베이터 사이에 설치하여 발생하는 수소가스 검출을 하여 동작을 하는 계전기이다.

제5회 실전 모의고사

01 PLC
(1) PLC 래더 다이어그램 완성

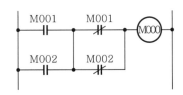

(2) 프로그램

차 례	명 령	번 지
0	LOAD	M001
1	①	M002
2	②	③
3	④	⑤
4	⑥	–
5	OUT	M000

① OR

② LOAD NOT

③ M001

④ OR NOT

⑤ M002

⑥ AND LOAD

02 측정값

(1) 오차 = 측정값 – 참값 = $V_1 - V$

(2) 오차율 = $\dfrac{측정값}{참값} = \dfrac{V_1}{V}$

(3) 보정값 V_2 = 참값 – 측정값 = $V - V_1$

(4) 보정률 = $\dfrac{보정값}{측정값} = \dfrac{V_2}{V_1}$

03 코로나 임계전압

$$E_0 = 24.3 m_0 m_1 \delta d \log_{10} \frac{D}{r} [\text{kV}]$$

(1) δ : 상대공기밀도

(2) m_0 : 전선의 표면계수

(3) 장해의 종류

　① 통신선이 유도장해

　② 코로나 잡음에 의한 장해

04 변압기

(1) 변압기의 호흡작용 : 부하의 변동에 따른 내부 기름의 온도가 변화하므로 인해 외부의 대기압과의 차이에 따른 외부 공기가 유입 또는 내부 공기가 외부로 유출되는 현상

(2) 호흡작용으로 인하여 발생되는 문제점

　① 냉각효과 감소

　② 절연내력 저하

(3) 호흡작용으로 발생되는 문제점을 방지하기 위한 대책

　① 콘서베이터 설치

　② 질소 봉입

05 조명

(1) 형광등 기구수

$FUN = EAD$에서

$$N = \frac{EAD}{FU} = \frac{500 \times 30 \times 20 \times 1.3}{4,800 \times 0.55} \fallingdotseq 147.73$$

∴ 형광등 수는 148등

(2) 최소 분기회로수(n)

$$n = \frac{148 \times 0.86}{15} \fallingdotseq 8.48$$

∴ 15[A] 분기 9회로

06 논리회로

(1) 시퀀스도

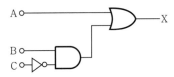

(2) (1)에서 로직 시퀀스도로 표현된 것을 2입력 NAND Gate를 최소로 사용하여 동일한 출력이 나오도록 변환한 회로

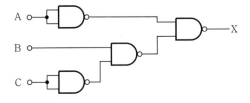

(3) (1)에서 로직 시퀀스도로 표현된 것을 2입력 NOR Gate를 최소로 사용하여 동일한 출력이 나오도록 변환한 회로

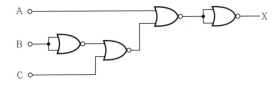

07 주어진 도면과 표준부하를 이용

(1) 부하용량 산정

부하용량 $= 15 \times 12 \times 40 + 3 \times 30 \times 5 + 12 \times 10 \times 30 + 6 \times 300 + 1,000 + 2,500 = 16,250$[VA]

(2) 분기회로수(n)

$$n = \frac{16,250}{220 \times 15} \fallingdotseq 4.92$$

∴ 15[A] 분기 5회로(단, RC가 220[V]에서 3[kW] 이상 시에는 따로 1회로 전용선을 필요로 한다.)

08 송 · 수전단 전압

(1) 전압강하율(ε)

$$\varepsilon = \frac{e}{V_r} \times 100 = \frac{V_s - V_r}{V_r} \times 100$$

$$= \frac{66 - 61}{61} \times 100 \fallingdotseq 81.97[\%]$$

(2) 전압변동률(δ)

$$\delta = \frac{V_0 - V_n}{V_n} \times 100 = \frac{63 - 61}{61} \times 100 \fallingdotseq 3.28[\%]$$

09 진리표 이용

(1) 출력식

$$\text{출력 } X = A\,\overline{B}\,\overline{C} + ABC$$
$$= A(\overline{B}\,\overline{C} + BC)$$

(2) 무접점 논리회로

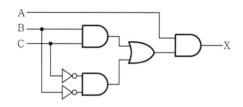

(3) 유접점 논리회로

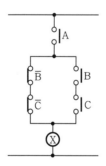

10 정격차단용량(P_s)

$P_s = \sqrt{3} \times$ 정격전압 $\times$ 정격차단전류 이므로

$$\text{정격차단전류} = \frac{\text{정격차단용량}}{\sqrt{3}\,\text{정격전압}} = \frac{70}{\sqrt{3} \times 7.2} = 5.61[\text{kA}]$$

(단, 공칭 6.6[kV]의 정격전압은 7.2[kV]이다.)

제6회 실전 모의고사

01 금속관공사 부속자재

(1) 로크너트

(2) 부싱

(3) 커플링

(4) 새들

(5) 노멀밴드

(6) 링 리듀서

(7) 스위치 박스

02 카르노도

(1) 논리식 X

$$X = \overline{A}\,\overline{B}C + A\overline{B}C + \overline{A}B\overline{C} + AB\overline{C}$$

$$= \overline{B}C(\overline{A}+A) + B\overline{C}(A+\overline{A})$$

$$= \overline{B}C + B\overline{C}$$

(2) 무접점 논리회로

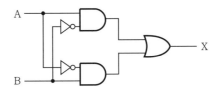

03 변압기 효율

(1) 전부하 시 효율

① 역률 100[%]인 경우

$$\eta = \frac{출력}{출력 + 무부하손 + 부하손} \times 100$$

$$= \frac{3,300 \times 43.5 \times 1}{3,300 \times 43.5 \times 1 + 1,000 + 43.5^2 \times 0.66} \times 100 ≒ 98.46[\%]$$

② 역률 80[%]인 경우

$$\eta = \frac{3,300 \times 43.5 \times 0.8}{3,300 \times 43.5 \times 0.8 + 1,000 + 43.5^2 \times 0.66} \times 100 ≒ 98.08[\%]$$

(2) $\frac{1}{2}$ 부하 시 효율

① 역률 100[%]인 경우

$$\eta_{\frac{1}{2}} = \frac{\frac{1}{2}출력}{\frac{1}{2}출력 + 무부하손 + \left(\frac{1}{2}\right)^2 부하손} \times 100$$

$$= \frac{\frac{1}{2} \times 3{,}300 \times 43.5 \times 1}{\frac{1}{2} \times 3{,}300 \times 43.5 \times 1 + 1{,}000 + \left(\frac{1}{2}\right)^2 \times 43.5^2 \times 0.66} \times 100 \fallingdotseq 98.2[\%]$$

② 역률 80[%]인 경우

$$\eta_{\frac{1}{2}} = \frac{\frac{1}{2} \times 3{,}300 \times 43.5 \times 0.8}{\frac{1}{2} \times 3{,}300 \times 43.5 \times 0.8 + 1{,}000 + \left(\frac{1}{2}\right)^2 \times 43.5^2 \times 0.66} \times 100 \fallingdotseq 97.77[\%]$$

04 차단기 정격용량

(1) $\%Z = \dfrac{I_n}{I_s} \times 100[\%]$에서

$$I_n = \frac{\%Z}{100} I_s = \frac{60.5}{100} \times 7{,}000 = 4{,}235[A]$$

∴ 기준용량 $P_n = \sqrt{3}\,VI = \sqrt{3} \times 6{,}600 \times 4{,}235 \times 10^{-6} = 48.41[MVA]$

(2) 차단용량(P_s)

$$P_s = \sqrt{3}\,V_s I_s = \sqrt{3} \times \left(6{,}600 \times \frac{1.2}{1.1}\right) \times 7{,}000 = \sqrt{3} \times 7{,}200 \times 7{,}000 = 87.3[MVA]$$ 이므로 표에서

100[MVA]를 선정한다.

05 전동기 동력(P)

$$P = \frac{QHK}{6.12\eta}$$

$$= \frac{50 \times 15 \times 1.1}{6.12 \times 0.7} \fallingdotseq 192.58[kW]$$

06 도로 조명

$FUN = EAD$에서

$$E = \frac{FUN}{AD} = \frac{3{,}500 \times 0.45 \times 1}{\frac{1}{2} \times (15 \times 20) \times 1} \fallingdotseq 10.5[lx]$$(단, 도로 조명에서는 등수 $N = 1$ 기준이다.)

07 논리식 간소화

(1) $Z = (A + B + C)A$

$\quad = AA + AB + AC$

$\quad = A + AB + AC$

$\quad = A(1 + B + C) = A$

(2) $Z = \overline{A}C + BC + AB + \overline{B}C$

$\quad = AB + C(\overline{A} + B + \overline{B})$

$\quad = AB + C(\overline{A} + 1)$

$\quad = AB + C \ (\because 1 + \overline{A} = 1)$

08 전선의 굵기

단상 2선식의 전압강하(e)

$e = \dfrac{35.6LI}{1,000A}$ 에서

$A = \dfrac{35.6LI}{1,000e} = \dfrac{35.6 \times 20 \times 10}{1,000 \times 0.5} = 14.24\,[\mathrm{mm^2}]$

$\therefore$ 16[mm^2]이다.

09 전력용 콘덴서의 설치목적

(1) 전기요금 감소

(2) 전력손실 감소

(3) 변압기 용량 감소

(4) 전압강하 감소

10 부하율 · 역률

(1) 부하율 $= \dfrac{\text{평균수용전력}}{\text{최대수용전력}} \times 100$

$= \dfrac{204/24}{12} \times 100 = 70.83\,[\%]$

(2) 역률 $\cos\theta = \dfrac{P}{\sqrt{3}\ VI} \times 100$

$= \dfrac{12 \times 10^3}{\sqrt{3} \times 220 \times 32} \times 100 \fallingdotseq 98.41\,[\%]$

제7회 실전 모의고사

01 변압기

(1) 변압기의 손실

① 무부하손 : 전원만 가하면 발생하는 손실이며 대표적인 철손(히스테리시스손, 와류손)이 여기에 해당한다.

② 부하손 : 부하의 증감에 따라 생기는 손실이며 동손과 표유 부하손이 있다.

(2) 변압기의 효율을 구하는 공식

효율 $\eta = \dfrac{V_2 I_2 \cos\theta}{V_2 I_2 \cos\theta + P_i + P_c} \times 100\,[\%]$

(3) 최고 효율조건

고정손(무부하손) = 가변손(부하손)일 때 최대 효율이 된다.

02 조명

(1) 실지수

$$R_I = \frac{XY}{H(X+Y)} = \frac{12 \times 18}{(3-0.8) \times (12+18)} = 3.27$$

∴ 표에 의한 실지수는 3.0이다.

(2) 조명률 : 63[%]

(3) 설치 등기구의 최소 수량

$FUN = EAD$에서

$$N = \frac{EAD}{FU}$$

$$= \frac{500 \times (12 \times 18) \times \dfrac{1}{0.7}}{2,500 \times 2 \times 0.63} = 48.98$$

∴ 등수는 49등

03 단권 변압기

(1) 장점

  ① 동량 감소

  ② 경제적이다.

  ③ 전압변동률이 작다.

  ④ 안정도가 커진다.

(2) 단점

  ① 절연이 어렵다.

  ② 단락사고 시 큰 전류가 흐른다.

04 자가 발전기 용량

$$P = \left(\frac{1}{e} - 1\right) X_d Q_L$$

$$= \left(\frac{1}{0.2} - 1\right) \times 0.25 \times 500 = 500[\text{kVA}]$$

여기서, X_d : 과도 리액턴스

$\qquad Q_L$: 기동용량[kVA]

05 변압기 용량(P)

$$P = \frac{수용 설비 용량}{부등률 \times 역률}$$

$$= \frac{200 + 300 + 400 + 1,600 + 2,500}{1.14 \times 0.9} \times 10^{-3} = 4.87[\text{kVA}]$$

∴ 표에서 표준용량은 5[kVA]이다.

06 복선도 · 불평형률

(1) 복선도

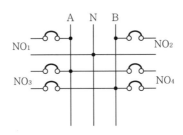

(2) 설비 불평형률

$$설비\ 불평형률 = \frac{4,920 - 3,920}{14,840 \times \dfrac{1}{2}} \times 100 ≒ 13.48[\%]$$

07 발전기

(1) 교류 발전기 특징

> 단락비가 큰 교류 발전기는 일반적으로 기계의 치수가 (①), 가격이 (②), 풍손, 마찰손, 철손이 (③), 효율은 (④), 전압변동률은 (⑤), 안정도는 (⑥).

① 크고 ② 높고 ③ 크고 ④ 낮고 ⑤ 적고 ⑥ 높다

(2) 병렬운전 조건
　　① 기전력의 크기가 같을 것
　　② 기전력의 위상이 같을 것
　　③ 기전력의 파형이 같을 것
　　④ 기전력의 주파수가 같을 것
　　⑤ 상회전 방향이 같을 것

08 콘센트의 표준적인 설치수

(1) 1개 (5[m²] 미만)

(2) 2개 (5[m²] 이상 10[m²] 미만)

(3) 3개 (10[m²] 이상 15[m²] 미만)

(4) 3개 (15[m²] 이상 20[m²] 미만)

(5) 2개 (부엌)

09 용어

(1) MOF : 전력 수급용 계기용 변성기

(2) LA : 피뢰기

(3) ZCT : 영상 변류기

(4) OCB : 유입 차단기

10 정격차단용량(P_s)

(1) $P_s = \dfrac{100}{\%Z} P_n = \dfrac{100}{5} \times 500 \times 10^3$

(2) 차단기 용량(3상) $P_s = \sqrt{3}$ 정격전압 × 정격차단전류[VA]이므로

정격차단전류 $I_s = \dfrac{P_s}{\sqrt{3}\,V}$ (또는 $I_s = \dfrac{100}{\%Z} I$ [A])

$$= \dfrac{\dfrac{100}{5} \times 500 \times 10^3}{\sqrt{3} \times 380} \times 10^{-3} ≒ 15.19 [\text{kA}]$$

∴ 정격차단전류는 20[kA]이다.

M E M O

부록 II

과년도 출제문제

제63회 출제문제

01 고조파 장애대책 5가지를 쓰시오. (5점)

해답 ☞ (1) 필터를 설치한다.
(2) 리액터를 설치한다.
(3) 계통을 분리(절체)한다.
(4) 단락용량을 크게 한다.
(5) PWM 방식을 적용한다.

02 배전(수전)방식에 따른 설비 불평형률의 시설기준과 공식을 쓰시오. (5점)
(1) 단상 3선식
(2) 3상 3선식, 3상 4선식

해답 ☞ (1) 단상 3선식
① 시설기준 : 불평형률은 40[%] 이하이어야 한다.
② 공식
설비 불평형률

$$= \frac{중성선과\ 각\ 전압측\ 전선\ 간에\ 접속되는\ 부하설비\ 용량[kVA]의\ 차}{총\ 부하설비\ 용량[kVA]의\ \frac{1}{2}} \times 100$$

(2) 3상 3선식, 3상 4선식
① 시설기준 : 불평형률은 30[%] 이하이어야 한다.
② 공식
설비 불평형률

$$= \frac{각\ 선간에\ 접속되는\ 단상부하\ 총\ 설비용량[kVA]의\ 최대와\ 최소의\ 차}{총\ 부하설비\ 용량[kVA]의\ \frac{1}{3}} \times 100$$

03 다음은 피뢰시스템(LPS)의 레벨별 회전구체의 반경, 메시 치수와 보호각을 나타내었다.
다음 표에서 빈칸을 채우시오. (5점)

레벨	보호법		
	회전구체 반경[m]	메시 치수[m]	보호각 α
I	(①)	5×5	높이에 따라 달라진다.
II	30	(②)	

레 벨	보호법		
	회전구체 반경[m]	메시 치수[m]	보호각 α
Ⅲ	45	15×15	높이에 따라 달라진다.
Ⅳ	(③)	(④)	
※ 메시법 및 회전구체법만 적용한다.			

[해답] ① 20
② 10×10
③ 60
④ 20×20

04 특고압에서 차단기(CB)와 비교 시 전력퓨즈(PF)의 특징 5가지만 서술하시오. (5점)

[해답] (1) 차단용량이 크다.
(2) 보수가 용이하다.
(3) 경량이고, 가격이 싸다.
(4) 재투입이 불가능하다.
(5) 과도전류 시 용단될 수 있다.

05 다음 그림을 보고 접지방식 중에서 TN-S 계통방식을 기호로 표시하시오. (5점)

기 호	설 명
	중성선(N : Neutral)
	보호선(PE : Protective Earhing)
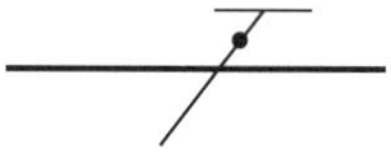	보호선과 중성선 결합(PEN)

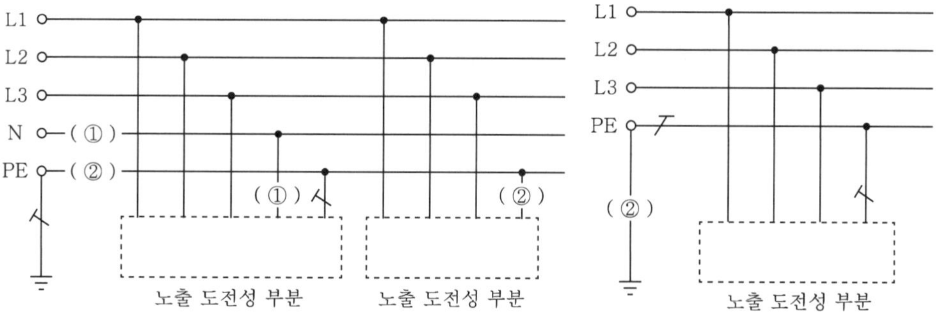

해답 ① /

② T

06 22.9kV/380V 변압기에서 용량은 500[kVA], %Z는 5[%]일 때 저압 배선차단기의 차단전류를 구하시오. (단, 정격차단전류는 주어진 값에서 선정하시오.) (5점)

정격차단전류[kA]				
5	10	15	20	25

해답 (1) $P_s = \dfrac{100}{\%Z}P_n = \dfrac{100}{5} \times 500 \times 10^3$

(2) 차단기 용량(3상) $P_s = \sqrt{3}$ 정격전압 × 정격차단전류[VA]

정격차단전류 $I_s = \dfrac{P_s}{\sqrt{3}\,V}$ (또는 $I_s = \dfrac{100}{\%Z}I$[A])

$= \dfrac{\dfrac{100}{5} \times 500 \times 10^3}{\sqrt{3} \times 380} \times 10^{-3} \fallingdotseq 15.19$[kA]

∴ 정격차단전류는 20[kA]이다.

07 3상 4선식 선로의 선로 전류가 39[A], 제3고조파 성분이 40[%]일 때 중성선 전류 및 굵기를 다음 표에서 선정하시오. (5점)

[mm²]	[A]
6	41
10	57
16	76

해답 중성선 전류(고조파 전류)(I_m)

$I_m = K_m \times nI_1$[A] $= 0.4 \times 39 \times 3 = 46.8$[A]

∴ 중성선 전류는 57[A], 굵기는 10[mm²]이다.

08 직렬리액터, 소호리액터, 분로리액터, 한류리액터의 설치목적에 대하여 서술하시오. (5점)

(1) 직렬리액터

(2) 소호리액터

(3) 분로리액터

(4) 한류리액터

해답 (1) 직렬리액터 : 제5고조파를 제거하여 파형을 개선하기 위해 설치한다.

(2) 소호리액터 : 지락전류의 크기를 조절하여 아크를 소호한다.

(3) 분로리액터 : 송전단 전압보다 수전단 전압이 커지는 현상을 페란티 현상이라 하며, 이 현상을 방지하기 위해 설치한다.

(4) 한류리액터 : 단락전류의 크기를 제한한다.

09 분산형 전원의 배전 계통 연계기술기준이다. 빈칸을 채우시오. (5점)

발전용량 합계[kVA]	주파수차 f[Hz]	전압차($\triangle$[%])	위상각차($\triangle[\theta]$)
0~500	①	10	20
500~1,500	0.2	②	15
1,500~10,000	③	3	④

해답 ① 0.3

② 5

③ 0.1

④ 10

제64회 출제문제

01 동기발전기의 병렬운전 조건 5가지를 쓰시오. (5점)

해답 ☑ (1) 기전력의 크기가 같을 것
(2) 기전력의 위상이 같을 것
(3) 기전력의 파형이 같을 것
(4) 기전력의 주파수가 같을 것
(5) 상회전 방향이 같을 것

02 태양광 연료전지 모듈 개방전압 측정 시 감전 보호대책 3가지만 쓰시오. (5점)

해답 ☑ (1) 강우 시 작업을 금지한다.
(2) 절연 처리된 공구를 사용한다.
(3) 작업 전 태양전지 모듈에 입사되는 태양광을 차단한다.

03 다음 그림은 22.9[kV-Y], 1,000[kVA] 이하에 시설하는 간이수전설비 결선도이다. 다음 물음에 답하시오. (5점)

[조건]
- LA용 DS는 생략이 가능하며 22.9[kV-Y]용 LA는 Disconnector 붙임용 피뢰기를 사용하여야 한다.
- 인입선을 지중선으로 시설하는 경우로서 사고 시 정전 피해가 큰 수전설비 인입선은 예비선을 포함하여 2회선으로 시설하는 것이 바람직하다.
- 지중 인입선의 경우 22.9[kV-Y] 계통은 CNCV-W cable(수분침투방지형) 또는 TR-CNCV -W cable(트리 억제형)을 사용한다.
- 덕트, 전력구, 공동구, 건물 구내 등 화재 우려가 있는 곳에서는 FR-CNCO-W cable (난연)을 사용하는 것이 바람직하다.
- 300[kVA] 이하인 경우 PF 대신 COS를 사용할 수 있다.
- 특고압 간이수전설비는 PF의 용단 등에 의한 결상사고에 대한 대책이 없으므로 변압기 2차측에 설치되는 주차단기에는 결상계전기 등을 설치하여 사고에 대한 보호능력이 있도록 하는 것이 바람직하다.

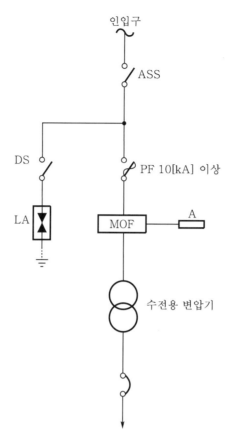

(1) 덕트, 전력구, 공동구, 건물 구내 등 화재 우려가 있는 곳에서는 어떤 케이블을 사용하여 시설하는 것이 바람직한가?

(2) LA용 DS는 생략이 가능하며 22.9[kV-Y]용 LA는 어떤 타입을 사용하는가?

(3) ASS의 명칭을 쓰시오.

(4) 인입선을 지중선으로 하는 경우 공동주택 등 고장 시 정전 피해가 큰 경우에는 예비 지중선을 포함한 몇 회선으로 시설하는 것이 좋은가?

(5) PF의 역할은?

해답 ∑ (1) FR−CNCO−W cable(난연)

(2) Disconnector 붙임용 피뢰기를 사용

(3) 자동고장구분 개폐기(ASS)

(4) 2회선

(5) 전로의 단락보호 및 후비보호, 기기의 단락보호용으로 사용

04 부하설비 수용률이 그림과 같다. 이 부하설비에 공급할 변압기(Tr)의 용량을 계산하여 표준용량으로 나타내시오. (단, 종합 역률은 80[%], 부등률은 1.20이다.) (5점)

변압기의 표준용량[kVA]				
75	100	150	200	250

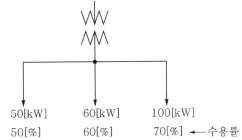

50[kW]　　　60[kW]　　　100[kW]
50[%]　　　60[%]　　　70[%] ◀─수용률

해답 변압기의 용량 $P = \dfrac{\text{합성 최대전력} \times \text{수용률}}{\text{역률}}$

(부하가 여러 개일 때) 변압기의 용량 $P = \dfrac{\text{합성 최대전력} \times \text{수용률}}{\text{역률} \times \text{부등률}}$

$= \dfrac{50 \times 0.5 + 60 \times 0.6 + 100 \times 0.7}{0.8 \times 1.2}$

$\fallingdotseq 136.45[\text{kVA}]$

∴ 변압기의 표준용량은 150[kVA]을 선정한다.

05 다음 물음에 대한 표시를 하시오. (단, 맞으면 O, 틀리면 X로 표시하시오.) (5점)
(1) 버스덕트는 3[m] 이하의 간격으로 지지한다.
(2) 애자사용공사 시 전선 상호 간의 간격(이격거리)은 6[cm] 이상이다.
(3) 콘크리트 매설 시 금속관의 두께는 1.2[mm] 이상으로 한다.
(4) 금속덕트공사는 옥내의 건조한 장소로서 노출된 장소 또는 점검이 가능한 은폐된 장소에 한해 사용이 가능하다.
(5) 점검이 불가능한 장소에 케이블공사, 가요전선관공사, 금속관공사를 한다.
(6) 방폭구조설비공사는 합성수지관공사로 한다.

해답 (1) 버스덕트는 3[m] 이하의 간격으로 지지한다. (O)
(2) 애자사용공사 시 전선 상호 간의 간격(이격거리)은 6[cm] 이상이다. (O)
(3) 콘크리트 매설 시 금속관의 두께는 1.2[mm] 이상으로 한다. (O)
(4) 금속덕트공사는 옥내의 건조한 장소로서 노출된 장소 또는 점검이 가능한 은폐된 장소에 한해 사용이 가능하다. (O)
(5) 점검이 불가능한 장소에 케이블공사, 가요전선관공사, 금속관공사를 한다. (X)
(6) 방폭구조설비공사는 합성수지관공사로 한다. (X)

06 수용가 인입구 전압이 22.9[kV], 주차단기의 차단용량은 250[MVA]이다. 10[MVA], 22.9/3.3[kV] 변압기의 %Z가 5.5[%]일 때 변압기 2차측에 필요한 차단기 용량을 구하시오. (단, 차단기 용량은 주어진 표에서 정격용량으로 나타내시오.) (5점)

차단기 정격용량[MVA]						
50	75	100	150	200	250	300

해답 주차단기의 차단용량 = $\dfrac{100}{P_s} \times P_n = \dfrac{100}{250} \times 10 = 4$[%]

차단기 용량 = $\dfrac{100}{\%Z + \text{주차단기의 차단용량}} \times P_n = \dfrac{100}{5.5 + 4} \times 10 ≒ 105.26$[MVA]

∴ 정격표에서 150[MVA] 선정한다.

07 다음 그림은 수전설비의 보호방식이다. 수전용량은 1,500[kVA], 22.9[kV]이며 다음 물음에 대하여 답하시오. (단, CT비 50/5[A]의 변류기(CT)를 통하여 과전류 계전기를 시설하였다. 이때 150[%]의 과부하 시 차단기가 동작하며, 유도형 OCR(과전류 계전기)의 탭 전류는 3, 4, 5, 6, 8[A]이다.) (5점)

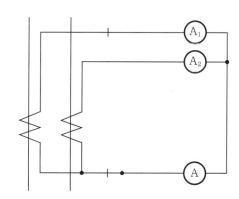

(1) Ⓐ 계전기의 설치목적은?

(2) Ⓐ₁ 계전기의 종류는?

(3) Ⓐ₁ 계전기의 탭 전류는 얼마인가?

해답 (1) 지락사고 시 영상전류 검출 목적으로 설치한다(OCGR).

(2) 과전류 계전기(OCR)

(3) 탭 전류 $I_{\text{Tap}} = \dfrac{1}{\text{CT비}} \times \dfrac{P}{\sqrt{3}\,V} \times \text{과부하율}$

$= \dfrac{1}{\dfrac{50}{5}} \times \dfrac{1,500}{\sqrt{3} \times 22.9} \times 1.5 ≒ 5.67$[A]

∴ 탭 전류는 6[A]로 한다.

08 지표면상 15[m] 높이에 수조가 설치되어 있다. 이 수조에 분당 10[m³]의 물을 양수한다고 할 때 펌프용 전동기의 용량은 몇 [kW]인가? (단, 여유계수 1.15, 효율 65[%]) (5점)

해답 양수 펌프용 전동기 용량(P)

$$P = \frac{QHK}{6.12\eta}[\text{kW}]$$

$$= \frac{10 \times 15 \times 1.15}{6.12 \times 0.65} = 43.36[\text{kW}]$$

09 다음은 지지물 설치 중 지선공사에 대한 설명이다. 접지공사에서 사용하는 접지선이 사람이 접촉할 우려가 있을 때 다음과 같이 시설한다. ( )의 설명에 대하여 채워넣으시오. (5점)

(1) 접지선에는 (①)을 사용한다.

(2) 접지선은 지상 2[m]에서 지하 (②)[cm]까지의 부분은 합성수지관으로 덮어야 한다.

(3) 접지극은 지하 (③)[cm] 이상 깊이 매설하되 동결깊이를 감안하여 매설한다.

(4) 접지선을 시설한 접지물에는 (④) 접지선을 시설하지 않는다.

(5) 접지선을 철주 기타 금속체를 따라서 시설하는 경우에는 접지극을 철주의 밑면으로부터 (⑤)[cm] 이상 깊이에 매설하는 경우 이외에는 접지극을 지중에서 그 금속체로부터 (⑥)[m] 이상 떼어서 매설하여야 한다.

해답 ① 절연전선 또는 케이블
② 75
③ 75
④ 피뢰침용
⑤ 30
⑥ 1

10 다음 물음에 답하시오. (5점)

(1) 다음의 접지방식에 대한 명칭을 나타내시오.

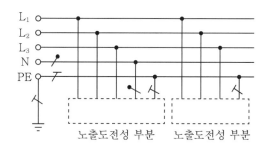 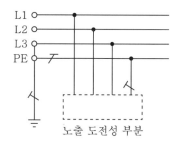

(2) 피뢰설비 접지, 수도관 접지, 통신설비 접지, 전기설비 접지, 수도관, 가스관, 철골 등의 전기설비와 무관한 계통 외의 모든 접지를 함께하여 그들 간의 전위차가 발생하지 않도록 하여 인체의 감전 우려를 최소화하기 위한 접지방식은?

해답 (1) TN-S 방식
(2) 통합 접지방식

01 고압 및 특고압 전로에 설치된 전기설비는 뇌전압 손상을 방지하기 위하여 피뢰기를 시설하여야 한다. 이때 피뢰기를 시설하여야 하는 장소 4가지를 서술하시오. (5점)

> **해답** 피뢰기 시설 장소
> (1) 변전소, 발전소에 준하는 가공전선 인입구 및 인출구
> (2) 고압 및 특고압으로부터 공급받는 수용가의 인입구
> (3) 배전용 변압기의 고압측 및 특고압측
> (4) 가공전선로와 지중전선로가 접속되는 곳

02 내선 규정에 명시된 3상 유도전동기의 기동장치에 대한 설명이다. 다음 물음에서 ( ) 안에 알맞은 내용을 서술하시오. (5점)

(1) 전동기의 정격출력이 수전용 변압기 용량[kVA]의 (①)을 초과하는 경우 3상 유도전동기(2대 이상을 동시에 기동하는 것은 그 합계 출력)는 기동장치를 사용하여 기동전류를 억제하여야 한다. (단, 기동장치의 설치가 기술적으로 곤란한 경우로 다른 것에 지장을 초래하지 않도록 하는 경우에는 적용하지 않는다.)

(2) 전항의 기동장치 중 Y-△ 기동기를 사용하는 경우 기동기와 전동기 사이의 배선은 해당 전동기 분기회로 배선의 (②)[%] 이상의 허용전류를 가지는 전선을 사용하여야 한다. 펌프용 전동기 등 자동운전을 행하는 전동기에 사용하는 Y-△ 기동장치는 1차측의 전자개폐기부 등으로 하여 전동기를 사용하지 않는 경우에는 전동기 권선에 전압이 가해지지 않는 것과 같은 조치를 강구하는 것으로 한다.

> **해답** ① 10배
> ② 60[%]

03 다음 그림은 일반 개소에 적용되는 보통 지지선을 나타낸 도면이다. 다음 물음에 답하시오. (단, 전주의 길이는 10[m], 철근콘크리트주이다.) (5점)

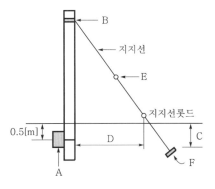

(1) A의 명칭은?

(2) C의 깊이는 최소 몇 [m] 이상인가?

(3) 철근콘크리트주의 길이가 10[m]인 경우 지지선롯드와의 간격 D는 몇 [m]인가?

(4) 철근콘크리트주의 길이가 10[m]인 경우 땅에 묻히는 최소 깊이는 몇 [m]인가?

(5) E의 명칭은?

(6) F의 명칭은?

(7) B의 명칭은?

해답 (1) 전주버팀대

(2) 1.5[m]

(3) 5[m]

(4) 1.67[m]

(5) 지지선애자

(6) 지지선근가

(7) 지지선밴드

04 과전류 차단기의 정격이 200[AT]인 경우 간선의 굵기는 95[mm²]이고, 접지선 굵기는 16[mm²]이다. 이때 전압강하 등의 원인으로 간선 규격을 120[mm²]로 선정 시에 접지선의 굵기를 아래 표에서 산정하시오. (5점)

접지선의 최소 굵기[mm²]						
10	16	25	35	50	70	95

해답 95 : 16=120 : A이므로

$A = \dfrac{16 \times 120}{95} ≒ 20.21[mm^2]$이므로 위의 표를 이용해서 정답을 구하면 된다.

∴ 25[mm²]

05 자가용 수 · 변전설비에서 고장전류의 계산 목적을 3가지만 서술하시오. (5점)

해답 (1) 차단기의 차단용량을 결정하기 위해

(2) 전력기기의 정격 및 기계적 강도를 결정하기 위해

(3) 보호계전기의 계전방식 및 동작 정정치를 정하기 위해

06 다음은 축전지실 등의 시설에 관한 설명이다. ( ) 안에 알맞은 내용을 서술하시오.
(5점)

> (①)[V]를 초과하는 축전지는 비접지측 도체에 쉽게 차단할 수 있는 곳에 (②)를
> 시설하여야 한다. 옥내 전로에 연계되는 축전지는 비접지측 도체에 (③)를 시설하여야
> 하며, 축전지실 등은 폭발성의 가스가 축적되지 않도록 (④) 등을 시설하여야 한다.

해답 ① 30[V]
② 개폐기
③ 과전류 보호장치
④ 환기장치

07 100/5인 변류기 1차에 100[A]가 흐를 때 변류기 2차에 4.9[A]가 흐른다. CT의 비
오차를 구하시오. (5점)

해답 비오차 : 공칭 변류비와 실제 변류비가 오차가 있어서 발생하는 오차이다.

$$비오차 = \frac{공칭\ 변류비 - 실제\ 변류비}{실제\ 변류비} \times 100[\%]$$

$$= \frac{0.05 - 0.049}{0.049} \times 100 ≒ 2.04[\%]$$

∴ 비오차는 2[%]이다.

08 다음은 상용주파 스트레스 전압에 관한 설명이다. 다음 각 물음에 대해서 서술하시오.
(5점)

(1) 상용주파 스트레스 전압이란?

(2) 다음 표에서 ( )의 올바른 답을 서술하시오.

고압 계통에서 지락고장시간(초)	저압설비 내 기기의 허용상용주파 스트레스 전압[V]
>5	U_0 + (①)
≤5	U_0 + (②)

해답 (1) 상용주파 스트레스 전압이란 배전 계통에서 지락고장 시 발생될 수 있는 고장전류에
의해 중성점의 전위 상승이 저압 계통의 도체와 외함 사이의 전위차를 유발한다. 이로
인해 절연이 파괴될 수 있으며 이때의 상전압을 나타낸다.

(2) ① 250[V]
② 1,200[V]

09 다음 회로는 비접지 계통의 도면을 도시하였다. 다음 각 물음에 대하여 답하시오.
(5점)

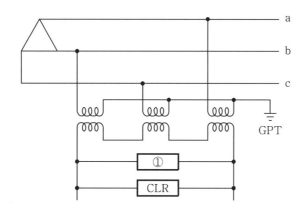

(1) CLR의 용도에 대해서 2가지만 서술하시오.

(2) ①이 나타내는 계전기의 명칭과 목적에 대하여 간략히 서술하시오.

해답 (1) ① 제3고조파 억제
　　　　② 계통의 안정화

　　(2) ① 명칭 : 선택지락 계전기(SGR)

　　　　② 용도 : 영상전류가 감지되면 SGR에서 지락이 검출된 선로만 선택하여 분리시킬
　　　　　목적으로 사용된다.

01 다음 반감산기의 진리표와 논리식에 대한 다음 물음에 답하시오. (5점)

• 논리회로

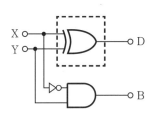

• 진리표(단, D : 차이, B : 빌림)

입 력		출 력	
X	Y	D	B
0	0	0	0
0	1	1	1
1	0	1	0
1	1	0	0

(1) D와 B의 논리식을 쓰시오.

(2) 점선 안에 논리기호를 논리회로로 그리시오. (단, NOT, AND, OR-gate를 사용하시오.)

(3) 유접점 회로도를 그리시오.

해답 (1) 논리식

$$D = \overline{X}\,Y + X\overline{Y} = X \oplus Y$$

$$B = \overline{X}Y$$

(2) 논리회로

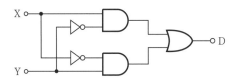

(3) 유접점 회로도

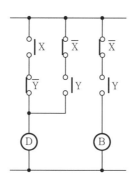

02 케이블의 전기적인 손실 3가지를 쓰시오. (5점)

해답 (1) 도체손(저항손)
(2) 유전체손(절연체손)
(3) 연피손

03 전기안전관리자의 직무에 대하여 5가지만 서술하시오. (5점)

해답 (1) 전기설비의 확인 및 점검
(2) 전기설비의 운전, 조작 그리고 이에 대한 업무의 감독
(3) 중대 사고의 통보의 의무
(4) 전기설비의 사용 전 검사 및 정기검사의 의무
(5) 공사계획의 인가신청 및 신고에 필요한 서류의 검토

04 다음 전선을 금속덕트에 채울 경우 덕트의 내부 단면적의 몇 [%]까지 설치할 수 있는가? (5점)

(1) 케이블인 경우
(2) 제어용 전선인 경우

해답 (1) 20[%]
(2) 50[%]

05 22.9[kV–Y] 수전전압과 1,000[kW], 역률 90[%]일 때 설치된 MOF의 CT비, PT비, MOF 배율을 구하시오. (5점)

해답 (1) CT비

$P = \sqrt{3}\,VI\cos\theta$[W]에서 전류 I를 구하면 다음과 같다.

$$I = \frac{P}{\sqrt{3}\,V\cos\theta} = \frac{1,000 \times 10^3}{\sqrt{3} \times 22.9 \times 10^3 \times 0.9} \fallingdotseq 28.01[\text{A}]$$

CT 1차측 정격＝30[A]이다.

$\therefore$ CT비＝$\dfrac{30}{5}$ (CT의 2차측 전류는 5[A]로 고정)

(2) PT비

Y결선회로이므로 전압 $V = \dfrac{22.9 \times 10^3}{\sqrt{3}} ≒ 13{,}220[V]$

$\therefore$ PT비＝$\dfrac{13{,}220}{110}$ (PT의 2차측 전압은 110[V]로 고정)

(3) MOF 배율

MOF 배율＝CT비×PT비 ＝$\dfrac{30}{5} \times \dfrac{13{,}220}{110} ≒ 721$

$\therefore$ MOF 배율＝720

06 건물 접지 시 전력계통, 정보통신, 피뢰기를 모두 등전위로 묶어서 하나의 접지로 사용하는 접지공사 방식을 무엇이라 하는가? (5점)

해답 ☞ 통합 접지공사

07 부하의 역률을 개선하기 위하여 전력용 콘덴서를 사용하여 지상분을 보상, 역률을 개선하게 된다. 다음 물음에 답하시오. (5점)

(1) 역률 과보상 시 문제점에 대해서 3가지만 나열하시오.

(2) 진상, 지상 역률에 대해 설명하시오. (단, 전압과 전류의 위상을 포함하여 설명하시오.)

해답 ☞ (1) 역률 과보상 시 문제점
    ① 계전기의 오동작
    ② 전력손실의 증가
    ③ 고조파의 왜곡 증대
(2) 진상, 지상 역률
    ① 진상 역률 : 전류의 위상이 전압의 위상보다 앞서게 되며, 이때의 역률을 진상 역률이라 하고 콘덴서(C)의 회로가 된다.
    ② 지상 역률 : 전류의 위상이 전압의 위상보다 뒤지게 되며, 이때의 역률을 지상 역률이라 하고 인덕터(L)의 회로가 된다.

08 3상 4선식 회로에서 a상에 200[A], b상에 160[A], c상에 180[A]의 전류가 흐르고 있을 때 중성선에 흐르는 전류는 몇 [A]인가? (5점)

해답 ☞ 중성선에 흐르는 전류는 각 상에 흐르는 전류의 합과 같다. 또한 a, b, c상의 관계는 서로 120°, 240°의 위상차를 갖는다.
그러므로 $I_N = I_a \underline{/0°} + I_b \underline{/-120°} + I_c \underline{/-240°}$ 가 된다.
극좌표 형식과 3각함수 형식을 이용하여 표시하면 다음과 같다.

$$I_N = I_a \underline{/0°} + I_b \underline{/-120°} + I_c \underline{/-240°} \cdots\cdots\cdots\cdots\cdots\cdots\cdots\cdots\cdots\cdots \text{극좌표 형식}$$

$$= 200(\cos 0° + j\sin 0°) + 160[\cos(-120°) + j\sin(-120°)]$$

$$+ 180[\cos(-240°) + j\sin(-240°)] \cdots\cdots\cdots\cdots\cdots\cdots\cdots\cdots \text{3각함수 형식}$$

$$= 200 + (-80 - j80\sqrt{3}) + (-90 + j90\sqrt{3})$$

$$= 30 + j10\sqrt{3}$$

$$\therefore\ I_N \text{의 크기를 구하면 } \sqrt{30^2 + (10\sqrt{3})^2} ≒ 34.64[\text{A}]$$

09 비접지 전력계통에 지락사고 발생 시 전류제한저항(CLR)을 사용한다. 다음 물음에 대하여 서술하시오. (5점)

(1) 전류제한저항기의 설치위치는?

(2) 전류제한저항기의 설치목적 3가지만 나열하시오.

해답 (1) 접지형 계기용 변성기(GPT)에 연결된 선택지락 계전기(SGR)와 병렬로 결선하여 사용한다.

    (2) 설치목적

        ① 제3고조파 억제

        ② 계통의 안정화

        ③ SGR을 동작시키는 데 필요한 유효전류를 공급한다.

10 접지저항 저감방법 3가지만 서술하시오. (5점)

해답 (1) 접지극의 길이를 길게 한다.

    (2) 접지극을 병렬로 연결한다.

    (3) 접지 저감재를 사용한다.

01 지락사고 시 영상전류를 검출하는 방법 3가지를 쓰시오. (5점)

> **해답** (1) 영상변류기(ZCT)를 이용한다. – 비접지방식
> (2) 중성선 CT 접속방식(접지방식)
> (3) 잔류회로방식(접지방식)

02 다음 괄호 안에 알맞은 것을 써 넣어라. (5점)

(1) 옥외배선에서 절연부분의 전선과 대지 간 및 전선의 심선 상호간의 절연저항은 사용 전압에 대한 누설전류가 최대공급전류의 (①)을 초과하지 않도록 유지하여야 한다.

(2) 저압전로 중 정전이 어려운 경우 등 절연저항 측정이 곤란한 경우는 누설전류를 (②) 이하로 유지하여야 한다.

> **해답** ① $\dfrac{1}{2,000}$
> ② 1[mA]

03 배전 설계 시 분기 과전류 차단기의 정격전류에 따른 분기회로 종류 7가지를 서술하시오. (5점)

> **해답** (1) 16[A] 분기회로
> (2) 20[A] 분기회로
> (3) 20[A] 배선차단기 분기회로
> (4) 30[A] 분기회로
> (5) 40[A] 분기회로
> (6) 50[A] 분기회로
> (7) 50[A] 초과 분기회로

04 다음 퓨즈에 대한 물음에 답하시오. (4점)

(1) 전력용 퓨즈의 설치목적
(2) 소호방식에 따른 퓨즈의 종류
(3) 한류 퓨즈 특성에 대해 3가지만 서술하시오.
(4) 한류 퓨즈 선정 시 고려사항 2가지를 서술하시오.

해답 (1) 전력용 퓨즈(PF ; Power Fuse) 기능

　　　단락전류는 차단하며, 부하전류는 안전하게 통전시킨다.

　(2) 소호방식에 따른 분류

　　① 한류형 퓨즈 : 전압이 "0"일 때 동작

　　② 비한류형 퓨즈 : 전류가 "0"일 때 동작

　(3) 퓨즈 특성

　　① 고속도 차단이 가능

　　② 차단 시 무소음이나 과전압 발생

　　③ 소형, 경량이다.

　　④ 재투입이 불가능

　(4) ① 과부하 전류에 동작하지 말 것

　　② 보호기기와 협조 기능이 있을 것

05 다음 회로를 보고 논리식을 쓰고 유접점 회로로 그리시오. (단, 논리식은 간략화할 것) (5점)

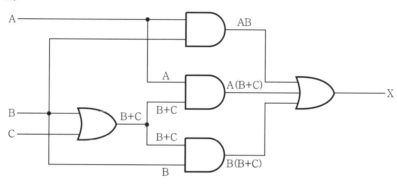

해답 (1) 논리식

$$X = AB + A(B+C) + B(B+C)$$
$$= AB + AB + AC + BB + BC$$
$$= AB + AC + B + BC$$
$$= B(A+1+C) + AC$$
$$= B + AC$$

　(2) 유접점 회로

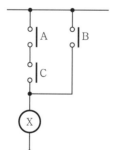

06 다음 그림의 상전선에서 주접지단자(또는 보호선) 사이에 설치된 서지보호기(SPD)의 최대길이 X + Y는 얼마인가? (단, SPD의 전압보호레벨은 230/400[V] 설비이다.) (5점)

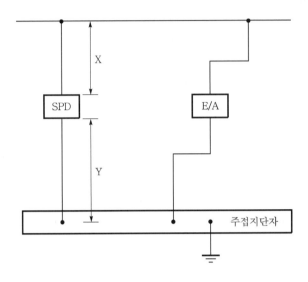

해답 ☞ 서지보호기(SPD ; Surge Protector Divice)

(1) 이상전압으로부터 회로를 보호하기 위한 장치이다.

(2) 설치대상은 전기설비 통합접지 건축물에 적용

(3) 등급

    ① Ⅰ등급 : 수변전설비

    ② Ⅱ등급 : 분전반

(4) 접속도체 굵기

    ① Ⅰ등급 : 16[mm^2]

    ② Ⅱ등급 : 6[mm^2]

(5) 접속도체 길이(X + Y)

    X + Y $\leq$ 500[mm] 이하

    ∴ 서지보호기의 최대길이 X + Y = 500[mm] 이하이다.

07 정상적인 상용전원 인입 시에는 인버터 모듈 내의 IGBT 프리휠링 다이오드를 통한 풀 브리지 정류방식으로 충전기 기능을 하고, 정전 시에는 인버터로 동작하여 출력 전원을 공급하는 방식으로 오프라인 방식이지만 일정전압이 자동으로 조정되는 기능을 가는 UPS 동작방식을 무엇이라 하는가? (5점)

해답 라인 인터랙티브 방식

참고 UPS(Uminterruptible Power Supply)

(1) 방식
   ① on-line 방식
   ② off-line 방식
   ③ Line-interactive 방식

(2) 구성도

   컨버터, 인버터, 축전지로 구성되어 있으며 상용전원이 정전 시나 이상사태 발생 시에도 정상적으로 전력을 공급하는 장치를 말한다.

(3) 축전지에는 주로 연축전지, 알칼리 축전지가 쓰이며, 축전지 용량 $C = \dfrac{1}{L}KI[\text{Ah}]$이다.

   여기서, L : 보수율, K : 용량환산시간계수, I : 방전전류[A]

08 누전차단기의 감도별 종류를 자세히 서술하시오. (5점)

해답 (1) 고감도형(고속형, 시연형, 반한시형)
(2) 중감도형(고속형, 시연형)
(3) 저감도형(고속형, 시연형)

참고 누전차단기의 종류

구 분		정격감도전류 [mA]	동작시간
고감도형	고속형	5, 10, 15, 30	• 정격감도전류에서 0.1초 이내 • 인체 감전 보호형은 0.03초 이내
	시연형		정격감도전류에서 0.1초를 초과하고 2초 이내
	반한시형		• 정격감도전류에서 0.2초를 초과하고 1초 이내 • 정격감도전류 1.4배 전류에서 0.1초를 초과하고 0.5초 이내 • 정격감도전류 4.4배 전류에서 0.05초 이내
중감도형	고속형	50, 100, 200, 500, 1,000	• 정격감도전류에서 0.1초 이내
	시연형		• 정격감도전류에서 0.1초를 초과하고 2초 이내
저감도형	고속형	3,000, 5,000, 10,000, 20,000	• 정격감도전류에서 0.1초 이내
	시연형		• 정격감도전류에서 0.1초를 초과하고 2초 이내

09 피뢰기의 설치장소 4곳과 제1보호대상에 대하여 서술하시오. (5점)

해답 (1) 설치장소
　　① 발전소, 변전소 또는 이에 준하는 장소의 가공전선 인입구 및 인출구
　　② 가공전선로에 접속되는 특고압용 옥외 배전용 변압기의 고압 및 특고압측
　　③ 고압 및 특고압 가공전선로로부터 공급을 받은 수용장소의 인입구
　　④ 가공전선로와 지중전선로가 접속되는 곳
　　(2) 제1보호대상 : 변압기

10 그림은 어떤 변전소의 도면이다. 변압기 상호간 부등률이 1.30이고, 부하의 역률은 90[%]이다. STR의 내부 임피던스는 4.5[%], TR_1, TR_2, TR_3의 내부 임피던스가 10[%], 154[kV] Bus의 내부 임피던스가 0.5[%]이다. 다음 물음에 답하여라. (단, 기준 용량은 10,000[kVA]이다.) (6점)

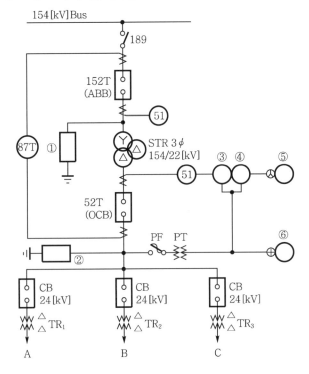

[변압기, 차단기의 정격 용량]

구분		전압	용량
변압기	정격 용량 [kVA]	22[kV]	2,000, 3,000, 4,000, 5,000, 6,000, 7,000
		154[kV]	10,000, 15,000, 20,000, 30,000, 40,000, 50,000
차단기	정격 차단 용량 [MVA]	22[kV]	200, 300, 400, 500, 600, 700
		154[kV]	2,000, 3,000, 4,000, 5,000, 6,000

(1) 152T(ABB) 차단기 용량을 구하시오.

(2) 52T(OCB)의 차단기 용량을 구하시오.

해답 (1) 152T(ABB) 차단기 용량(P_s)

$$P_s = \frac{100}{0.5} \times 10,000 \times 10^{-3} = 2,000 \quad \therefore \; 2,000[\text{MVA}] \; \text{선정}$$

(2) 52T(OCB) 차단기 용량(P_s)

$$P_s = \frac{100}{0.5+4.5} \times 10,000 \times 10^{-3} = 200 \quad \therefore \; 200[\text{MVA}] \; \text{선정}$$

집중공략 제68회 출제문제

01 전력퓨즈(PF)의 장단점 5가지를 쓰시오. (5점)

해답

장 점	단 점
• 소형 경량이고, 가격이 싸다. • 차단용량이 크며, 고속 차단할 수 있다. • 계전기나 변성기가 필요 없다. • 보수가 간단하다. • 현저한 한류 특성을 가진다. • 스페이스가 작아 장치 전체가 소형이다. • 한류형은 차단 시 무소음, 무방출 특성을 가진다. • 후비 보호에 완벽하다.	• 재투입 할 수 없다. • 과도전류에서 용단될 수 있다. • 동작시간 – 전류 특성 조정이 불가능하다. • 한류형 퓨즈에서 용단되어도 차단되지 않는 전류 범위를 가지는 것이 있다. • 한류형은 차단 시 과전압이 발생할 수 있다. • 비보호 영역이 있어 사용 중 열화해 동작하면 결상을 일으킬 우려가 있다. • 고임피던스 접지계통 지락 보호가 불가능하다.

02 3상 4선식 케이블 선로의 전류가 45[A] 흐르고, 제3고조파 성분이 45[%]라 한다. 이때 중성선에 흐르는 전류 및 전선의 굵기를 선정하시오. (4점)

전선 굵기[mm²]	허용전류[A]
6	41
10	67
16	76
25	84

해답 (1) 중성선에 흐르는 전류(I_o)

$$I_o = (45 \times 0.45) \times 3 = 60.75[\text{A}]$$

(2) 전선의 굵기

허용전류 $I_a = \dfrac{60.75}{0.86} = 70.63[\text{A}]$ 이므로 주어진 표에서 전선의 굵기를 구하면 10[mm²]를 선정한다. (단, 고조파 성분이 33[%] 초과~45[%] 이하 시 전류감소계수는 0.86이다.)

03 분산형 전원의 계통 연계를 위한 동기화 변수의 범위를 나타내고 있는 다음 표의 ( )를 채우시오. (6점)

분산형 전원 정격용량 합계[kVA]	주파수차 (Δf, Hz)	전압차 (ΔV, %)	위상각차 ($\Delta \phi$, °)
0 ~ 500	0.3	(③)	(⑤)
500 초과 ~ 1,500 미만	(①)	(④)	15
1,500 초과 ~ 20,000 미만	(②)	3	(⑥)

해답 화 ① 0.2
② 0.1
③ 10
④ 5
⑤ 20
⑥ 10

04 22.9[kV-Y], 기준용량은 1,500[kVA]이다. 이때 변압기 2차측 모선에 연결되어 있는 차단기(NFB)의 차단전류를 구하시오. (단, 변압기의 $\%Z = 5[\%]$, 2차 전압은 380[V], 선로의 임피던스는 무시하며 차단전류는 10[kA], 20[kA], 30[kA], 40[kA], 50[kA] 중에서 고르시오.) (5점)

해답 화 차단전류(I_s)

$$I_s = \frac{100}{\%Z}I_n = \frac{100}{\%Z} \times \frac{P_n}{\sqrt{3}\,V_n}[\text{A}] \quad (\text{단},\ P_n : \text{기준용량[VA]})$$

$$\therefore\ I_s = \frac{100}{5} \times \frac{1,500 \times 10^3}{\sqrt{3} \times 380} \times 10^{-3}[\text{kA}] = 45.580[\text{kA}]\ \text{이며, 주어진 조건에서 50[kA]를 선정한다.}$$

05 부하의 역률 개선에 대한 다음 각 물음에 답하시오. (6점)

(1) 역률을 개선하는 원리를 간단히 설명하시오.

(2) 부하설비의 역률이 저하하는 경우 발생할 수 있는 문제점(단점) 5가지를 쓰시오.

(3) 어느 공장의 3상 부하가 30[kW]이고, 역률이 80[%]이다. 이것의 역률을 90[%]로 개선하려면 전력용 콘덴서 몇 [kVA]가 필요한가?

해답 화 (1) 부하와 병렬로 접속된 콘덴서에 흐르는 90° 앞선 진상 전류를 이용하여 유도성 부하에 흐르는 90° 뒤진 지상 전류를 제거·감소시키는 것

(2) ① 전력손실이 커진다.
② 전압강하가 커진다.
③ 전기설비 용량(변압기 용량)이 증가한다.
④ 전기요금이 증가한다.
⑤ 변압기 동손이 증가한다.

(3) $Q = P\left(\dfrac{\sin\theta_1}{\cos\theta_1} - \dfrac{\sin\theta_2}{\cos\theta_2}\right)$
$= 30 \times \left(\dfrac{0.6}{0.8} - \dfrac{\sqrt{1-0.9^2}}{0.9}\right) = 7.97[\text{kVA}]$

06 다음은 비상 콘센트 설비의 전원회로의 설치기준 및 비상 콘센트의 설치기준이다. ( )에 알맞은 답을 채워 넣으시오. (5점)

(1) 바닥으로부터 높이 (①)[m] 이상 (②)[m] 이하의 위치에 시설할 것

(2) 전원회로는 단상교류 220[V]일 때 공급용량 (③)[kVA], 3상교류 380[V]일 때 공급용량 (④)[kVA] 이상일 것

(3) 하나의 전용회로에 설치하는 비상 콘센트는 (⑤)개 이하로 할 것

해답 ① 0.8[m] ② 1.5[m]
③ 1.5[kVA] ④ 3.0[kVA]
⑤ 10개

07 접지 저감제의 시공법 및 토양이 접지저항에 영향을 주는 요인에 대해 각각 3가지씩 서술하시오. (5점)

해답 (1) 접지저항 시공법
① 수반법
② 구법
③ 보링법
(2) 주요 요인
① 토양의 종류
② 토양의 수분 함유량
③ 토양 주변의 온도

08 다음 동기발전기의 병렬운전 조건을 4가지 쓰고, 조건과 다를 때 어떤 현상이 발생하는가? (4점)

해답 (1) 기전력의 크기가 같을 것(불일치 : 무효순환전류의 발생)
(2) 기전력의 위상이 같을 것(불일치 : 동기화 전류(유효 횡류) 발생)
(3) 기전력의 주파수가 같을 것(불일치 : 난조현상 발생)
(4) 기전력의 파형이 같을 것(불일치 : 고조파 순환전류 발생)

09 다음의 정류회로에서 L과 C의 역할은 무엇인가? (5점)

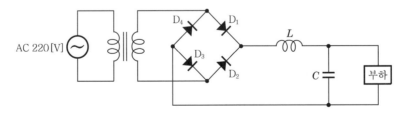

해답 X $L-C$의 역할은 평활회로이다.

참고

초크(L) 입력형 평활이며, 코일에 흐르는 전류의 급격한 변화를 억제하여 부하에 흐르는 전류의 맥동을 작게 하는 역할을 하며, LPF형의 평활회로라고 볼 수 있다. 또한 L형 평활회로는 고전류 저전압 회로에 적합하다.

10 저압 전로에 지락이 생긴 경우 0.5초 이내에 전로를 자동으로 차단하는 장치를 시설한 경우 접지저항값은 자동 차단기의 정격감도전류에 따라 다음 표에 정한 값 이하로 할 수 있으며 ①부터 ⑤까지 ( )를 채우시오. (5점)

정격감도전류	접지저항값[Ω]	
	물기가 있는 장소, 위험도가 높은 장소	그 외의 다른 장소
30[mA]	500 이하	500 이하
50[mA]	300 이하	(④)
100[mA]	(①)	500 이하
200[mA]	(②)	(⑤)
300[mA]	(③)	166 이하
500[mA]	30 이하	100 이하

해답 X ① 150 이하
② 75 이하
③ 50 이하
④ 500 이하
⑤ 250 이하

집중공략 제69회 출제문제

01 수조의 높이가 20[m]이고, 이 수조에 10[m³/min]의 물을 양수한다고 할 때 펌프용 전동기의 용량[kW]은? (단, 여유계수는 1.15이고, 펌프의 효율은 80[%]이다. 용량은 소수점 둘째자리까지 구하시오.) (5점)

해답 펌프용 전동기 용량을 구하는 식은 다음과 같다.

$$P = \frac{QH}{6.12\eta}k[\text{kW}]$$

$$= \frac{20 \times 10 \times 1.15}{6.12 \times 0.8} = 46.977[\text{kW}]$$

∴ 펌프용 전동기의 용량은 46.98[kW]이다.

02 동기발전기의 병렬운전 조건을 3가지 이상 쓰시오. (5점)

해답 (1) 기전력의 크기가 같을 것
(2) 기전력의 위상이 같을 것
(3) 기전력의 주파수기 같을 것
(4) 기전력의 파형이 같을 것
(5) 기전력의 상회전 방향이 같을 것

03 200[V]를 400[V]로 승압하였을 때 전압강하, 전압강하율, 공급전력을 비교하면 몇 배가 되는지 구하시오. (단, 전력손실률은 일정하다.) (5점)

해답 (1) 전압강하는 전압에 반비례하므로 1/2배가 된다. $\left(e \propto \frac{1}{V}\right)$

(2) 전압강하율은 전압의 제곱에 반비례하므로 1/4배가 된다. $\left(\delta \propto \frac{1}{V^2}\right)$

(3) 공급전력은 전압의 제곱에 비례하므로 4배가 된다. $\left(P \propto V^2\right)$

04 변압기의 기계적 보호장치와 전기적 보호장치를 각각 구분해서 3가지를 쓰시오. (5점)

해답 (1) 기계적 보호장치
① 부흐홀츠계전기
② 유면계
③ 충격압력계전기

(2) 전기적 보호장치
　　　　　① 과전류계전기(OCR)
　　　　　② 차동계전기
　　　　　③ 비율차동계전기

05 다음 안전장구의 권장 교정(점검) 및 시험주기는 공통적으로 얼마인가? (5점)

(1) 절연유 내압 시험기

(2) 접지저항 측정기

(3) 클램프미터

(4) 고압절연장갑

(5) 절연안전모

해답 권장 교정 및 시험주기는 모두 1년이다.

06 다음은 유도등의 비상전원에 관한 설명이다. (　) 안에 적합한 내용을 채워 넣으시오. (5점)

(1) (①)로 할 것

(2) 유도등을 (②)분 이상 유효하게 작동시킬 수 있는 용량으로 할 것
　　단, 다음 각 목의 특정소방대상물의 경우 그 부분에서 피난층에 이르는 부분의 유도
　　등을 (③)분 이상 유효하게 작동 시킬 수 있는 용량으로 하여야 한다.
　　가. (④) 또는 (⑤)으로써 용도가 여객자동차터미널, 도매시장, 소매시장, 지하역
　　　　사 또는 지하상가
　　나. 지하층을 제외한 층수가 (⑥)층 이상의 층

해답 ① 축전지
　　　② 20
　　　③ 60
　　　④ 지하층
　　　⑤ 무창층
　　　⑥ 11

07 서지보호기(SPD)의 육안검사 항목 5가지를 쓰시오. (5점)

해답 (1) SPD 접속도체의 굵기 및 길이의 적합성
　　　(2) SPD의 외관상 이상 유무
　　　(3) SPD의 고장표시등의 유무에 따른 상태 검사
　　　(4) SPD의 설치위치
　　　(5) SPD 배선경로의 적정성

08 다음은 계통 접지방식에 대한 회로도이다. (1) ～ (5)에 해당하는 접지방식에 대한 명칭을 쓰시오. (5점)

(1)

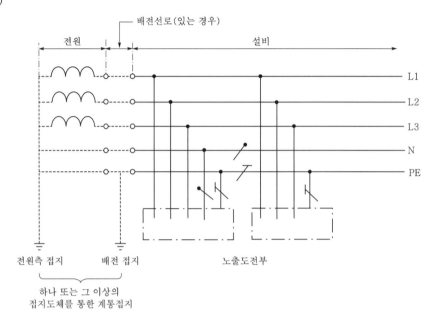

(2)

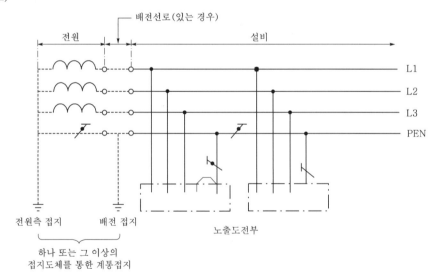

(3)

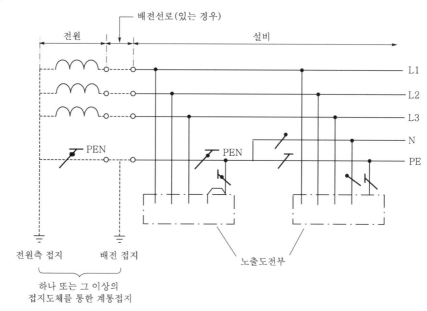

배전선로(있는 경우)

전원   설비

L1
L2
L3
N
PEN   PEN   PE

전원측 접지   배전 접지

노출도전부

하나 또는 그 이상의
접지도체를 통한 계통접지

(4)

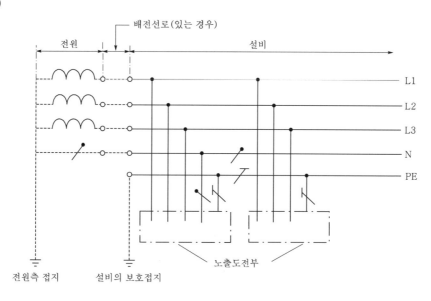

배전선로(있는 경우)

전원   설비

L1
L2
L3
N
PE

전원측 접지   설비의 보호접지

노출도전부

(5)

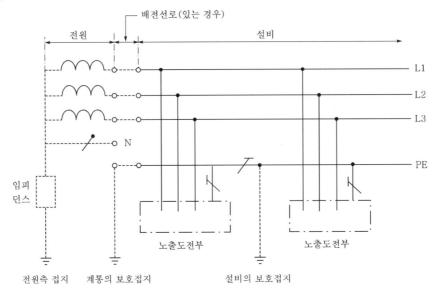

해답 ☑ (1) TN-S 계통 접지
　　　(2) TN-C 계통 접지
　　　(3) TN-C-S 계통 접지
　　　(4) TT 계동 접지
　　　(5) IT 계통 접지

09 전기저장장치의 2차 전지에 자동적으로 전로로부터 차단하는 보호장치를 시설해야
하는 경우 3가지를 쓰시오. (5점)

해답 ☑ (1) 과전압 또는 과전류가 발생한 경우
　　　(2) 제어장치에 이상이 발생한 경우
　　　(3) 2차 전지 모듈의 내부 온도가 급격히 상승할 경우

10 정격전류에 따른 산업용 및 주택용 배선차단기에 대한 규정을 나타내고 있는 다음 표의 빈칸을 채우시오. (5점)

정격전류	규정시간	정격전류의 배수	
		부동작 전류	동작 전류
63[A] 이하	①	1.05배	1.3배
63[A] 초과	②	1.05배	1.3배

형	순시트립범위
③	$3I_n$ 초과 ~ $5I_n$ 이하
④	$5I_n$ 초과 ~ $10I_n$ 이하
⑤	$10I_n$ 초과 ~ $20I_n$ 이하

해답 ① 60분
② 120분
③ B형
④ C형
⑤ D형

01 다음은 주택용 과전류트립 동작시간의 특성과 주택용 배선차단기의 순시트립에 따른 구분에 관한 설명이다. 다음 표의 ①~⑥ 부분을 채우시오. (6점)

(1) 주택용 과전류트립 동작시간의 특성

정격전류	규정시간(분)	정격전류의 배수	
		주택용	
		부동작전류	동작전류
63[A] 이하	①	1.13배	1.45배
63[A] 초과	②	1.13배	1.45배

(2) 주택용 배선차단기의 순시트립에 따른 구분

형	순시트립범위
③	$3I_n$ 초과 $5I_n$ 이하
④	$5I_n$ 초과 $10I_n$ 이하
⑤	⑥

해답	①	②	③	④	⑤	⑥
	60	120	B	C	D	$10I_n$ 초과 $20I_n$ 이하

02 220[V]의 배전선로의 전압을 380[V]로 승압하고 같은 손실률로 송전을 한다고 할 경우 송전전력은 승압 전의 몇 배가 되는지 계산하시오. (5점)

• 계산과정 :

• 답 :

해답 • 계산과정 : 송전전력은 전압의 제곱에 비례한다.

즉, $P \propto V^2$이므로 승압 전 전력 P_1, 승압 후 전력 P_2로 놓고 계산한다.

$$\frac{P_2}{P_1} = \left(\frac{380}{110}\right)^2 = 11.93 \text{배}$$

• 답 : 11.93배

03 수용가 인입구의 전압이 22.9[KV]이다. 이때 주차단기의 용량은 200[MVA]이며, 10[MVA], 22.9/3.3[KV]인 변압기의 %Z가 4.5[%]일 때 변압기 2차측에 필요한 차단기 용량[MVA]을 주어진 표를 이용하여 선정하시오. (5점)

차단기 정격용량[MVA]							
75	100	150	250	300	400	500	750

• 계산과정 :

• 답 :

해답

- 계산과정 : 전원측 $\%Z_1 = \dfrac{P_n}{P_s} \times 100$

$$= \dfrac{10}{200} \times 100 = 5\,[\%]$$

변압기측 $\%Z_2 = 4.5\,[\%]$ 이므로

전체 합성 $\%Z = \%Z_1 + \%Z_2$

$$= 5 + 4.5 = 9.5\,[\%]$$

차단기 용량 $P_s = \dfrac{100}{\%Z}\,P_n$

$$= \dfrac{100}{9.5} \times 10 = 105.26[\text{MVA}]$$

- 답 : 150[KVA] 선정

04 다음 그림은 22.9[KV-Y], 1,000[KVA] 이하에 시설하는 간이수전설비 결선도이다. 다음 물음에 답하시오. (5점)

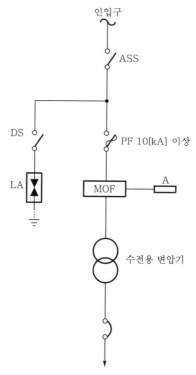

(1) 덕트, 전력구, 공동구, 건물구내 등 화재 우려가 있는 곳에서는 어떤 케이블을 사용하여 시설하는 것이 바람직한가?

(2) LA용 DS는 생략이 가능하며 22.9[kV-Y]용 LA는 어떤 타입을 사용하는가?

(3) ASS의 명칭을 쓰시오.

(4) 인입선을 지중선으로 하는 경우 공동주택 등 고장 시 정전피해가 큰 경우에는 예비 지중선을 포함한 몇 회선으로 시설하는 것이 좋은가?

(5) PF의 역할은?

해답 ✏ (1) FR–CNCO–W cable

(2) Disconnector 붙임용 피뢰기를 사용

(3) 자동고장구분개폐기

(4) 2회선

(5) 전로의 단락보호 및 후비보호, 기기의 단락보호용으로 사용

참고

• LA용 DS는 생략이 가능하며, 22.9[kV–Y]용 LA는 Disconnector 붙임용 피뢰기를 사용하여야 한다.

• 인입선을 지중선으로 시설하는 경우로서 사고 시 정전피해가 큰 수전설비 인입선은 예비선을 포함하여 2회선으로 시설하는 것이 바람직하다.

• 지중인입선의 경우 22.9[kV–Y] 계통은 CNCV–W cable(수분침투방지형) 또는 TR–CNCV–W cable(트리억제형)을 사용한다.

• 덕트, 전력구, 공동구, 건물구내 등 화재 우려가 있는 곳에서는 FR–CNCV–W cable(난연)을 사용하는 것이 바람직하다.

• 특고압 간이수전설비는 PF의 용단 등에 의한 결상사고에 대한 대책이 없으므로 변압기 2차측에 설치되는 주차단기에는 결상계전기 등을 설치하여 사고에 대한 보호능력이 있도록 하는 것이 바람직하다.

05 다음은 서지보호장치(SPD)에 대한 그림이다. 다음 회로도에서 SPD 연결도체 X + Y 의 최대길이[m]를 구하시오. (단, X는 상전선에서 SPD까지의 거리, Y는 SPD에서 주접지단자까지의 거리를 말한다.) (4점)

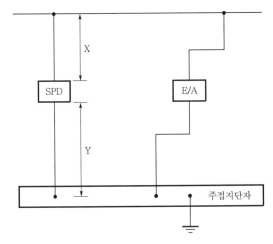

해답 ✏ 0.5[m]

참고 서지보호기(SPD ; Surge Protector Divice)

(1) 이상전압으로부터 회로를 보호하기 위한 장치이다.

(2) 접속도체 굵기

① Ⅰ등급 : 16[mm^2]

② Ⅱ등급 : 6[mm^2]

③ Ⅲ등급 : 1[mm^2]

(3) 설치대상은 전기설비 통합접지 건축물에 적용

06 계통접지 방식 중 다음 계통도의 명칭을 서술하시오. (4점)

(1)
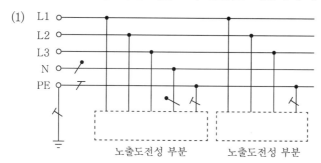

(2)
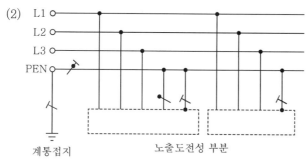

(3)
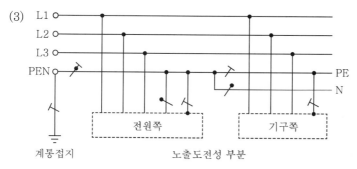

해답	(1)	(2)	(3)
	TN–S 계통	TN–C 계통	TN–C–S 계통

07 다음 무접점 논리회로도를 보고 각 물음에 답하시오. (6점)

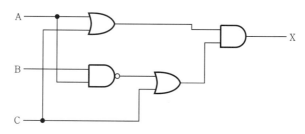

(1) 무접점 회로의 출력의 논리식을 간소화 하시오.

(2) 위의 최소화한 논리식을 유접점 회로로 나타내시오.

해답 (1) $X = (A+C)(\overline{A\,\overline{B}}+C) = (A+C)(\overline{A}+\overline{B}+C)$

$\qquad\qquad\qquad = A\overline{B}+AC+\overline{A}C+\overline{B}C+CC\ (\because\ CC=C\text{이므로})$

$\qquad\qquad\qquad = A\overline{B}+CC(A+\overline{A}+\overline{B}+1)\ (\because\ 1+A=1,\ 1+\overline{A}=1)$

$\qquad\qquad\qquad = A\overline{B}+C$

(2)

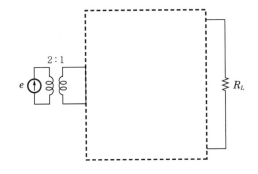

08 다음은 단상 전파 정류회로이다. 다음 물음에 답하시오. (4점)

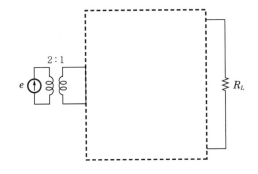

(1) 위의 미완성 전파 정류회로를 완성하시오.

(2) $e = 100\sqrt{2}\sin377t\,[\text{V}]$일 때 부하저항 R_L 양단에 걸리는 평균전압은 몇 [V]인가?

　· 계산과정 :

　· 답 :

해답 (1)

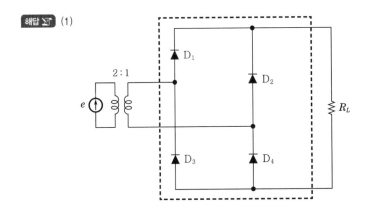

(2) • 계산과정 : 전파 정류회로의 평균전압 E_d

변압기의 권수비가 2 : 1이므로 2차측에는 $50\sqrt{2}$ [V]의 최대전압이 나타난다.

$$\therefore\ E_d = \frac{2E_m}{\pi} = \frac{2 \times 50\sqrt{2}}{\pi} = 45.02\,[\text{V}]$$

• 답 : 45.02[V]

참고

전파 정류회로의 평균전압 $E_d = 0.9E = 0.9 \times 50 = 45\,[\text{V}]$

09 부하의 역률 개선에 대한 다음 각 물음에 답하시오. (5점)

(1) 역률을 개선하는 원리를 간단히 설명하시오.

(2) 어느 공장의 3상 부하가 30[kW]이고, 역률이 80[%]이다. 이것의 역률을 90[%]로 개선하려면 전력용 콘덴서 몇 [kVA]가 필요한가?

• 계산과정 :

• 답 :

해답 (1) 역률 개선 원리 : 보통의 부하는 "L" 부하이므로 이 부하와 병렬로 "C"를 연결하여 진상의 전류를 흐르게 함으로써 지상전류를 감소시킴으로써 역률 개선이 가능하다.

(2) • 계산과정 : 콘덴서 용량 $Q_c = P\,(\tan\theta_1 - \tan\theta_2)$

$$= P\left(\frac{\sin\theta_1}{\cos\theta_1} - \frac{\sin\theta_2}{\cos\theta_2} \right)$$

$$= P\left(\frac{\sqrt{1 - \cos^2\theta_1}}{\cos\theta_1} - \frac{\sqrt{1 - \cos^2\theta_2}}{\cos\theta_2} \right)$$

$$\therefore\ Q_c = 30 \times 10^3 \left(\frac{0.6}{0.8} - \frac{\sqrt{1 - 0.9^2}}{0.9} \right) = 7,970\,[\text{VA}] = 7.97\,[\text{kVA}]$$

• 답 : 7.97[kVA]

10 그림은 제1공장과 제2공장 2개의 공장에 대한 어느 날의 일부하 곡선이다. 이 그림을 이용하여 다음 각 물음에 답하시오. (6점)

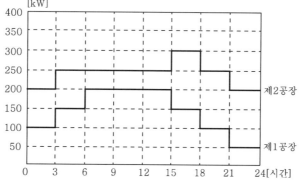

(1) 제1공장의 일부하율은 몇 [%]인가?

• 계산과정 :

• 답 :

(2) 제1공장과 제2공장 상호 간의 부등률은 얼마인가?

　　• 계산과정 :

　　• 답 :

해답 ☞ (1) • 계산과정 : 부하율 $F = \dfrac{평균수용전력}{최대수용전력} \times 100$

$$= \dfrac{사용전력량[\text{kWh}]/기준시간[\text{h}]}{최대수용전력} \times 100 [\%]$$

① 평균수용전력

$$= \dfrac{100 \times 3 + 150 \times 3 + 200 \times 9 + 150 \times 3 + 100 \times 3 + 50 \times 3}{24} = 143.75 [\text{kW}]$$

② 최대수용전력 $= 200 [\text{kW}]$

$\therefore$ 부하율 $F = \dfrac{143.75}{200} \times 100 = 71.88 [\%]$

• 답 : 71.88[%]

(2) • 계산과정 : 부등률 $= \dfrac{각각의\ 최대수용전력의\ 합}{합성\ 최대수용전력} \geq 1$

$$= \dfrac{200 + 300}{450} = 1.11$$

• 답 : 1.11

01 최대사용전압이 4,350[V]인 발전기의 절연내력시험을 하고자 한다. 이때 필요한 시험전압과 시험방법에 대해서 서술하시오. (5점)

(1) 시험전압

(2) 시험방법

해답 (1) 시험전압 = 4,350 × 1.5 = 6,525[V]

(2) 시험전압을 권선과 대지 사이에 연속해서 10분간 가한다.

참고 **시험전압과 시험방법**

시험전압이 7,000[V] 이하일 때는 1.5배, 시험전압이 7,000[V] 초과일 때는 1.25배를 곱해서 구한다.

종 류			시험전압	시험방법
회전기	발전기·전동기·조상기·기타 회전기(회전변류기를 제외한다.)	최대사용전압 7[kV] 이하	최대사용전압의 1.5배의 전압(500[V] 미만으로 되는 경우에는 500[V])	권선과 대지 사이에 연속하여 10분간 가한다.
		최대사용전압 7[kV] 초과	최대사용전압의 1.25배의 전압(10.5[kV] 미만으로 되는 경우에는 10.5[kV])	
	회전변류기		직류측의 최대사용전압의 1배의 교류전압(500[V] 미만으로 되는 경우에는 500[V])	
정류기	최대사용전압 60[kV] 이하		직류측의 최대사용전압의 1배의 교류전압(500[V] 미만으로 되는 경우에는 500[V])	충전부분과 외함 간에 연속하여 10분간 가한다.
	최대사용전압 60[kV] 초과		교류측의 최대사용전압의 1.1배의 교류전압 또는 직류측의 최대사용전압의 1.1배의 직류전압	교류측 및 직류고전압측 단자와 대지 사이에 연속하여 10분간 가한다.

02 양정이 20[m]이고, 10[m³/분]의 물을 공급하고자 하는 펌프용 전동기의 출력은 몇 [kW]인가? (단, 펌프의 효율은 65[%], 펌프 동력에 10[%]의 여유를 두며 전동기의 역률은 100[%]라 한다.) (5점)

해답 펌프용 전동기 출력 $P = \dfrac{QHk}{6.12\eta} = \dfrac{10 \times 20 \times 1.1}{6.12 \times 0.65} = 55.304$

∴ 55.30[kW]

03 다음은 무접점 논리회로도이다. 출력 X의 논리식을 간소화하고, 이 결과식으로 유접점 시퀀스와 무접점 논리회로도를 작성하시오. (5점)

선의 비접속시	선의 접속시

[무접점 논리회로]

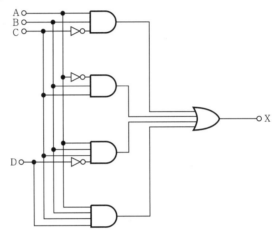

(1) 출력 X를 간소화 하시오.

(2) 간략화된 수식으로 무접점 논리회로를 나타내시오.

(3) 간략화된 수식으로 유접점 시퀀스를 나타내시오. (단, 주어진 회로도를 활용하시오.)

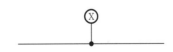

해답 (1) $X = AB\overline{C} + \overline{A}BC + ABC\overline{D} + ABCD$

$\qquad = AB\overline{C} + \overline{A}BC + ABC(\overline{D} + D)$

$\qquad = AB\overline{C} + \overline{A}BC + ABC$

$\qquad = AB(\overline{C} + C) + BC(A + \overline{A})$

$\qquad = B(A + C)$

$\qquad \therefore X = B(A + C)$

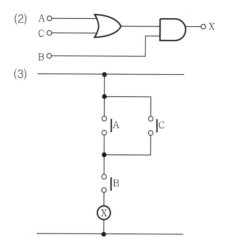

(2)

(3)

04 수용가 A, B, C에 전력을 공급하는 변압기가 있다. 다음 주어진 표를 활용해서 변압기의 표준용량을 선정하시오. (단, 역률은 70[%]이다.) (5점)

[조건]

수용가	A	B	C
설비용량[kW]	50	60	70
수용률[%]	50	60	70
부등률	1.2		

[용량]

변압기 표준용량[kVA]
50, 75, 100, 150, 200

해답 합성최대전력 $= \dfrac{(50 \times 0.5 + 60 \times 0.6 + 70 \times 0.7)}{1.2} = 91.67[\text{kW}]$

$\dfrac{\text{합성최대전력}}{\text{역률}} = \dfrac{91.67}{0.7} = 130.96[\text{kVA}]$

∴ 변압기의 표준용량은 150[kVA]를 선정한다.

05 주 차단기의 차단용량이 500[MVA], 전압은 345[kV]이다. 이때 345/2.2[kV], 기준용량이 10[MVA]의 변압기의 %Z가 5[%]일 때 변압기 2차측에 필요한 정격차단용량을 주어진 표를 활용하여 선정하시오. (5점)

[정격차단용량]

정격차단용량[MVA]
20, 50, 75, 100, 150, 250, 300, 500, 750

해답 🔑 주 차단기 $\%Z = \dfrac{10}{500} \times 100 = 2[\%]$

전체 $\%Z = 2 + 5 = 7[\%]$

그러므로 2차측 정격차단용량 $P_s = \dfrac{100}{\%Z} P_n = \dfrac{100}{7} \times 10 = 142.86[\text{MVA}]$

∴ 표에서 150[MVA]를 선정한다.

06 다음은 전기공사업법 시행령 제5조에서 대통령령으로 정하는 경미한 공사를 나열한 것이다. ( ) 안에 알맞은 말을 채우시오. (5점)

(1) 벨, 인터폰, 장식전구, 그 밖에 이와 비슷한 시설에 사용되는 소형변압기[2차측 전압 (①)볼트 이하의 것으로 한정한다]의 설치 및 그 2차측 공사

(2) 꽂음접속기, 소켓, 로제트, 실링블록, 접속기, 전구류, 나이프스위치, 그 밖에 개폐기의 (②)에 관한 공사

(3) 전압이 (③)볼트 이하이고, 전기시설 용량이 (④)킬로와트 이하인 단독주택 전기시설의 개선 및 보수 공사. 다만, 전기공사기술자가 하는 경우로 한정한다.

(4) (⑤)를 부착하거나 떼어내는 공사

해답 🔑 ① 36[V]
② 보수 및 교환
③ 600[V]
④ 5[kW]
⑤ 전력량계 또는 퓨즈

참고 전기공사업법 시행령 제5조(경미한 전기공사 등)

(1) "대통령령으로 정하는 경미한 전기공사"란 다음의 공사를 말한다.
① 꽂음접속기, 소켓, 로제트, 실링블록, 접속기, 전구류, 나이프스위치, 그 밖에 개폐기의 보수 및 교환에 관한 공사
② 벨, 인터폰, 장식전구, 그 밖에 이와 비슷한 시설에 사용되는 소형변압기(2차측 전압 36볼트 이하의 것으로 한정한다)의 설치 및 그 2차측 공사
③ 전력량계 또는 퓨즈를 부착하거나 떼어내는 공사
④ 「전기용품 및 생활용품 안전관리법」에 따른 전기용품 중 꽂음접속기를 이용하여 사용하거나 전기기계·기구(배선기구는 제외한다. 이하 같다) 단자에 전선[코드, 캡타이어케이블(경질고무케이블) 및 케이블을 포함한다. 이하 같다]을 부착하는 공사
⑤ 전압이 600볼트 이하이고, 전기시설 용량이 5킬로와트 이하인 단독주택 전기시설의 개선 및 보수 공사. 다만, 전기공사기술자가 하는 경우로 한정한다.

(2) "대통령령으로 정하는 전기공사"란 다음의 공사를 말한다.
① 전기설비가 멸실되거나 파손된 경우 또는 재해나 그 밖의 비상시에 부득이하게 하는 복구공사
② 전기설비의 유지에 필요한 긴급보수공사

07 한국전기설비규정(KEC)의 용어에 대한 설명이다. 다음 각 설명이 뜻하는 용어를 쓰시오. (5점)

(1) 전력계통에서 돌발적으로 발생하는 이상현상에 대비하여 대지와 계통을 연결하는 것으로 중성점을 대지에 접속하는 것을 말한다.

(2) 감전에 대한 보호 등 안전을 위해 제공되는 도체를 말한다.

(3) 중앙급전 전원과 구분되는 것으로 전력소비지역 부근에 분산하여 배치 가능한 전원을 말한다. 상용전원의 정전 시에만 사용되는 비상용 예비전원은 제외되며 신·재생에너지 발전설비, 전기저장장치 등을 포함한다.

(4) 충전부는 아니지만 고장 시에 충전될 위험이 있고, 사람이 쉽게 접촉할 수 있는 기기의 도전성 부분을 말한다.

(5) 직류회로에서 중간선 겸용 보호도체를 말한다.

해답 (1) 계통접지
(2) 보호도체
(3) 분산형전원
(4) 노출도전부
(5) PEM 도체

참고 KEC 규정 공통사항

(1) "PEM 도체(protective earthing conductor and a mid-point conductor)"란 직류회로에서 중간선 겸용 보호도체를 말한다.

(2) "PEL 도체(protective earthing conductor and a line conductor)"란 직류회로에서 선도체 겸용 보호도체를 말한다.

(3) "PEN 도체(protective earthing conductor and neutral conductor)"란 교류회로에서 중성선 겸용 보호도체를 말한다.

(4) "보호접지(Protective Earthing)"란 고장 시 감전에 대한 보호를 목적으로 기기의 한 점 또는 여러 점을 접지하는 것을 말한다.

(5) "분산형전원"이란 중앙급전 전원과 구분되는 것으로서 전력소비지역 부근에 분산하여 배치 가능한 전원을 말한다. 상용전원의 정전 시에만 사용하는 비상용 예비전원은 제외하며, 신·재생에너지 발전설비, 전기저장장치 등을 포함한다.

(6) "서지보호장치(SPD, Surge Protective Device)"란 과도 과전압을 제한하고 서지전류를 분류하기 위한 장치를 말한다.

(7) "보호도체(PE, Protective Conductor)"란 감전에 대한 보호 등 안전을 위해 제공되는 도체를 말한다.

(8) "내부 피뢰시스템(Internal Lightning Protection System)"이란 등전위본딩 및/또는 외부피뢰시스템의 전기적 절연으로 구성된 피뢰시스템의 일부를 말한다.

(9) "노출도전부(Exposed Conductive Part)"란 충전부는 아니지만 고장 시에 충전될 위험이 있고, 사람이 쉽게 접촉할 수 있는 기기의 도전성 부분을 말한다.

(10) "계통접지(System Earthing)"란 전력계통에서 돌발적으로 발생하는 이상현상에 대비하여 대지와 계통을 연결하는 것으로, 중성점을 대지에 접속하는 것을 말한다.

08 다음의 정류회로는 반도체 소자가 다이오드인 3상 전파 정류회로이다. 이때의 각 상 전압 $V_a = V_b = V_c = 220\sqrt{2}\sin377t$[V]이며, 미완성된 정류회로를 완성하고 전압의 평균값을 구하시오. (5점)

선의 비접속시	선의 접속시

(1) 3상 전파 정류회로

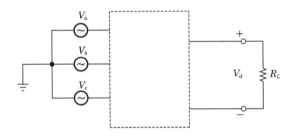

(2) 전압의 평균값(V_d)

해답 (1)

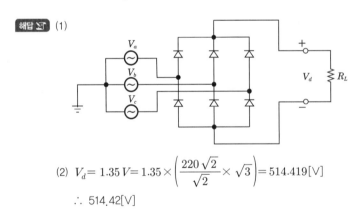

(2) $V_d = 1.35\,V = 1.35 \times \left(\dfrac{220\sqrt{2}}{\sqrt{2}} \times \sqrt{3}\right) = 514.419$[V]

∴ 514.42[V]

09 다음은 비상콘센트설비의 화재안전기준에 대한 내용이다. 각 부분에 대하여 설명을 쓰시오. (5점)

(1) 비상콘센트의 설치 높이
(2) 비상콘센트의 설치 장소

해답 (1) 바닥으로부터 높이 0.8[m] 이상 1.5[m] 이하일 것
(2) ① 바닥면적 1,000[m²] 미만인 층(아파트 포함) : 계단의 출입구로부터 5[m] 이내
② 바닥면적 1,000[m²] 이상인 층(아파트 제외) : 각 계단의 출입구 또는 계단 부속실의 출입구로부터 5[m] 이내

[참고] 비상콘센트설비의 화재안전기준(NFSC 504)]
(1) 바닥으로부터 높이 0.8[m] 이상 1.5[m] 이하의 위치에 설치할 것
(2) 비상콘센트의 배치는 아파트 또는 바닥면적이 1,000[m²] 미만인 층은 계단의 출입구
   (계단의 부속실을 포함하며 계단이 2 이상 있는 경우에는 그중 1개의 계단을 말한다)
   로부터 5[m] 이내에, 바닥면적 1,000[m²] 이상인 층(아파트를 제외한다)은 각 계단의
   출입구 또는 계단부속실의 출입구(계단의 부속실을 포함하며 계단이 3 이상 있는 층
   의 경우에는 그중 2개의 계단을 말한다)로부터 5[m] 이내에 설치하되, 그 비상콘센트
   로부터 그 층의 각 부분까지의 거리가 다음의 기준을 초과하는 경우에는 그 기준 이하
   가 되도록 비상콘센트를 추가하여 설치할 것
   ① 지하상가 또는 지하층의 바닥면적의 합계가 3,000[m²] 이상인 것은 수평거리
      25[m]
   ② ①에 해당하지 아니하는 것은 수평거리 50[m]

10 고압 및 특고압 전로에서 다음에 나열하는 곳 또는 이에 준하는 근접한 곳에는 피뢰
기를 시설하여야 한다. (   ) 안에 알맞은 답을 채워 넣으시오. (5점)

(1) 가공전선로와 (①)가 접속되는 곳
(2) (②) 또는 이에 준하는 장소의 가공전선 인입구 및 인출구
(3) 고압 및 특고압 가공전선로로부터 공급을 받는 (③)의 인입구
(4) (④)에 접속하는 (⑤) 변압기의 고압측 및 특고압측

[해답] ① 지중전선로
      ② 발전소 및 변전소
      ③ 수용장소
      ④ 특고압 가공전선로
      ⑤ 배전용

제72회 출제문제

01 다음은 피뢰시스템의 병렬인하도선의 최대간격을 나타낸 표이다. 빈칸을 채우시오. (단, 건축물, 구조물과 분리되어 있지 않은 피뢰시스템인 경우이다.) (5점)

피뢰시스템 등급	최대간격[m]
I	①
II	②
III	③
IV	④

해답 ① 10
② 10
③ 15
④ 20

참고 건축물, 구조물과 분리되어 있지 않은 피뢰시스템인 경우
(1) 벽이 불연성인 재료인 경우 벽의 표면, 내부에 시설이 가능하다.
(2) 벽이 가연성 재료인 경우
   ① 0.1[m] 이상 이격
   ② 인하도선은 2가닥 이상
(3) 병렬인하도선의 최대간격은 다음과 같다.

피뢰시스템 등급	최대간격[m]
I	10
II	10
III	15
IV	20

02 25[m] 높이의 수조에 분당 20[m³]의 물을 양수하기 위한 펌프의 동력은 몇 [kW]인가? (단, 펌프의 효율은 85[%]이며, 축동력의 여유는 10[%], 역률은 100[%]라고 한다.) (5점)

해답 양수 펌프용 전동기 용량(P)

$$P = \frac{QHk}{6.12\eta}[\text{kW}]$$

$$= \frac{20 \times 25 \times 1.1}{6.12 \times 0.85} = 105.728[\text{kW}]$$

∴ 105.73[kW]

03 다음 진리표에 따라서 X_1, X_2, X_3의 출력을 간략화하여 논리식을 나타내시오. 또한 미완성된 유접점 회로를 완성하시오. (단, A, B, C는 입력을 나타낸다.) (5점)

선의 비접속시	선의 접속시

[진리표]

A	B	C	X_1	X_2	X_3
0	0	0	0	0	0
0	0	1	0	1	0
0	1	0	1	1	0
0	1	1	1	1	0
1	0	0	0	0	1
1	0	1	0	1	1
1	1	0	1	1	0
1	1	1	0	1	1

(1) X_1, X_2, X_3의 출력을 간략화하여 논리식을 나타내시오.

① X_1

② X_2

③ X_3

(2) 유접점 회로를 완성하시오.

해답 (1) ① $X_1 = \overline{A}B\overline{C} + \overline{A}BC + AB\overline{C}$
$= \overline{A}B(\overline{C} + C) + B\overline{C}(\overline{A} + A)$
$= \overline{A}B + B\overline{C}$
$= B(\overline{A} + \overline{C})$

② $X_2 = \overline{A}\overline{B}C + \overline{A}B\overline{C} + \overline{A}BC + A\overline{B}C + AB\overline{C} + ABC$

$\qquad = \overline{A}C(\overline{B}+B) + B\overline{C}(\overline{A}+A) + AC(\overline{B}+B)$

$\qquad = \overline{A}C + B\overline{C} + AC$

$\qquad = C(\overline{A}+A) + B\overline{C}$

$\qquad = C + B\overline{C}$

$\qquad = (C+B)(C+\overline{C})$

$\qquad = B+C$

③ $X_3 = A\overline{B}\overline{C} + A\overline{B}C + ABC$

$\qquad = A\overline{B}(\overline{C}+C) + AC(\overline{B}+B)$

$\qquad = A\overline{B} + AC$

$\qquad = A(\overline{B}+C)$

(2)

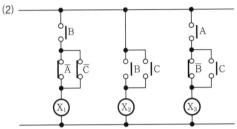

04 다음 접지시스템에서의 전력설비, 피뢰설비, 통신설비의 접지상태 관계를 간략히 서술하시오. (5점)

(1) 단독접지

(2) 공통접지

(3) 통합접지

해답 (1) 단독접지는 전력설비(특고압, 고압, 저압), 통신설비, 피뢰설비를 각각 접지하는 방식이다.

(2) 공통접지는 전력설비(특고압, 고압, 저압) 부분은 공통으로 접지하고 통신설비, 피뢰설비는 각각 접지하는 방식이다.

(3) 통합접지는 전력설비(특고압, 고압, 저압), 통신설비, 피뢰설비 모두 묶어서 하나로 접지하는 방식이다.

참고 **접지시스템**

(1) 접지시스템의 구분

　① 계통접지(TN, TT, IT계통)

　② 보호접지

　③ 피뢰시스템접지

(2) 접지시스템 시설의 종류

　① 단독접지

　② 공통접지

　③ 통합접지

05 고조파 방지 대책 5가지만 쓰시오. (5점)

해답 (1) 전력용 콘덴서에는 직렬리액터를 설치한다.
(2) 고조파 필터를 설치한다.
(3) 고조파 발생기기와 접지를 분리한다.
(4) 고조파 발생기기와 충분한 간격(이격거리)을 유지 및 차폐케이블을 사용한다.
(5) 전력변환장치의 펄스 수를 높인다.

06 다음은 전선의 접속 규정에서 병렬로 사용하는 도체에 관한 내용이다. 다음 (   )에 알맞은 답을 채워 넣으시오. (5점)

(1) 전선의 굵기는 동선 (①)[mm²] 이상, 알루미늄 (②)[mm²] 이상이며 전선은 같은 (③), 같은 재질, 같은 굵기의 도체일 것
(2) 금속관 안에서는 전자적 (④)이 생기지 않도록 시설할 것
(3) 병렬로 사용하는 전선 각각에 (⑤)를 삽입하지 말 것

해답 ① 50
② 70
③ 길이
④ 불평형
⑤ 퓨즈

07 22.9/2.2[kV]인 변압기의 2차측에서 단락사고가 발생하였을 때의 단락전류는 몇 [kA]인가? (단, 변압기의 %임피던스는 5.5[%], 나머지는 무시한다. 또한 용량은 1,000[kVA]이다.) (5점)

해답 단락전류(I_s)

$$I_s = \frac{100}{\%Z}I_n = \frac{100}{\%Z}\frac{P_n}{\sqrt{3}\,V}[\text{A}] \ (단, \ P_n : 기준용량[\text{VA}])$$

$$\therefore \ I_s = \frac{100}{5.5} \times \frac{1,000 \times 10^3}{\sqrt{3} \times 2.2 \times 10^3} = 4,771.489[\text{A}] \fallingdotseq 4.77[\text{kA}]$$

08 380/220[V]의 3상 4선식 선로의 긍장이 100[m], 부하전류 80[A], 전압강하 6[V]라 한다. 이때의 전선의 굵기[mm²]를 주어진 표에서 선정하시오. (5점)

전선의 굵기[mm²]
2.5, 4, 6, 10, 16, 25, 35, 50, 70, 95, 150, 300

해답 전선의 굵기 $A = \dfrac{17.8LI}{1,000e} = \dfrac{17.8 \times 100 \times 80}{1,000 \times 6} = 23.733$

$\therefore$ 25[mm²]를 선정한다.

09 다음 단상 전파정류회로의 1차측 전압이 $V_1 = 440\sqrt{2}\sin 377t$[V]일 때, 미완성 부분을 완성하고 평균전압[V]과 평균전류[A]를 구하시오. (단, 부하저항 $R=10$[Ω], 제어각 60°, 순수 저항만의 회로이다.) (5점)

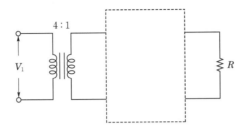

(1) 미완성 정류회로를 완성하시오.

(2) 평균전압[V]을 구하시오.

(3) 평균전류[A]를 구하시오.

해답 (1)

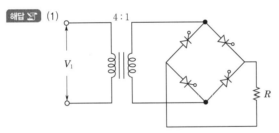

(2) 평균전압 $E_d = 0.9E\left(\dfrac{1+\cos\alpha}{2}\right) = 0.9 \times 110 \times \left(\dfrac{1+\cos 60°}{2}\right) = 74.25$

∴ 74.25[V]

(3) 평균전류 $I_d = \dfrac{E_d}{R} = \dfrac{74.25}{10} = 7.425$

∴ 7.43[A]

---

10 비상조명등의 화재안전기준에 대한 설명이다. 다음 각 물음에 답하시오. (5점)

(1) 비상조명등이 설치된 장소의 경우 조도는 각 부분의 바닥에서 몇 [lx] 이상이어야 하는가?

(2) 특정소방대상물이 아닌 경우의 비상전원은 비상조명을 몇 분 이상 유효하게 작동시킬 수 있어야 하는가?

(3) 특정소방대상물인 경우 지하층을 제외한 11층 이상의 층 또는 지하층, 무창층으로 용도가 도매시장, 소매시장, 지하역사, 지하상가, 여객자동차터미널인 경우 비상전원은 비상조명을 몇 분 이상 유효하게 작동시킬 수 있어야 하는가?

해답 (1) 1[lx] 이상

(2) 20분 이상

(3) 60분 이상

참고 비상조명등의 화재안전기준(NFSC 304)

비상조명등은 다음의 기준에 따라 설치하여야 한다.

(1) 특정소방대상물의 각 거실과 그로부터 지상에 이르는 복도·계단 및 그 밖의 통로에 설치할 것

(2) 조도는 비상조명등이 설치된 장소의 각 부분의 바닥에서 1[lx] 이상이 되도록 할 것

(3) 예비전원을 내장하는 비상조명등에는 평상시 점등여부를 확인할 수 있는 점검스위치를 설치하고 해당 조명등을 유효하게 작동시킬 수 있는 용량의 축전지와 예비전원 충전장치를 내장할 것

(4) 예비전원을 내장하지 아니하는 비상조명등의 비상전원은 자가발전설비, 축전지설비 또는 전기저장장치(외부 전기에너지를 저장해 두었다가 필요한 때 전기를 공급하는 장치)를 다음의 기준에 따라 설치하여야 한다.

① 점검에 편리하고 화재 및 침수 등의 재해로 인한 피해를 받을 우려가 없는 곳에 설치할 것

② 상용전원으로부터 전력의 공급이 중단된 때에는 자동으로 비상전원으로부터 전력을 공급받을 수 있도록 할 것

③ 비상전원의 설치장소는 다른 장소와 방화구획 할 것. 이 경우 그 장소에는 비상전원의 공급에 필요한 기구나 설비외의 것(열병합발전설비에 필요한 기구나 설비는 제외한다)을 두어서는 아니 된다.

④ 비상전원을 실내에 설치하는 때에는 그 실내에 비상조명등을 설치할 것

(5) (3)과 (4)에 따른 비상전원은 비상조명등을 20분 이상 유효하게 작동시킬 수 있는 용량으로 할 것. 다만, 다음의 특정소방대상물의 경우에는 그 부분에서 피난층에 이르는 부분의 비상조명등을 60분 이상 유효하게 작동시킬 수 있는 용량으로 하여야 한다.

① 지하층을 제외한 층수가 11층 이상의 층

② 지하층 또는 무창층으로서 용도가 도매시장·소매시장·여객자동차터미널·지하역사 또는 지하상가

01 전압 22,900[V], 7,700[kVA]이며 중성점 직접 접지된 발전설비가 있다. 이 설비에서 1선 지락이 발생하였다고 한다. 이때 발생된 지락전류[A]를 구하시오. (단, 영상 임피던스(Z_0)=$j0.187[\Omega]$, 정상 임피던스(Z_1)=$j0.152[\Omega]$, 역상 임피던스(Z_2)=$j0.452[\Omega]$이라 한다.) (4점)

• 계산과정 :

• 답 :

해답 • 계산과정 : 지락전류 $I_g = I_0 + I_1 + I_2 = 3I_0$

$$= \frac{3 \times E}{Z_0 + Z_1 + Z_2}$$

$$= \frac{3 \times \frac{22,900}{\sqrt{3}}}{j0.187 + j0.152 + j0.452}$$

$$= -j50,144.08[\text{A}]$$

• 답 : $-j50,144.08[\text{A}]$

02 다음 용어에 대해서 서술하시오. (5점)

(1) 계통접지에 대한 정의와 종류 3가지

(2) 등전위본딩

(3) 서지보호장치

해답 (1) ① 정의 : 전력계통에서 돌발적으로 생기는 이상현상에 대비하여 대지와 계통을 연결하는 것을 뜻하며 즉, 중성점을 대지에 접속하는 것을 말한다.

② 종류

㉠ TN 계통

㉡ TT 계통

㉢ IT 계통

(2) 건축물의 공간에서 등전위를 형성하기 위해 도전부 상호 간을 전기적으로 연결하는 것을 말한다.

(3) 전선로를 통해 서지가 유입되는 것을 막기 위해 설치하며 주로 변압기 2차측 주배전반에 설치한다.

03 다음은 피뢰시스템(LPS)의 등급별 회전구체 반지름과 메시치수에 대한 표이다. 빈칸에 들어갈 내용을 쓰시오. (5점)

피뢰시스템 등급	보호방법	
	회전구체 반지름[m]	메시치수[m]
Ⅰ	(①)	5×5
Ⅱ	30	(②)
Ⅲ	(③)	(④)
Ⅳ	(⑤)	20×20

해답

①	②	③	④	⑤
20	10×10	45	15×15	60

04 다음은 전력량계에 대한 회로이다. 미완성 부분의 결선도를 완성하시오. (단, 접지 부분도 반드시 표시할 것) (6점)

(1) 단상 2선식 결선도

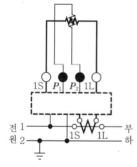

(2) 3상 4선식 결선도

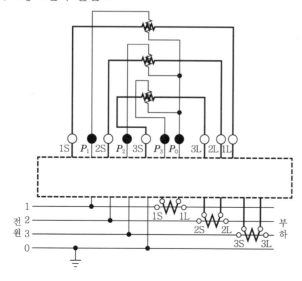

해답 (1)

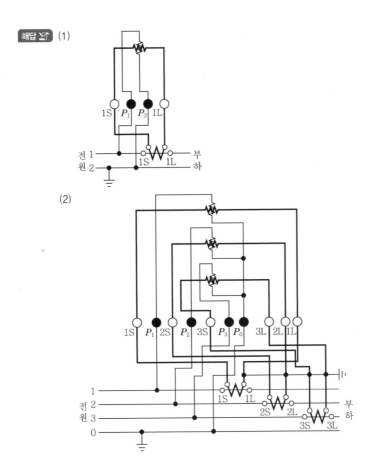

(2)

05 다음 주어진 진리표를 이용해서 R, Y, G의 출력을 간략화된 논리식으로 나타내고, 유접점 회로를 완성하시오. (단, A, B, C는 입력이며 R, Y, G는 출력이다.) (6점)

선의 접속시 표현		선의 비접속시 표현

[진리표]

A	B	C	R	Y	G
0	0	0	0	1	0
0	0	1	0	1	0
0	1	0	1	1	0
0	1	1	0	0	0
1	0	0	0	1	1
1	0	1	0	1	1
1	1	0	1	1	1
1	1	1	1	0	0

(1) R, Y, G의 출력을 간략화하여 논리식으로 나타내시오.

(2) 유접점 회로를 그리시오.

해답 ☜ (1) 논리식

① $R = \overline{A}B\overline{C} + AB\overline{C} + ABC$

    $= B\overline{C}(\overline{A} + A) + AB(\overline{C} + C)$

    $= B\overline{C} + AB$

    $= B(A + \overline{C})$

  $\therefore R = B(A + \overline{C})$

② Y를 구하기 위해 먼저 $\overline{Y}$를 구하면

  $\overline{Y} = \overline{A}BC + ABC$

    $= BC(\overline{A} + A)$

    $= BC$

  $Y = \overline{B}\,\overline{C} + \overline{B} + \overline{C}$

  $\therefore Y = \overline{B} + \overline{C}$

③ $G = A\overline{B}\,\overline{C} + A\overline{B}C + AB\overline{C}$

    $= A\overline{B}(\overline{C} + C) + A\overline{C}(\overline{B} + B)$

    $= A\overline{B} + A\overline{C}$

    $= A(\overline{B} + \overline{C})$

  $\therefore G = A(\overline{B} + \overline{C})$

(2) 유접점 회로

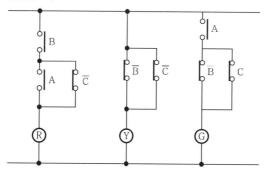

06 다음은 저압 옥내 직류전기설비에 관한 한국전기설비규정(KEC 243) 중 축전지실 등의 시설에 관한 규정이다. 다음 (　)의 ①~③에 알맞은 답을 채우시오. (4점)

(1) 30[V]를 초과하는 축전지는 (①) 도체에 쉽게 차단할 수 있는 곳에 개폐기를 시설하여야 한다.

(2) 옥내전로에 연계되는 축전지는 비접지측 도체에 (②)를 시설하여야 한다.

(3) 축전지실 등은 (③)의 가스가 축적되지 않도록 환기장치 등을 시설하여야 한다.

해답 ☜

①	②	③
비접지측	과전류보호장치	폭발성

07 총 설비용량이 450[kVA]인 수용가에서 하루에 사용하는 부하가 다음과 같다고 한다. 일부하율과 수용률을 각각 구하시오. (단, 역률이 0.80이며 계산과정을 꼭 서술하시오.) (6점)

- A수용가 : 250[kW]로 4시간 사용
- B수용가 : 200[kW]로 14시간 사용
- C수용가 : 100[kW]로 나머지 시간 사용

(1) 일부하율
  - 계산과정 :
  - 답 :
(2) 수용률
  - 계산과정 :
  - 답 :

해답 (1) 일부하율

- 계산과정 : 일부하율 $= \dfrac{평균전력}{최대전력} \times 100 = \dfrac{\frac{250 \times 4 + 200 \times 14 + 100 \times 6}{24}}{250} \times 100$

  $= 73.33[\%]$

- 답 : 73.33[%]

(2) 수용률

- 계산과정 : 수용률 $= \dfrac{최대전력[kW]}{총설비용량[kW]} \times 100 = \dfrac{250}{450 \times 0.8} \times 100 = 69.44[\%]$

- 답 : 69.44[%]

08 3상 4선식 회로에서 a상의 전류가 100[A], b상의 전류가 80[A], c상의 전류가 90[A]라고 할 때 중성선에 흐르는 전류의 크기를 구하시오. (단, 역률은 100[%], 각 상전류의 위상차는 120°이다.) (4점)

- 계산과정 :
- 답 :

해답 • 계산과정 : 중성선에 흐르는 전류 $I_N = I_a + I_b + I_c$

$= I_a + I_b \underline{/-120^\circ} + I_c \underline{/-240^\circ}$

$= 100 + 80\underline{/-120^\circ} + 90\underline{/-240^\circ}$

$= 100 + 80\left(-\dfrac{1}{2} - j\dfrac{\sqrt{3}}{2}\right) + 90\left(-\dfrac{1}{2} + j\dfrac{\sqrt{3}}{2}\right)$

$= 15 + j5\sqrt{3}$

∴ 중성선 전류의 크기 $|I_N| = \sqrt{15^2 + (5\sqrt{3})^2} = 17.32[\text{A}]$

- 답 : 17.32[A]

09 역률이 0.65인 변압기가 30[kW]의 부하에 연결되어 있다. 이 역률을 0.9로 개선하기 위한 콘덴서의 용량[kVA]을 구하시오. (5점)

• 계산과정 :

• 답 :

해답
• 계산과정 : 콘덴서 용량 $Q_C = P\left(\dfrac{\sin\theta_1}{\cos\theta_1} - \dfrac{\sin\theta_2}{\cos\theta_2}\right)$

$$= P\left(\frac{\sqrt{1-\cos^2\theta_1}}{\cos\theta_1} - \frac{\sqrt{1-\cos^2\theta_2}}{\cos\theta_2}\right)$$

$$= 30 \times \left(\frac{\sqrt{1-0.65^2}}{0.65} - \frac{\sqrt{1-0.9^2}}{0.9}\right)$$

$$= 20.54[\text{kVA}]$$

• 답 : 20.54[kVA]

10 다음은 비상콘센트설비의 화재안전기술기준(NFTC 504)에서 전원회로에 관한 내용이다. 다음 (   ) 안에 알맞은 내용을 채우시오. (5점)

비상콘센트설비의 전원회로(비상콘센트에 전력을 공급하는 회로)는 다음의 기준에 따라 시설하여야 한다.

(1) "비상콘센트설비"란 화재 시 소화활동 등에 필요한 전원을 전용회선으로 공급하는 설비를 말한다.

(2) 비상전원을 실내에 설치하는 때에는 그 실내에 (①)을 설치할 것

(3) 비상콘센트설비의 전원회로는 단상교류 220[V]인 것으로서 공급용량은 (②) 이상인 것으로 한다.

(4) 전원회로는 각 층에 (③) 이상이 되도록 설치한다. (단, 설치하여야 할 층의 비상콘센트가 1개인 때에는 하나의 회로로 할 수 있다.)

(5) 하나의 전용회로에 시설하는 비상콘센트는 (④)개 이하로 한다.

(6) 전원회로는 (⑤)에서 전용회로로 할 것

해답

①	②	③	④	⑤
비상조명등	1.5[KVA]	2	10	주배전반

01 피뢰기를 시설하여야 하는 장소 4곳을 서술하시오. (4점)

해답 (1) 발전소·변전소 또는 이에 준하는 장소의 가공전선 인입구 및 인출구
(2) 특고압 가공전선로에 접속하는 배전용 변압기의 고압측 및 특고압측
(3) 고압 및 특고압 가공전선로로부터 공급을 받는 수용장소의 인입구
(4) 가공전선로와 지중전선로가 접속되는 곳

02 중성점 접지 전선로의 전자유도장해 대책에 대하여 통신선측과 전력선측을 구분해서 3가지씩 서술하시오. (6점)

해답 (1) 통신선측 대책
① 피뢰기를 설치한다.
② 전력선과 수직으로 교차시킨다.
③ 통신측의 절연을 증대시킨다.
(2) 전력선측 대책
① 연가를 충분히 한다.
② 통신선과의 이격거리를 증대시킨다.
③ 차폐선을 시설한다.

03 다음은 고압 전류 제한 퓨즈에 관한 규정(KS C 4612)이다. ( ) 안에 알맞은 답을 채워 넣으시오. (6점)

(1) 변압기용에 대한 규정으로 정격전류의 (①)배 전류를 (②)초 동안 인가하고 100회 반복하여도 용단되지 않아야 한다.
(2) 전동기용에 대한 규정으로 정격전류의 5배 전류를 (③)초 동안 인가하고 (④)회 반복하여도 용단되지 않아야 한다.
(3) 콘덴서용에 대한 규정으로 정격전류의 (⑤)배 전류를 (⑥)초 동안 인가하고 100회 반복하여도 용단되지 않아야 한다.

해답

①	②	③	④	⑤	⑥
10배	0.1초	10초	10,000회	70배	0.002초

04 다음은 KEC 511 규정에서 전기저장장치의 시설에 관한 내용 중 제어 및 보호장치에 관한 설명이다. 전기저장장치는 정격 운전 범위를 초과하는 경우에는 자동으로 전로를 차단하는 보호장치를 시설하여야 한다. 여기에 해당되는 경우를 3가지만 서술하시오. (3점)

해답 ① 제어장치에 이상이 발생한 경우
② 과전압 또는 과전류가 발생한 경우
③ 이차전지 모듈의 내부 온도가 급격히 상승할 경우

05 다음은 전로의 절연내력시험과 계기용 변성기에 대한 설명이다. 각 물음에 답하시오. (단, 계산 문제는 과정을 서술하시오.) (6점)

(1) 최대사용전압이 154[kV]인 중성점 접지식 전로의 절연내력시험전압은 몇 [V]인가?
  • 계산과정 :
  • 답 :
(2) 계기용 변압기의 2차 정격전압
(3) 변류기의 2차 정격전류

해답 (1) • 계산과정 : 중성점 접지식 전로인 경우
              최대사용전압의 0.72배를 하여야 하므로
              절연내력시험전압=154,000×0.72=110,880[V]
        • 답 : 110,880[V]
(2) 110[V]
(3) 5[A]

06 다음은 접지시스템의 시설에 관한 규정(KEC 142)에 대한 내용이다. 접지시스템은 접지도체, 접지극, 보호도체로 구성되어 있다. 다음 그림에서 ①~⑤의 명칭을 올바르게 쓰시오. (4점)

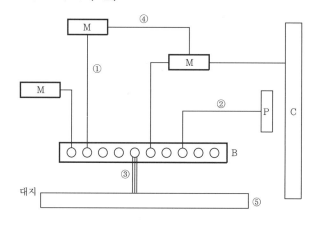

• M : 전기기기의 노출도전성 부분
• C : 빌딩의 철골
• P : 금속제 수도관, 가스관
• B : 주등전위 본딩용 도체

해답 ① 보호선   ② 주등전위 접속용선
      ③ 접지선   ④ 보조 등전위 접속용선
      ⑤ 접지극

07 다음은 UPS 장치의 구성도를 나타낸 것이다. 물음에 답하시오. (6점)

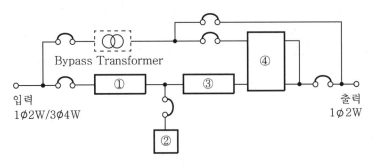

(1) UPS 장치는 어떤 장치인지 2가지를 쓰시오.

(2) 그림의 ①~④에 들어갈 기기 또는 명칭을 쓰고, 그 역할에 대하여 간단히 설명하시오.

해답 (1) ① 무정전 전원공급장치
　　　　　② 정전압 정주파수(CVCF) 장치
　　　(2) ① 정류기 : 교류 입력을 직류로 변환
　　　　　② 축전지 : 전원의 정전 시 충전된 전압을 공급
　　　　　③ 인버터 : 직류를 정주파수의 교류로 변환
　　　　　④ 절체스위치 : 인버터의 과부하 시 예비상용전원으로 절체시키는 스위치

08 다음 논리회로는 2진수의 감산을 하는 반감산기를 나타낸 것이다. 다음 물음에 답하시오. (단, X, Y는 입력이며 D, B는 출력이다.) (6점)

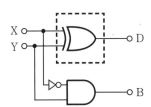

(1) D와 B의 논리식을 구하시오.

(2) 점선 안에 논리기호를 논리회로로 그리시오. (단, NOT, AND, OR-gate를 사용하시오.)

(3) 유접점 회로도를 그리시오.

해답 (1) 논리식
$$D = \overline{X}\,Y + X\overline{Y} = X \oplus Y$$
$$B = \overline{X}Y$$
　　　(2) 논리회로

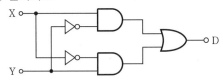

(3) 유접점 회로도

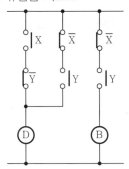

09 다음은 지중전선과 지중약전류전선 등 또는 관과의 접근 또는 교차에 관한 규정 (KEC 334.6)이다. 다음 (   ) 안에 들어갈 알맞은 내용을 쓰시오. (4점)

(1) 지중전선이 지중약전류전선 등과 접근 또는 교차 시의 이격거리
- 저압 또는 고압의 지중전선일 때는 (①)[m] 이하
- 특고압 지중전선일 때는 (②)[m] 이하

(2) 특고압 지중전선이 가연성이나 유독성의 유체를 내포하는 관과 접근 또는 교차 시의 이격거리
- 상호 간의 이격거리는 (③)[m] 이하
- 25[kV] 이하인 다중접지방식일 때의 이격거리는 (④)[m] 이하

(3) 특고압 지중전선이 가연성이나 유독성의 유체를 내포하는 관과 집근하기 때문에 상호 간에 견고한 내화성의 격벽을 시설한다.

해답

①	②	③	④
0.3	0.6	1	0.5

10 공급점에서 30[m] 지점에 60[A], 45[m] 지점에 50[A], 50[m] 지점에 40[A]의 부하가 연결되어 있을 때 부하 중심까지의 거리[m]를 구하시오. (5점)

- 계산과정 :

- 답 :

해답

- 계산과정 : 부하 중심까지의 거리 $L = \dfrac{L_1 I_1 + L_2 I_2 + L_3 I_3}{I_1 + I_2 + I_3}$ [m]

$$= \frac{30 \times 60 + 45 \times 50 + 50 \times 40}{60 + 50 + 40}$$

$$= 40.33 \text{[m]}$$

- 답 : 40.33[m]

제75회 출제문제

01 다음은 불 함수식이다. 간소화하여 답안을 작성하시오. (6점)

(1) $1 + A$

(2) $\overline{A} + A$

(3) $\overline{A} + AB$

(4) $(A + B)(A + \overline{C})$

(5) $A + A$

(6) $A(A + ABC)$

해답 (1) $1 + A = 1$

(2) $\overline{A} + A = 1$

(3) $\overline{A} + AB = (\overline{A} + A)(\overline{A} + B) = \overline{A} + B$ $(\because \overline{A} + A = 1)$

(4) $(A + B)(A + \overline{C}) = AA + A\overline{C} + AB + B\overline{C}$
$$= A(1 + \overline{C} + B) + B\overline{C}$$
$$= A + B\overline{C} \quad (\because 1 + \overline{C} + B = 1)$$

(5) $A + A = A$

(6) $A(A + ABC) = AA + AABC = A + ABC$
$$= A(1 + BC) = A \quad (\because 1 + BC = 1)$$

02 자동차단을 위한 보호장치의 동작시간이 0.5초이며 예상고장전류의 실효값이 600[A]일 때 보호도체의 최소 단면적[mm²]을 다음 표에서 선정하시오. (단, 자동차단시간이 5초 이내인 경우의 온도계수는 150이다.) (4점)

보호도체의 최소 단면적[mm²]									
1.5	2.5	4	6	10	16	25	35	50	75

해답

보호도체의 최소 단면적 $S = \dfrac{\sqrt{I^2 t}}{k}$ [mm²]

여기서, k : 자동차단시간이 5초 이내인 경우의 온도계수

$\quad\quad t$: 보호장치의 동작시간[초]

$\quad\quad I$: 예상고장전류의 실효값[A]

따라서 $S = \dfrac{\sqrt{600^2 \times 0.5}}{150} = 2.83$[mm²]이 되므로

∴ 표에서 4[mm²]를 선정한다.

03 다음은 브리지 전파정류회로이다. 이 회로에서 부하와 연결된 인덕터(L)와 커패시터(C)를 연결 시 L과 C의 용도를 간단히 서술하시오. (단, $V_i = 100\sqrt{2}\sin377t$[V] 이다.) (5점)

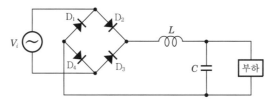

(1) 인덕터(L)의 용도
(2) 커패시터(C)의 용도

해답 (1) 인덕터(L)의 용도 : 직류 성분 속에 포함되는 리플 성분을 줄이기 위해서 인덕터(L)를 연결한다.
(2) 커패시터(C)의 용도 : 직류 성분의 평활화를 위해 커패시터(C)를 연결한다.
참고
위 회로는 브리지 전파정류회로이며 교류가 직류로 변환되는 과정에서 직류 성분 속에 포함되는 리플 성분을 줄이기 위해서 인덕터(L)를 연결하며, 또한 직류 성분의 평활화를 위해 커패시터(C)를 연결하는 L입력형 평활회로를 나타낸다.

04 전기안전관리자는 전기설비의 유지 · 운영을 위해 다음 장비를 주기적으로 교정하여야 한다. 다음 계측장비 등 권장 교정 및 시험주기에 맞게 (   )를 채우시오. (6점)

구 분		권장 교정 및 시험주기(년)
계측장비 교정	계전기시험기	(④)
	(①)	1
	(②)	1
	적외선 열화상 카메라	1
	전원품질분석기	(⑤)
	접지저항측정기	1
	회로시험기	(⑥)
	절연저항측정기(500[V], 100[MΩ])	1
	절연저항측정기(1,000[V], 2,000[MΩ])	1
	(③)	1

해답 ① 절연내력시험기
② 절연유내압시험기
③ 클램프미터
④ 1
⑤ 1
⑥ 1

구 분		권장 교정 및 시험주기(년)
계측장비 교정	계전기시험기	1
	절연내력시험기	1
	절연유내압시험기	1
	적외선 열화상 카메라	1
	전원품질분석기	1
	접지저항측정기	1
	회로시험기	1
	절연저항측정기(500[V], 100[MΩ])	1
	절연저항측정기(1,000[V], 2,000[MΩ])	1
	클램프미터	1
안전장구 시험	특고압 COS 조작봉	1
	저압 검전기	1
	고압·특고압 검전기	1
	고압절연장갑	1
	절연장화	1
	절연안전모	1

05 다음은 배선용 차단기(MCCB)에 대한 그림이다. 여기서 나타내는 숫자의 의미를 간단히 서술하시오. (4점)

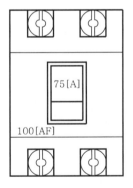

(1) 75[A]

(2) 100[AF]

해답 (1) 75[A] : 정상상태에서 흐를 수 있는 최대 전류가 75[A]임을 나타내며 트립전류라 한다.
(2) 100[AF] : 사고발생 시에도 정상적으로 흐를 수 있는 최대 전류가 100[A]임을 말하며 프레임전류라 한다.

참고
배선용 차단기(MCCB)는 저압전로 보호에 이용되는 과전류 차단기이며, 단락사고 시 전로를 차단하는 역할을 한다.

06 전로보호장치의 확실한 동작확보, 이상전압억제 등을 위해 직류 2선식의 임의의 한 점 또는 변환장치의 직류측 중간점, 태양전지의 중간점 등을 접지하여야 한다. 다만, 직류 2선식을 따라 시설하는 경우에는 이에 따르지 않는다. 이에 해당하는 접지를 하지 않아도 되는 경우 5가지를 서술하시오. (5점)

> **해답** (1) 사용전압이 60[V] 이하인 경우
> (2) 최대 전류 30[mA] 이하의 직류화재경보회로
> (3) 교류전로로부터 공급을 받는 정류기에서 인출되는 직류계통
> (4) 접지검출기를 설치하고 특정구역 내의 산업용 기계기구에만 공급하는 경우
> (5) 절연고장점검 검출장치 또는 절연감시장치를 설치하여 관리자가 확인할 수 있도록 경보장치를 시설하는 경우

07 피뢰시스템은 내부와 외부 피뢰시스템으로 나누어지며, 외부 피뢰시스템은 수뢰부, 인하도선, 접지극시스템으로 구성된다. 이 중 인하도선시스템은 수뢰부시스템과 접지극시스템 사이에 전기적 연속성이 형성되도록 시설하여야 한다. 다음 물음에 대해 서술하시오. (5점)

(1) 시험용 접속점에 관한 내용과 (2)에 대한 시험을 제외한 전기적 연속성이 형성되도록 시설하는 방법 3가지를 서술하시오.

(2) 철근콘크리트 구조물의 철근을 자연적 구성 부재의 인하도선으로 사용하기 위해서는 해당 철근 전체 길이의 전기저항값은 (   ) 이하가 되어야 한다.

> **해답** (1) ① 결로는 가능한 루프 형성이 되지 않도록 한다.
> ② 최단거리로 곧게 수식으로 시설한다.
> ③ 처마 또는 수직으로 설치된 홈통 내부에 시설하지 않아야 한다.
> (2) 0.2[Ω]

08 인텔리전트 빌딩 등의 전산시스템을 유지하기 위한 무정전 전원공급장치(UPS)를 비상전원으로 사용하고 있다. 이때 다음 물음에 대해 답하시오. (단, 문제별 점수는 따로 계산되지 않으며 전체를 하나의 문항으로 채점한다.) (5점)

(1) 축전지의 공칭전압[V]을 쓰시오.
　① 납 축전지 : (　　　　)[V/Cell]
　② 알칼리 축전지 : (　　　　)[V/Cell]

(2) 다음 변환장치의 명칭을 쓰시오.
　① 직류(DC)를 교류(AC)로 변환하는 장치
　② 교류(AC)를 직류(DC)로 변환하는 장치

(3) 축전지 용량에 대한 물음이다.
　① 축전지의 용량을 구하는 공식을 쓰시오.
　② 공식에 사용된 기호의 의미를 서술하시오.

(4) UPS 동작방식 3가지를 서술하시오.

해답 (1) ① 2.0, ② 1.2

(2) ① 인버터(역변환장치), ② 컨버터(정류장치)

(3) ① $C = \dfrac{1}{L}KI$[Ah]

② C : 축전지 용량[Ah]

L : 보수율

K : 용량환산시간계수

I : 방전전류[A]

(4) ① 온-라인 방식

② 오프-라인 방식

③ 라인-인터랙티브 방식

참고 **축전지의 공칭용량**

(1) 납 축전지 : 10[Ah]

(2) 알칼리 축전지 : 5[Ah]

09 다음은 CT비 50/5인 변류기를 통해 과부하 계전기를 시설하여 수전설비를 보호하는 방식을 나타내고 있으며 이때의 수전용량은 1,500[kVA], 22.9[kV]이다. 다음 물음에 답하시오. (단, 과부하 150[%]에서 차단기가 동작하며 이때의 탭전류는 3, 4, 5, 6, 8, 10이다.) (5점)

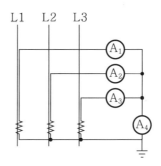

(1) 보호방식의 명칭을 쓰시오.

(2) A₁계전기의 명칭을 쓰시오.

(3) A₄계전기의 설치목적을 쓰시오.

(4) A₁계전기의 탭전류을 구하시오.

해답 (1) Y전선연결 잔류회로방식

(2) 과전류 계전기(OCR)

(3) 지락전류 검출

(4) • 계산과정 : 탭전류＝정격전류(부하전류)$\times \dfrac{1}{\text{CT비}} \times$ 과부하율

$$= \dfrac{1,500 \times 10^3}{\sqrt{3} \times 22.9 \times 10^3} \times \dfrac{1}{\dfrac{50}{5}} \times 1.5 = 5.67[\text{A}]$$

• 답 : 6[A] 선정

10 저압측에 설치한 기계기구에서 지락(누전)사고가 발생하였다. 다음 물음에 답하시오. (5점)

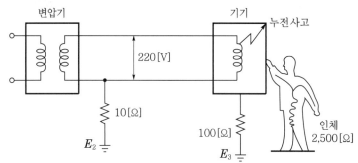

(1) 기기의 외함에 인체가 접촉하고 있지 않을 때 지락전류(I_g)와 대지전압(e)을 구하시오.

   ① 지락전류 I_g

     • 계산과정 :

     • 답 :

   ② 대지전압 e

     • 계산과정 :

     • 답 :

(2) 기기의 외함에 인체가 접촉했을 때 인체에 흐르는 전류와 접촉전압을 구하시오.

   ① 인체에 흐르는 전류 I[mA]

     • 계산과정 :

     • 답 :

   ② 접촉전압 E[V]

     • 계산과정 :

     • 답 :

해답 (1) ① 지락전류 I_g

     • 계산과정 : $I_g = \dfrac{220}{10+100} = 2[\text{A}]$ • 답 : 2[A]

   ② 대지전압 e

     • 계산과정 : $e = 2 \times 100 = 200[\text{V}]$ • 답 : 200[V]

(2) ① 인체에 흐르는 전류 I[mA]

     • 계산과정 : 전체 전류 $I_1 = \dfrac{220}{10 + \dfrac{100 \times 2,500}{100 + 2,500}} = 2.07[\text{A}]$

     그러므로 인체에 흐르는 전류 $I_2 = \dfrac{100}{100 + 2,500} \times 2.07 \times 10^3 [\text{mA}] = 79.615[\text{mA}]$

     • 답 : 79.62[mA]

   ② 접촉전압 E[V]

     • 계산과정 : $E = 79.62 \times 10^{-3} \times 2,500 = 199.05[\text{V}]$

     • 답 : 199.05[V]

집중공략 제76회 출제문제

01 다음은 건축물 종류에 따른 표준부하[VA/m²]를 나타낸다. ( )를 채우시오. (4점)

건축물 종류	표준부하[VA/m²]
사원, 교회, 공장, 영화관, 연회장	(①)
여관, 호텔, 병원, 학교, 기숙사, 다방	(②)
은행, 상점, 사무실, 미장원, 이발소	(③)
주택, 아파트	(④)

해답

①	②	③	④
10	20	30	40

참고

$$분기회로수 = \frac{표준부하밀도[VA/m^2] \times 바닥면적[m^2]}{전압[V] \times 분기회로\ 전류[A]}$$

분기회로 전류가 주어지지 않을 때는 16[A]를 대입한다.

02 다음은 전기설비기술기준에 대한 설명이다. 이 중 옳은 것은 O, 틀린 것은 X로 나타내시오. (8점)

(1) 사용전압이 400[V] 이하일 때 전선과 조영재 사이의 이격거리(간격)는 25[mm] 이상이다.

(2) 금속관공사 시 콘크리트에 매설할 경우 관의 두께는 1.2[mm] 이상으로 한다.

(3) 몰드공사 시 몰드 안에는 접속점이 있어도 된다.

(4) 버스덕트공사 시 덕트의 지지점 간의 거리는 2[m] 이하이다.

(5) 전기울타리 시설 시 수목과의 거리는 0.3[m] 이상이다.

(6) 교통신호등에 시설하는 인하도선의 설치높이는 지표상 3[m] 이상이다.

(7) 도로 등의 전열장치에 이용되는 대지전압은 400[V] 이하이다.

(8) 폭연성 먼지가 많은 장소의 저압 옥내배선에 적합한 배선공사는 금속관공사와 가요전선관공사가 적합하다.

해답

(1)	(2)	(3)	(4)	(5)	(6)	(7)	(8)
O	O	X	X	O	X	X	X

참고

(1) 사용전압이 400[V] 이하일 때 전선과 조영재 사이의 이격거리(간격)는 25[mm] 이상
이다.

구 분	사용전압	
	400[V] 이하	400[V] 초과
전선 상호 간의 간격	6[cm] 이상	
전선과 조영재 사이의 간격	25[mm] 이상	45[mm] 이상

(2) 금속관공사 시 콘크리트에 매설할 경우 관의 두께는 1.2[mm] 이상으로 한다. 기타 시
의 관의 두께는 1.0[mm] 이상으로 한다.

(3) 몰드공사 시 몰드 안에는 접속점이 없어야 된다.

(4) 버스덕트공사 시 덕트의 지지점 간의 거리는 3[m] 이하이다.

① 금속덕트공사 시 덕트의 지지점 간의 거리는 3[m] 이하이다.

② 라이팅덕트공사 시 덕트의 지지점 간의 거리는 2[m] 이하이다.

(5) 전기울타리 시설 시 수목과의 거리는 0.3[m] 이상이다.

(6) 교통신호등에 시설하는 인하도선의 설치높이는 지표상 2.5[m] 이상이며, 사용전압은
300[V]이다.

(7) 도로 등의 전열장치에 이용되는 대지전압은 300[V] 이하이다.

(8) 폭연성 먼지가 많은 장소의 저압 옥내배선에 적합한 배선공사는 금속관공사와 케이블
공사가 적합하다.

(9) 가연성 먼지가 많은 장소의 저압 옥내배선에 적합한 배선공사는 금속관공사와 케이블
공사, 합성수지관공사가 적합하다.

03 다음은 TN접지 계통방식을 나타낸다. 알맞은 명칭을 쓰시오. (6점)

(1)

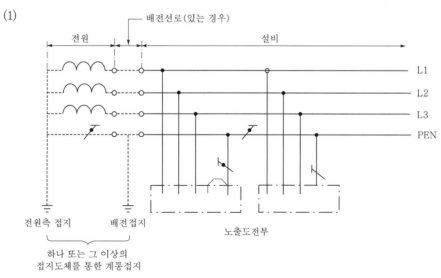

(2)

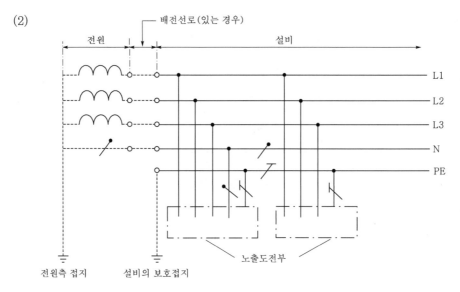

전원측 접지　　설비의 보호접지

(3)

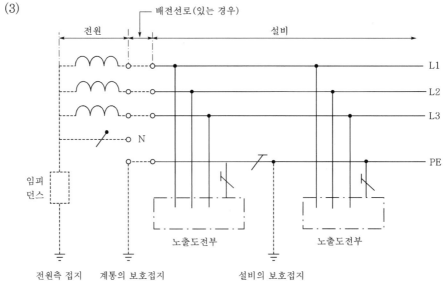

전원측 접지　계통의 보호접지　　설비의 보호접지

해답 (1) TN-C 계통
(2) TT 계통
(3) IT 계통

04 3상 변압기의 병렬운전 조건 5가지를 서술하시오. (5점)

해답 (1) 극성과 권수비가 같을 것
(2) 1, 2차 정격전압이 같을 것
(3) 변압기 내부저항과 리액턴스비가 같을 것
(4) %임피던스 강하가 같을 것
(5) 상회전 방향과 각 변위가 같을 것(3상 변압기)

05 110[V]의 배전선로의 전압을 380[V]로 승압하고 이때의 손실률과 역률은 같다고 한다. 공급전력은 승압전력의 몇 배가 되는가? (단, 소수점 첫째자리에서 반올림 하시오.) (5점)

해답 공급전력 $P \propto V^2$이므로 $P = \left(\dfrac{380}{110}\right)^2 = 11.93$배

∴ 12배

참고

(1) 손실 $P_l \propto \dfrac{1}{V^2}$

(2) 면적 $A \propto \dfrac{1}{V^2}$

(3) 전압강하 $e \propto \dfrac{1}{V}$

06 외부 피뢰시스템의 종류 3가지를 쓰시오. (3점)

해답 (1) 수뢰부시스템

(2) 인하도선시스템

(3) 접지극시스템

참고 외부 피뢰시스템(KEC 152)

(1) 수뢰부시스템(KEC 152.1)

① 돌침, 수평도체, 그물망도체 중에서 한 가지 또는 이를 조합한 형식으로 시설한다.

② 지상으로부터 높이 60[m]를 초과하는 건축물·구조물에 측뢰 보호가 필요한 경우에는 시설한다.

(2) 인하도선시스템(KEC 152.2)

병렬 인하도선의 최대 간격은 다음과 같다.

피뢰시스템 등급	최대 간격[m]
I, II	10
III	15
IV	20

(3) 접지극시스템(KEC 152.3)

① 접지극시스템은 뇌전류를 대지로 방전시키기 위해 사용된다.

② 지표면에서 0.75[m] 이상 깊이로 매설하여야 한다.

07 가장 경제적인 송전전압을 구하는 식을 A-STILL식이라 한다. 수식을 서술하시오. (단, 문자의 의미와 단위도 정확히 쓰시오.) (5점)

해답 경제적인 송전전압 $V = 5.5\sqrt{0.6l + \dfrac{P}{100}}$ [kV]

(여기서, V : 경제적인 송전전압[kV], l : 송전거리[km], P : 송전용량[kW])

참고

(1) 고유부하법 $P = \dfrac{V_r^2}{\sqrt{\dfrac{L}{C}}}$ [MW]

(여기서, V_r : 수전단 선간전압[kV], L : 인덕턴스[H], C : 정전용량[F])

(2) 송전용량계수법 $P = k\dfrac{V_r^2}{l}$ [kW]

(여기서, k: 송전용량계수, V_r : 수전단 선간전압[kV], l : 송전길이[km])

08 다음은 유도등 및 유도표지의 화재안전성능기준(NFPC 303)에 대한 설명이다. ( )를 채우시오. (5점)

(1) 유도등의 상용전원은 전기가 정상적으로 공급되는 (①), 전기저장장치 또는 (②)의 옥내 간선으로 하고, 전원까지의 배선은 전용으로 해야 한다.

(2) 비상전원은 유도등을 (③) 이상 유효하게 작동시킬 수 있는 용량의 축전지로 설치해야 한다. 다만, 지하층을 제외한 층수가 (④) 이상의 층이나 특정소방대상물의 (⑤)의 경우에는 그 부분에서 피난층에 이르는 부분의 유도등을 60분 이상 유효하게 작동시킬 수 있는 용량으로 해야 한다.

해답

①	②	③	④	⑤
축전지설비	교류전압	20분	11층	지하층 또는 무창층

참고 유도등 및 유도표지의 화재안전성능기준(NFPC 303)

(1) 유도등의 전원(NFPC 303 제10조)

① 유도등의 상용전원은 전기가 정상적으로 공급되는 축전지설비, 전기저장장치 또는 교류전압의 옥내 간선으로 하고, 전원까지의 배선은 전용으로 해야 한다.

② 비상전원은 유도등을 20분 이상 유효하게 작동시킬 수 있는 용량의 축전지로 설치해야 한다. 다만, 지하층을 제외한 층수가 11층 이상의 층이나 특정소방대상물의 지하층 또는 무창층의 경우에는 그 부분에서 피난층에 이르는 부분의 유도등을 60분 이상 유효하게 작동시킬 수 있는 용량으로 해야 한다.

③ 배선은 「전기사업법」 제67조에 따른 「전기설비기술기준」에서 정한 것 외에 다음의 기준에 따라야 한다.

ㄱ 유도등의 인입선과 옥내 배선은 직접 연결할 것

ㄴ 유도등은 전기회로에 점멸기를 설치하지 않고 항상 점등상태를 유지할 것

ㄷ 3선식 배선은 내화배선 또는 내열배선으로 사용할 것

④ 3선식 배선으로 상시 충전되는 유도등의 전기회로에 점멸기를 설치하는 경우에는 화재신호 및 수동조작, 정전 또는 단선, 자동소화설비의 작동 등에 의해 자동으로 점등되도록 해야 한다.

(2) 유도등 및 유도표지의 제외(NFPC 303 제11조)

① 바닥면적이 1,000[m²] 미만인 층으로서 옥내로부터 직접 지상으로 통하는 출입구 또는 거실 각 부분으로부터 쉽게 도달할 수 있는 출입구 등의 경우에는 피난구유도등을 설치하지 않을 수 있다.

② 구부러지지 아니한 복도 또는 통로로서 그 길이가 30[m] 미만인 복도 또는 통로 등의 경우에는 통로유도등을 설치하지 않을 수 있다.

③ 주간에만 사용하는 장소로서 채광이 충분한 객석 등의 경우에는 객석유도등을 설치하지 않을 수 있다.

④ 유도등이 규정에 따라 적합하게 설치된 출입구 · 복도 · 계단 및 통로 등의 경우에는 유도표지를 설치하지 않을 수 있다.

09 다음은 한국전기설비규정(KEC)에 관한 설명이다. 이 중 (   )를 채우시오. (5점)

(1) 일반사항

안전을 위한 보호의 기본 요구사항은 (①)를 사용할 때 발생할 수 있는 위험과 장애로부터 인축 및 재산을 안전하게 보호함을 목적으로 하고 있다. 가축의 안전을 제공하기 위한 요구사항은 가축을 사육하는 장소에 적용할 수 있다.

(2) 열 영향에 대한 보호

고온 또는 전기 아크로 인해 가연물이 발화 또는 손상되지 않도록 전기설비를 설치하여야 한다. 또한 정상적으로 전기기기가 작동할 때 (②)이 화상을 입지 않도록 하여야 한다.

(3) 과전류에 대한 보호

• 도체에서 발생할 수 있는 과전류에 의한 과열 또는 전기 · 기계적 응력에 의한 위험으로부터 인축의 상해를 방지하고 재산을 보호하여야 한다.

• 과전류에 대한 보호는 과전류가 흐르는 것을 방지하거나 과전류의 (③)을 위험하지 않는 시간까지로 제한함으로써 보호할 수 있다.

해답 ① 전기설비

② 인축

③ 지속시간

참고 **안전을 위한 보호(KEC 113)**

(1) 일반사항(KEC 113.1)

안전을 위한 보호의 기본 요구사항은 전기설비를 사용할 때 발생할 수 있는 위험과 장애로부터 인축 및 재산을 안전하게 보호함을 목적으로 하고 있다. 가축의 안전을 제공하기 위한 요구사항은 가축을 사육하는 장소에 적용할 수 있다.

(2) 감전에 대한 보호(KEC 113.2)

① 기본보호

기본보호는 일반적으로 직접접촉을 방지하는 것으로, 전기설비의 충전부에 인축이 접촉하여 일어날 수 있는 위험으로부터 보호되어야 한다. 기본보호는 다음 중 어느 하나에 적합하여야 한다.

㉠ 인축의 몸을 통해 전류가 흐르는 것을 방지

㉡ 인축의 몸에 흐르는 전류를 위험하지 않는 값 이하로 제한

② 고장보호

고장보호는 일반적으로 기본절연의 고장에 의한 간접접촉을 방지하는 것이다.

㉠ 노출도전부에 인축이 접촉하여 일어날 수 있는 위험으로부터 보호되어야 한다.

ⓛ 고장보호는 다음 중 어느 하나에 적합하여야 한다.
- 인축의 몸을 통해 고장전류가 흐르는 것을 방지
- 인축의 몸에 흐르는 고장전류를 위험하지 않는 값 이하로 제한
- 인축의 몸에 흐르는 고장전류의 지속시간을 위험하지 않은 시간까지로 제한

(3) 열 영향에 대한 보호(KEC 113.3)

고온 또는 전기 아크로 인해 가연물이 발화 또는 손상되지 않도록 전기설비를 설치하여야 한다. 또한 정상적으로 전기기기가 작동할 때 인축이 화상을 입지 않도록 하여야 한다.

(4) 과전류에 대한 보호(KEC 113.4)

① 도체에서 발생할 수 있는 과전류에 의한 과열 또는 전기·기계적 응력에 의한 위험으로부터 인축의 상해를 방지하고 재산을 보호하여야 한다.

② 과전류에 대한 보호는 과전류가 흐르는 것을 방지하거나 과전류의 지속시간을 위험하지 않는 시간까지로 제한함으로써 보호할 수 있다.

(5) 고장전류에 대한 보호(KEC 113.5)

① 고장전류가 흐르는 도체 및 다른 부분은 고장전류로 인해 허용온도 상승한계에 도달하지 않도록 하여야 한다. 도체를 포함한 전기설비는 인축의 상해 또는 재산의 손실을 방지하기 위하여 보호장치가 구비되어야 한다.

② 도체는 위 '(4)'에 따라 고장으로 인해 발생하는 과전류에 대하여 보호되어야 한다.

(6) 전압외란 및 전자기 장애에 대한 대책(KEC 113.6)

① 회로의 충전부 사이의 결함으로 발생한 전압에 의한 고장으로 인한 인축이 상해가 없도록 보호하여야 하며, 유해한 영향으로부터 재산을 보호하여야 한다.

② 저전압과 뒤이은 전압 회복의 영향으로 발생하는 상해로부터 인축을 보호하여야 하며, 손상에 대해 재산을 보호하여야 한다.

③ 설비는 규정된 환경에서 그 기능을 제대로 수행하기 위해 전자기 장애로부터 견디는 성질을 가져야 한다. 설비를 설계할 때는 설비 또는 설치기기에서 발생되는 전자기 방사량이 설비 내의 전기사용기기와 상호 연결 기기들이 함께 사용되는 데 적합한지를 고려하여야 한다.

(7) 전원공급 중단에 대한 보호(KEC 113.7)

전원공급 중단으로 인해 위험과 피해가 예상되면 설비 또는 설치기기에 보호장치를 구비하여야 한다.

10 다음은 특고압용 변압기의 보호장치에 대한 설명이다. 뱅크용량이 5,000[kVA] 이상 10,000[kVA] 미만이고 내부고장이 생겼을 경우 자동차단장치나 이를 알리는 경보장치를 시설한다. 이때 내부고장을 검출하는 데 이용되는 계전기의 명칭을 4개 쓰시오. (4점)

해답 ☞ (1) 비율차동계전기
(2) 유온계
(3) 서든프레서(압력계전기)
(4) 부흐홀츠계전기

참고

(1) 전기적인 보호

　비율차동계전기

(2) 기계적인 보호

　① 부흐홀츠계전기(수소가스 검출)

　② 유온계(온도계전기)

　③ 서든프레서(압력계전기)

전기기능장 필답형 실기

2021. 5. 21. 초 판 1쇄 발행
2025. 1. 22. 4차 개정증보 4판 1쇄 발행

지은이 | 김영복
펴낸이 | 이종춘
펴낸곳 | **BM** ㈜도서출판 **성안당**

주소 | 04032 서울시 마포구 양화로 127 첨단빌딩 3층(출판기획 R&D 센터)
10881 경기도 파주시 문발로 112 파주 출판 문화도시(제작 및 물류)

전화 | 02) 3142-0036
031) 950-6300
팩스 | 031) 955-0510
등록 | 1973. 2. 1. 제406-2005-000046호
출판사 홈페이지 | **www.cyber.co.kr**
ISBN | 978-89-315-1346-2 (13560)
정가 | **32,000원**

이 책을 만든 사람들
기획 | 최옥현
진행 | 박경희
교정·교열 | 최주연
전산편집 | 이다혜
표지 디자인 | 박현정
홍보 | 김계향, 유미나, 정단비, 김주승
국제부 | 이선민, 조혜란
마케팅 | 구본철, 차정욱, 오영일, 나진호, 강호묵
마케팅 지원 | 장상범
제작 | 김유석

www.cyber.co.kr
성안당 Web 사이트